前言

本书旨在帮助Java求职者在面试中冲刺高薪Offer并提升工作中的并发编程能力。本书不仅提供丰富的并发理论知识，还汇集"大厂""名企"的面试问题和实践经验，助力Java求职者在面试中脱颖而出，并在工作中提升高并发场景的应对能力。

本书结合大量面试问题和实践经验，分主题提供常见面试问题的解答思路和详细答案。此外，通过深入解读相关知识点的概念、原理、实践经验和案例，以及扩展详解内容，便于Java求职者深入理解相关知识点并将其应用于面试场景和实际工作中。

除了深度剖析面试问题，本书还深度剖析面试官的心理和考查目的。通过了解面试官的期望和评判标准，Java求职者可以更好地准备面试，并给出准确、全面的回答，从而斩获高薪Offer。

本书以"大厂""名企"的面试问题和实践经验为支撑，将理论知识与实践相结合，全面提升求职者应用Java并发编程技术的能力，从而在面试和工作中取得更大的成功。

本书结构

本书分为6章，涵盖并发原理和线程安全、并发关键字原理、并发锁和死锁、并发容器和工具、并发线程池以及并发设计与实战等关键主题。

- 第1章：深入探讨并发原理和线程安全的核心概念，关注面试中常见的难点，如线程和线程安全、JMM与线程安全的关系、多线程中的上下文切换、AQS以及CAS实现机制和原理等。通过学习本章内容，读者不仅能够获得相关面试问题的正确答案，还可以深入了解与线程安全相关的技术原理和应用，提高面试成功率和工作实践的能力。

- 第2章：详细介绍并发关键字原理的相关内容，关注面试中常见的难点，如final关键字对并发编程的作用、synchronized的特性和原理，以及volatile的使用及原理等。通过学习本章内容，读者将获得相关面试问题的正确答案，并深入掌握相关的进阶技术内容，提高面试成功率和并发编程应用的水平。

- 第3章：详细介绍并发锁和死锁的相关内容，关注面试中常见的难点，如 Java 并发锁的使用和原理、多线程死锁的预防和解决等。通过学习本章内容，读者将获得相关面试问题的正确答案，掌握使用锁和解决死锁的技能，并深入了解锁的底层原理，提高面试成功率和并发实践的能力。

- 第4章：重点讨论并发容器和工具的使用及原理，关注面试中常见的难点，如 JUC 包、JUC 容器的实现原理、并发队列、JUC 同步工具的使用及实现原理，以及 ThreadLocal。通过学习本章内容，读者将获得相关面试问题的正确答案，并深入了解这些并发容器和工具的使用和实现原理，提高面试成功率和并发编程的技能水平。

- 第5章：重点介绍并发线程池的使用及实现原理，关注面试中常见的难点，如线程池的设计思想和实现原理、Java 线程池使用经验等。通过学习本章内容，读者将深入理解线程池设计思想和实现原理，熟悉相关面试问题及其回答要点，并学习"大厂"对线程池实际应用的经验，提高面试成功率和实际项目中的应用能力。

- 第6章：详细讨论并发设计与实战内容，关注面试中常见的难点，如并发编程中常用的线程操作、并发编程中的设计实践和经验等。通过学习本章内容，读者将学习并发编程的应用技能、复杂案例设计与实现，以及并发实践经验，提高面试成功率和实际工作中的应用能力。

课程支持

为了进一步支持读者的学习，推荐读者关注作者的微信公众号——西二旗程序员。通过该公众号，读者将获取行业内新的技术动态、面试技巧和实战经验。作者会定期发布有关面试资料、架构设计和实际项目中的最佳实践等内容，帮助读者在职业道路上不断成长。

"西二旗程序员"
微信公众号二维码

感谢读者选择本书。希望通过学习本书和利用"西二旗程序员"微信公众号交流与学习，读者能够在 Java 求职面试中斩获高薪 Offer，并在职业生涯中取得更大的成功。

梁建全

2024年6月

冲刺高薪 Offer

Java并发编程进阶及面试指南

梁建全 编著

人民邮电出版社

北京

图书在版编目（CIP）数据

冲刺高薪 Offer：Java 并发编程进阶及面试指南 / 梁建全编著. -- 北京：人民邮电出版社，2025.
ISBN 978-7-115-65552-3

Ⅰ. TP312.8

中国国家版本馆 CIP 数据核字第 2025AX6338 号

内 容 提 要

本书是一份旨在帮助 Java 求职者在面试中脱颖而出的重要指南。本书涵盖 Java 并发编程的多个关键主题，如并发原理和线程安全、并发关键字原理、并发锁和死锁、并发容器和工具、并发线程池以及并发设计与实战等。本书的特色在于将"大厂""名企"的面试问题和实践经验相结合，不仅对面试问题和面试官心理进行深度剖析，还对面试问题解答和相关技术点进行详细介绍，这样更有利于读者全面理解相关知识点和技术，并能够在实际工作和面试中灵活应用。

通过学习本书，读者可以深入了解"大厂""名企"的面试问题和实践经验。本书提供的面试问题解答和宝贵经验将有助于读者在实际工作中提升自己的能力，并在面试中表现更加出色，提高面试成功率，斩获高薪 Offer（职位）。无论是对面试准备还是对技能提升而言，本书都是读者不可或缺的指南，能够帮助读者在职业生涯中取得更大的成功。

◆ 编　著　梁建全
　　责任编辑　李永涛
　　责任印制　王　郁　马振武
◆ 人民邮电出版社出版发行　　北京市丰台区成寿寺路 11 号
　　邮编 100164　电子邮件 315@ptpress.com.cn
　　网址 https://www.ptpress.com.cn
　　三河市兴达印务有限公司印刷
◆ 开本：700×1000　1/16
　　印张：20.5　　　　　　　　　　2025 年 2 月第 1 版
　　字数：346 千字　　　　　　　　2025 年 2 月河北第 1 次印刷

定价：99.90 元

读者服务热线：(010)81055410　印装质量热线：(010)81055316
反盗版热线：(010)81055315

目录
CONTENTS

第3章　并发锁和死锁 119

第5章 并发线程池...237

第 **1** 章

并发原理和线程安全

1.1 面试官：谈谈你对线程和线程安全的理解

"谈谈你对线程和线程安全的理解"这个问题涉及的知识面较广，实际上，面试官是在通过这个问题考查求职者对线程及并发编程知识的掌握程度，具体考查点如下。

- 线程的创建：考查求职者对创建线程的不同方式以及它们之间的区别的了解程度，而创建线程的方式影响着程序的性能与复杂性。
- 线程生命周期：考查求职者是否了解线程的状态及状态的切换，这关系到对程序行为的控制和预测。
- 线程调度的策略：评估求职者对操作系统线程调度策略的理解程度，该策略直接关系到线程执行的有效性和效率。
- 并发编程：了解求职者是否知道为什么现代应用程序需要并发编程，以及是否能够识别并发带来的潜在问题。
- 并行与并发的区别：评估求职者对并行和并发概念的理解程度，以及他们在实际情况下对并行与并发的应用能力。
- 同步与阻塞的机制和关系：考查求职者是否能够正确实现线程间的同步，以及是否能够正确理解同步和阻塞的关系。
- 线程安全的实现：评估求职者在面对共享资源时，是否能够采取合适的措施来确保线程安全。

这些考查点对程序员来说具有重要意义，因为它们是构建高效、稳定、可扩展的多线程应用程序的基础。求职者应该做好充分的准备，确保自己能够清晰、准确地回答问题，展示自己的知识和技能。在回答相关问题时可以基于以下思路。

（1）Java创建和启动线程的方式有哪些？它们之间有什么区别？

在Java中，创建和启动线程的方式主要有4种，分别为继承Thread类，实现Runnable接口，使用Callable和Future接口，使用线程池。开发者需要根据具体场景选择具体的方式，简单任务通常只需要使用Runnable接口或Thread类，而复杂的并发程序可能会需要使用Callable、Future接口和线程池来提供更高级的并发管理功能。

（2）Java线程都有哪些状态？其状态是如何切换的？

Java线程有6种状态，分别是新建（New）状态、可运行（Runnable）状态、阻塞（Blocked）状态、等待（Waiting）状态、超时等待（Timed Waiting）状态和终止（Terminated）状态。调用线程方法时会发生状态的切换，比如，新建线程在调用start()方法后会进入可运行状态；在调用wait()、join()或sleep()等方法后会进入等待状态；调用notify()、notifyAll()或unpark()方法会返回到可运行状态等。

（3）Java线程使用到了哪些调度策略？

Java线程调度主要依赖于底层操作系统的线程调度机制和Java虚拟机（Java Virtual Machine，JVM）的实现，常见的线程调度策略包括"时间片轮转调度""优先级调度""抢占式调度"等。

（4）为什么使用并发编程？需注意哪些问题？

并发编程使得程序能够同时执行多个任务，这可以显著提高应用程序的性能和响应速率，特别是在多个CPU的环境下。它对于实现高效的资源利用和处理大量数据或承担高用户负载的系统至关重要。但是，在使用并发编程时，需要特别注意线程安全问题，确保共享资源的正确管理，避免出现死锁和数据不一致等问题。正确地管理线程生命周期和状态切换，以及合理地使用同步机制，这些对于开发可靠的并发程序至关重要。

（5）并发编程和并行编程有什么区别？

并发和并行是两个不同的概念。并发是指系统能够同时处理多个任务的能力，同时处理多个任务并不意味着这些任务同时执行。并行是指多个CPU或计算机同时执行多个任务或工作负载的能力。

（6）什么是线程同步和阻塞？它们有什么关系？

线程同步是指当多个线程同时访问和修改同一个资源时，确保每次只有一个线程能够执行相关操作，以维护数据的一致性和完整性，通常可以使用锁或其他同步机制实现。而阻塞则是指当线程尝试获取一个已经被其他线程持有的锁时，它将暂停执行，即进入阻塞状态，直到锁被释放。线程同步和阻塞描述了多线程操作中的不同方面，同步关注的是如何安全地访问共享资源，而阻塞关注的是线程在等待某些操作完成时的状态。

（7）什么是线程安全？如何确保线程安全？

线程安全是指多线程执行时，同一资源能够安全地被多个线程同时访问而不引发任何问题，如数据污染或不一致。确保线程安全的方法很多，包括同步代码块、使用ReentrantLock、使用不可变对象，以及使用并发集合，如ConcurrentHashMap等。

为了让大家对线程和线程安全内容有更深入的掌握和理解，灵活应对面试细节，接下来我们对上述解答要点逐个进行详解。

1.1.1 Java创建和启动线程的方式有哪些？它们之间有什么区别？

在Java中，创建和启动线程的方式主要有4种，分别为继承Thread类，实现Runnable接口，使用Callable和Future接口，使用线程池。

下面我们详细介绍这4种方式及其区别。

（1）继承Thread类。

当一个类继承自Thread类时，可以通过重写run()方法来定义线程执行的任务，然后通过创建该类的实例并调用start()方法来启动线程。代码如下。

```
class MyThread extends Thread {
    public void run() {
        // 线程执行的任务
    }
}

MyThread t = new MyThread();
t.start();
```

这种方式的优点是编码简单，能够直接使用；缺点是Java不支持多重继承，如果我们的类已经继承了另一个类，就不能使用这种方式创建线程。

（2）实现Runnable接口。

实现Runnable接口是创建线程的另一种方式。我们需要实现run()方法，然后将Runnable实例传递给Thread类的构造器，最后调用线程的start()方法。代码如下。

```
class MyRunnable implements Runnable {
    public void run() {
        // 线程执行的任务
    }
}

Thread t = new Thread(new MyRunnable());
t.start();
```

这种方式的优点是更灵活，允许我们的类继承其他类。同时，它也鼓励采用组合而非继承的设计原则，这使得代码更加灵活和易于维护。它的缺点是编程较复杂，需要构造Thread对象。

（3）使用Callable和Future接口。

Callable和Future接口是一种更灵活的线程机制。Future接口有几个方法可以控制关联的Callable任务对象。FutureTask实现了Future接口，通过它的get()方法可以获取Callable任务对象的返回值。代码如下。

```
FutureTask<Integer> futureTask=new FutureTask<Integer>(
    (Callable<Integer>)()-> {
            // 返回执行结果
            return 123;
    }
);
new Thread (futureTask," 返回值的线程 ").start();
try{
    // 使用 get() 来获取 Callable 任务对象的返回值
    System.out .println("Callable 任务对象的返回值 :"+futureTask.get());
}catch(Exception e) {
    e.printStackTrace();
}
```

相比于实现Runnable接口方式，使用Callable和Future接口可以返回执行结果，也能抛出经过检查的异常。这种方式更加灵活，适用于复杂的并发任务。它的缺点是相对复杂，get()方法在等待计算完成时是阻塞的。如果计算被延迟或永久挂起，调用者可能会长时间阻塞。

（4）使用线程池。

通过Executors的静态工厂方法获得ExecutorService实例，然后调用该实例的

execute(Runnable command)方法即可使用线程池创建线程。一旦Runnable任务传递到execute()方法，该方法便会在线程池中选择一个已有空闲线程来执行任务，如果线程池中没有空闲线程便会创建一个新的线程来执行任务。示例代码如下。

```java
public class Test4 {
    public static void main(String[] args) {
        ExecutorService executorService=Executors.newCachedThreadPool();
        for (int i = 0; i < 5; i++){
          executorService.execute(new MyTask());
          System.out.println("************* a"+i+"*************");
        }
        executorService.shutdown( );
    }
}

class MyTask implements Runnable{
    public void run( ){
            System.out.println(Thread.currentThread().getName()+" 线程被调用了。");
        }
}
```

使用线程池方式的优点是能够自动管理线程的创建、执行和销毁，避免了创建大量线程引起的性能问题（因为频繁地创建和销毁线程会消耗大量系统资源），还能够限制系统中并发执行线程的数量，避免了大量并发线程消耗系统所有资源，导致系统崩溃。它的缺点是代码更为复杂，需要进行更多的设计和考虑，比如线程池的大小选择、任务的提交与执行策略等。如果线程池使用不当或没有正确关闭，可能会导致资源泄漏。

（5）4种方式的区别。

上述4种创建和启动线程的方式都有其适用场景和优缺点。

- 继承Thread类：简单直接，适用于简单的线程任务，不需要返回值，也不抛出异常，但在某些情况下因为Java的单继承限制而不够灵活。

- 实现Runnable接口：更加灵活，分离了线程的创建和任务的执行，符合面向对象的设计原则，适用于多个线程执行相同任务的场景，特别是当需要访问当前对象的成员变量和方法时。

- 使用Callable和Future接口：比实现Runnable接口复杂一些，使用也更复杂，但是提供了更强大的功能，适用于需要返回执行结果的多线程任务，或者需要处理线程中的异常的场景。

- 使用线程池：重用线程，减少创建和销毁线程的开销，并提供了控制最大并发线程数、调度、执行、监视、回收等一整套线程管理解决方案。

综上所述，每种方式都有其用武之地，开发者需要根据具体场景选择适合的创建和启动线程的方式。简单任务通常只需要使用Runnable接口或Thread类，而复杂的并发程序可能会需要使用Callable、Future接口和线程池来提供更高级的并发管理功能。

1.1.2 Java线程都有哪些状态？其状态是如何切换的？

Java线程在其生命周期中可以处于以下6种状态。

（1）新建（New）状态。

线程在被创建之后、调用start()方法之前的状态称为新建状态。在这个状态下，线程已经被分配了必要的资源，但还没有开始执行。

（2）可运行（Runnable）状态。

在线程调用了Thread.start()方法之后，它的状态被切换为可运行状态。在这个状态下，线程可能正在运行也可能没有运行，这取决于操作系统给线程分配执行时间的方式。可运行状态包括运行（Running）和就绪（Ready）两个状态，但在Java线程状态中，没有明确区分这两个状态，都归为"可运行状态"。

（3）阻塞（Blocked）状态。

当线程试图获取对象锁来进入同步块，但该锁被其他线程持有时，它就会进入阻塞状态。处于阻塞状态的线程会在获得锁之前一直等待。

（4）等待（Waiting）状态。

线程通过调用wait()、join()、park()等方法进入等待状态。处于等待状态的线程需要等待其他线程执行特定操作（例如通知、中断）才能返回到可运行状态。

（5）超时等待（Timed Waiting）状态。

超时等待状态是线程等待另一个线程执行一个（有时间限制的）操作的状态。比如，调用sleep(long)、wait(long)、join(long)等方法，线程会进入超时等待状态。在指定的时间后，线程将自动返回到可运行状态。

（6）终止（Terminated）状态。

当线程执行完毕，或者线程被中断时，线程会进入终止状态。在这个状态下，线程的任务已经完成，不能再次启动。

了解了线程状态后，我们继续了解线程状态的切换，这有助于我们更好地理解多线程程序的运行机制，以及掌握如何正确地控制线程的执行流程，如图1-1所示。

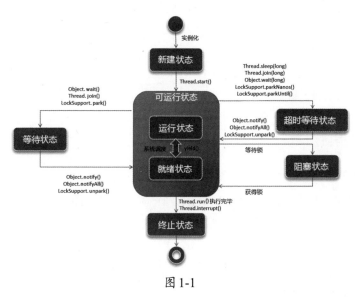

图 1-1

在Java线程中，状态的切换通常是由线程的生命周期事件或对线程执行的操作引起的。下面是线程状态切换的常见路径。

（1）从新建状态到可运行状态。

当线程被创建后，它处于新建状态。调用线程对象的start()方法会启动新线程，并使线程进入可运行状态。

```
Thread t = new Thread(); // 线程处于新建状态
t.start(); // 线程进入可运行状态
```

（2）从可运行状态到阻塞状态。

当线程试图获取对象锁来进入同步块，但该锁被其他线程持有时，线程会从可运行状态切换到阻塞状态。

```
synchronized (obj) {
    // 如果其他线程已经持有 obj 的锁，当前线程将进入阻塞状态
}
```

（3）从阻塞状态返回到可运行状态。

当线程在阻塞状态下等待的锁变得可用时，线程会再次进入可运行状态。

（4）从可运行状态到等待状态/超时等待状态。

当线程调用 wait()、join()、park() 等方法时，它可以从可运行状态切换到等待状态。

```
Object.wait(); // 线程进入等待状态
Thread.join(); // 线程进入等待状态，直到对应的线程结束
```

当线程调用有时间限制的方法时，它会进入超时等待状态。

```
Thread.sleep(1000); // 线程进入超时等待状态，在指定时间后自动返回可运行状态
Object.wait(1000); // 线程进入超时等待状态，在指定时间后自动返回可运行状态
```

（5）从等待状态/超时等待状态返回到可运行状态。

线程从等待状态/超时等待状态返回到可运行状态通常是由于某个条件被满足，例如：

- 对于调用 wait() 方法的线程，某个线程调用了相同对象的 notify() 或 notifyAll() 方法；
- 对于调用 join() 方法的线程，线程执行完毕；
- 对于 sleep(long) 或 wait(long) 等调用的线程，指定的等待时间已经过去。

（6）从可运行状态到终止状态。

当线程的 run() 方法执行完毕时，线程将会进入终止状态。

```
public void run() {
    // 线程的工作代码
} // run() 方法执行完毕，线程进入终止状态
```

调用 interrupt() 方法来请求中断线程也会使线程进入终止状态。

```
t.interrupt(); // 请求中断线程
```

以上是线程状态切换的常见路径，理解这些切换对于编写多线程程序是非常重要的。我们在编写多线程程序时，需要考虑线程同步、互斥锁、等待/通知机制等关键问题。

1.1.3 Java线程使用到了哪些调度策略？

Java线程调度主要依赖于底层操作系统的线程调度机制和JVM的实现。因此，具体的线程调度策略可能会根据操作系统和JVM的不同而有所差异。常见的线程

调度策略包括"时间片轮转调度""优先级调度""抢占式调度"。

（1）时间片轮转调度。

在时间片轮转调度策略中，每个线程被分配一个固定长度的时间段，这个时间段称为"时间片"。所有可运行的线程轮流使用CPU（Central Processing Unit，中央处理器）资源，每个线程在其分配的时间片内运行。如果线程在其时间片用完之前完成了任务，它将释放CPU；如果线程的时间片用完了，该线程会被暂停，操作系统会将CPU分配给下一个线程。时间片转轮调度尝试给每个线程分配公平的CPU时间。

（2）优先级调度。

在优先级调度策略中，每个线程都有一个优先级。当多个线程可运行时，具有最高优先级的线程将首先获得CPU。Java提供了1～10这10个不同的优先级，通过Thread类的setPriority(int)方法设置线程的优先级。然而，优先级的实际效果高度依赖操作系统的调度策略，某些操作系统可能会忽略这些优先级或只是粗略地实现。

（3）抢占式调度。

在实践中，大多数现代操作系统使用的是一种叫作"抢占式多任务处理"的调度算法，它结合了时间片轮转和优先级两种方式。操作系统会根据线程的优先级来分配CPU资源，但同时也会在必要时通过时间片轮转来确保资源的公平分配。

在日常开发中，我们可以使用一些线程控制方法，比如yield()和sleep()等。这些方法调用并不是直接绑定到特定的线程调度策略（如时间片轮转调度或优先级调度），它们与线程调度策略的关系更多地取决于底层操作系统如何实现线程调度，以及JVM如何在该操作系统上工作。下面我们对yield()和sleep()两个方法进行详细解释。

（1）yield()方法。

yield()方法是一种提示性的方法，它提示调度器当前线程愿意让出其当前的CPU使用权。但是，它只给出一个提示，而调度器可能会忽略这个提示。如果调度器接受这个提示，那么当前线程会从运行状态转移到就绪状态，从而允许具有相同优先级的其他线程获得执行机会。不过，调度器可能会立即重新调度这个刚刚让出CPU的线程。yield()方法的行为在很大程度上依赖于具体的操作系统和JVM实现。

（2）sleep()方法。

sleep()方法使当前线程暂停执行指定的时间（以毫秒为单位），使线程进入超时等待状态，但该线程不会释放任何锁资源。调用sleep()意味着线程至少需要等待指定的时间后才能再次进入可运行状态。一旦指定的时间过去,线程就会进入可运行状态,等待调度器的调度。sleep()的使用不依赖于线程调度策略,但是线程从超时等待状态"醒来"并变为可运行状态后,在何时开始运行将取决于操作系统的线程调度策略。

虽然Java允许开发者设置线程的优先级,但这些优先级的实际效果和表现依赖于JVM和操作系统的具体实现。建议开发者不要仅依赖于线程优先级来实现关键的功能逻辑,因为代码在不同的平台上可能会有不同的行为表现。可以使用同步控制、锁、并发容器、并发集合等技术,提供更具确定性的方式来编写并发程序,从而降低代码在不同平台上行为不一致的风险。

总的来说,线程控制方法的作用与操作系统的线程调度策略有关,但它们本身并不指定使用哪种线程调度策略。它们的行为将受到当前操作系统的线程调度算法和JVM实现的影响。由于JVM也运行在宿主操作系统之上,因此它也依赖于操作系统的线程调度策略。

1.1.4 为什么使用并发编程?需注意哪些问题?

并发编程是允许多个任务同时进行而不是顺序执行的一种编程技术。它涉及操作系统、编程语言、软件开发等多方面内容。并发编程的作用是让程序能够更有效地使用计算资源,特别是在多个CPU的系统上,它也用于处理同时发生的多个任务或请求。

假设我们正在为一家金融公司开发一个实时股票价格分析系统。该系统需要实时跟踪数百只股票的价格变动,并且对价格变化进行快速分析,从而为交易员提供买卖股票的决策支持。该系统的关键要求是低延迟,因为股市价格波动迅速,高延迟可能导致巨大的财务损失。

如果该系统串行处理每只股票的价格变动和分析,就会导致巨大的延迟,因为这样的系统会在处理完一只股票的所有价格变动和分析后才能开始处理下一只的。在高峰时段,价格变动的速度可能会超过系统处理的速度,导致数据堆积和过时。

如果采用并发编程,可以为每只或每组股票分配一个独立的处理线程或者使用事件驱动模型来处理股票的价格变动。每个线程可以独立地跟踪和分析一只或一组股票的价格变动,从而减少数据处理的延迟。使用并发队列来管理价格变动相关的事件,可以确保每只股票的价格变动都能够尽快地被处理。

使用并发编程有以下几个优点。

- 性能提升：并发编程可以显著提升应用程序在多个CPU上的性能，通过并行处理可以同时执行多个操作，相比串行处理能更快完成任务集合。

- 资源利用最大化：程序在并发执行时，可以更充分地利用CPU和其他资源，因为当一部分任务等待I/O（Input/Output，输入输出）操作或被阻塞时，其他任务可以继续进行计算。

- 吞吐量增加：对于服务端应用，使用并发编程能够同时处理多个客户端请求，从而增加应用程序的吞吐量。

- 响应性增强：在用户界面程序中，即使部分任务很耗时，通过并发编程也可以保持界面的响应性，因为耗时操作可以在独立的线程或过程中执行。

当然，除了优点以外，使用并发编程也存在以下几个缺点。

- 复杂性增加：并发代码通常比顺序执行的代码更复杂，需要更多的设计和调试时间，且难度更大。

- 存在同步问题：线程或进程间的同步（如互斥锁、信号量等）是并发编程中的一大挑战，不当的同步可能导致死锁。

- 调试困难：并发程序的调试通常比单线程程序的更加困难，因为问题可能只在特定的并发条件下才会发生，不可重现的问题更是常见。

- 性能开销较大：并发编程需要额外管理线程或进程的开销，如上下文切换和同步机制等，这些可能会抵消一些性能上的优势。

- 设计和测试的工作量较大：并发程序的设计和测试工作量通常要大于非并发程序的，因为需要考虑多种可能的执行顺序和交互情况。

使用并发编程可以提高程序的性能和响应率，充分利用计算机的多核处理能力。并发编程可以让程序在同时处理多个任务或请求时更加高效。

然而，并发编程面临着一些问题和挑战，使用并发编程需要注意以下几点。

- 同步机制：当多个线程同时访问和修改共享数据时，可能会导致数据不一致的问题。需要使用锁、原子性操作等机制来保证数据的一致性。

- 死锁：当多个线程持有资源并且互相等待其他线程释放资源时，可能会导致死锁。需要使用合适的资源分配和竞争避免策略避免死锁的发生。

- 上下文切换：当多个线程在同一个CPU上进行切换时，会消耗一定的时间和资源。需要合理控制线程的数量，避免过多的线程导致过多的上下文切换，影响性能。

- 线程间通信：线程或进程之间的通信通常需要特殊的同步机制，如信号量、锁、事件等。正确实现这些同步机制是确保数据一致性和程序正确性的关键。
- 并发安全性：需要保证程序在并发环境下的正确性和安全性。避免数据竞争、死锁和其他并发相关的问题。
- 性能优化：并发编程可能会带来一些性能问题，如线程间的争用、同步开销等。需要针对具体场景进行性能优化，提高并发程序的效率和吞吐量。

综上所述，虽然并发编程可以带来很多好处，但也需要注意解决并发相关的问题和挑战。合理的并发设计和编程技巧可以帮助我们充分发挥并发编程的优势，并确保程序的正确性和性能。我们需要深入理解并发模型，熟悉同步机制，并注意程序可能遭遇的并发相关问题和挑战。尽管存在问题和挑战，但在多个CPU日益普及的今天，适当地使用并发编程依然可以带来很多显著的好处。

1.1.5 并发编程和并行编程有什么区别？

并发（Concurrency）和并行（Parallelism）这两个概念在多任务处理领域经常被对比讨论。尽管这两个术语在日常用语中有时被交替使用，但在计算机科学中，它们有着明确且不同的含义。

（1）并发。

并发是指系统能够同时处理多个任务的能力。并发的重点在于任务的处理过程，而不是执行。并发涉及同时处理多个任务的能力，但这不一定意味着这些任务实际上是在同一时刻执行的。在单核CPU上，一个CPU可以通过任务间的快速切换，给用户一种多个任务同时执行的错觉。并发更多关注的是结构上的分解，即如何有效地组织程序以同时处理多个任务。

比如，操作系统中存在多任务处理，即使在只有一个CPU内核的计算机上，仍然可以同时浏览网页、播放音乐和编写文档。操作系统通过将CPU资源切片并分配给各个程序，使之能够并发运行，从宏观上看，这些程序似乎是在同时执行的，但是在CPU上它们实际上是串行执行的。

（2）并行。

并行是指多个CPU或计算机同时执行多个任务或工作负载的能力。并行的重点是性能，它通过同时执行多个操作，减少完成工作的总时间。并行需要使用多个

CPU或计算机，其中每个CPU或计算机执行任务的不同部分。

例如，我们在使用多个CPU进行科学计算时，其中一个任务是计算一个大型数据集中所有元素的总和，那么这个任务可以被分割成更小的部分，每个部分分配给一个CPU，多个CPU同时计算。随后，所有CPU的计算结果被汇总以获得最终总和，这种方式显著减少了完成计算所需的总时间。

（3）并发编程和并行编程的区别。

了解并发和并行的概念后，我们应该知道，并发编程和并行编程也是多线程编程的两个概念，它们在Java中都有应用，但各自的侧重点和使用场景有所不同。

- 并发编程是关于如何利用有限的CPU资源高效地管理和调度多个任务，这些任务可能不会真正同时执行，但通过任务间的快速切换给用户以同时执行的错觉。
- 并行编程是关于如何将任务分配到多个CPU上，以便真正同时执行，从而提高程序的运行效率。

并发和并行都是现代计算中提高效率的关键概念，它们使得程序能够更加高效地利用资源。在多个CPU的环境下，并发和并行经常一起使用，以实现最大的效率和性能。在Java中，这两个概念也是交织在一起的，一个并发程序可以通过在多个CPU上并行执行多个线程来提高性能。然而，并发编程侧重于线程之间的协调和同步，而并行编程则侧重于线程的同时执行和性能提升。

1.1.6 什么是线程同步和阻塞？它们有什么关系？

在并发编程中，我们经常会遇到线程同步、异步、阻塞和非阻塞等概念，尤其是在涉及线程之间的协作和资源共享时。其实同步和异步是指线程执行方式，而阻塞和非阻塞是指线程执行状态。我们来详细介绍这些重要概念。

（1）线程同步（Thread Synchronization）。

线程同步是一种机制，使用它能够确保两个或多个并发线程不会同时执行特定的程序片段。这通常用于防止多个线程访问共享资源（如数据结构、文件或外部设备等），以避免数据不一致或状态冲突的问题。线程同步可以通过以下多种机制来实现。

- 互斥锁（Mutex Lock）：确保同一时间只有一个线程可以进入临界区。
- 信号量：允许多个线程在资源数量有限的情况下进行同步。
- 监视器（Monitor）：封装了对象的锁定和条件变量，简化了同步过程。

- 死锁避免算法：确保系统不会进入一个无法分配资源的状态。

在Java中，线程同步通常是使用synchronized关键字、volatile关键字、锁技术以及原子类等方法来实现的。当一个线程进入一个同步方法或同步代码块时，它会自动获取锁；当它离开时，锁会被释放，此时其他线程可以获取锁并进入该同步方法或同步代码块。

（2）线程阻塞（Thread Blocking）。

线程阻塞指的是线程因为某些条件尚未满足而暂停执行，并且该线程会从CPU的执行队列中移除，直到某个特定的事件发生。在阻塞期间，线程不会消耗任何CPU时间，因此CPU可以执行其他任务。

线程被阻塞的原因如下。

- I/O操作：当线程等待来自I/O设备的数据时，通常会发生阻塞。
- 同步锁：当线程试图获取一个已经被其他线程持有的锁时，通常会发生阻塞。
- 其他阻塞操作：例如等待某个事件发生或尝试执行一个已经满载的同步阻塞队列操作。

在Java中，导致线程阻塞的方法通常有使用Object类的wait()方法、Thread类的sleep()和join()方法、Lock接口的lock()方法以及Condition接口的await()方法等。

（3）线程同步和阻塞的关系。

线程同步和阻塞描述了多线程操作中的不同方面，同步关注的是如何安全地访问共享资源，而阻塞关注的是线程在等待某些操作完成时的状态。同步操作可能会导致线程阻塞，但阻塞本身并不一定是同步操作的结果，例如线程在等待I/O操作完成时也会发生阻塞，这与同步没有直接关系。

存在同步阻塞，也存在同步非阻塞，当然还存在异步阻塞和异步非阻塞。它们的作用都是保证多线程环境中程序的正确性和一致性，但如果不恰当地使用它们，可能会导致性能问题，如死锁或饥饿等。因此，在设计多线程程序时，需要仔细考虑线程之间的同步和阻塞策略。

1.1.7 什么是线程安全？如何确保线程安全？

线程安全是指多线程执行时，同一资源能够安全地被多个线程同时访问而不引发任何问题，如数据污染或不一致。一个线程安全的程序能够正确地处理并发请求，不论线程执行的顺序如何。

在实际开发中，线程安全非常重要，因为多个线程经常会同时访问共享数据或资源，如果没有采取适当的保护措施，就会导致数据不一致、错误或丢失等问题。

为了保证线程安全通常需要结合使用多种策略和技术，以下是一些保证Java线程安全的常见方案。

（1）同步代码块。

使用synchronized关键字可以确保同时只有一个线程可以执行某个方法或代码块。这是最直接的同步手段，可以保护共享资源的独占访问。

（2）使用ReentrantLock。

java.util.concurrent.locks.ReentrantLock提供了一种比synchronized关键字更灵活的锁定机制。该机制可以尝试非阻塞地获取锁，也可以中断等待锁的线程，还可以实现公平锁等。

（3）使用原子类。

java.util.concurrent.atomic包提供了一系列的原子类，例如AtomicInteger和AtomicReference等，这些类内部使用了高效的机制来确保单个变量操作的原子性。

（4）使用volatile关键字。

volatile关键字可以确保变量的读写操作都直接作用于主内存，保证了新值对其他线程的可见性。它适用于一个变量的写入不依赖于当前值的情况。

（5）使用ThreadLocal类。

ThreadLocal类可以创建线程局部变量，确保每个线程都有自己的变量副本，因此使用它不会出现线程安全问题。

（6）使用并发集合类。

java.util.concurrent包提供了一系列的并发集合类，例如ConcurrentHashMap、ConcurrentLinkedQueue等，这些类内部已经处理了并发控制。

（7）使用并发工具类。

java.util.concurrent包还提供了许多并发工具类，例如Semaphore、CyclicBarrier、CountDownLatch和Exchanger等，可以用于复杂的线程同步。

（8）使用不可变对象。

不可变对象的状态无法改变，自然就不会出现线程安全的问题。使用String、BigDecimal和BigInteger等类可以创建不可变对象。

在并发编程中，选择合适的方法确保线程安全非常重要，需要根据具体情况进行权衡。例如，synchronized 使用简单但可能会导致性能问题；而原子类适合计数器或状态标志；不可变对象完全避免了并发问题，但不适合所有场景。此外，我们在设计程序时应该遵循并发设计模式，比如单例模式、生产者-消费者模式、读写锁模式等。因此，设计线程安全的系统既是一种技术挑战，也是对设计能力的一个考验。

1.2　面试官：介绍 JMM 与线程安全的关系

JMM 是理解线程安全的核心概念，它定义了线程和主内存之间的抽象关系，以及线程如何通过内存进行通信。掌握 JMM 的相关知识对于编写线程安全的代码至关重要。面试官提出"介绍 JMM 与线程安全的关系"这个问题，旨在考查求职者对 Java 多线程编程的理解程度，以及在并发控制领域的知识水平。

面试官提出这个问题背后的目的是检测求职者是否理解在并发编程中保证操作可见性、原子性和有序性的重要性，这些都是 JMM 正确运行的关键保证。作为求职者，我们在面试时应该重点讲述 JMM 的主要组成部分，如它的工作原则、内存屏障、happens-before 原则等。同时，应该强调自己如何使用同步机制来保证线程安全，举例说明如何在实际编程中遵循 JMM 来避免数据竞争等问题。这样的答案能够向面试官展示深厚的理论基础和丰富的实践经验。

我们可以针对面试官的考查目的对这个问题进行拆解，将其拆分成多个问题点再进行解答，解答要点如下。

（1）什么是 JMM？它有哪些特征和作用？

JMM（Java 内存模型）是一个抽象的概念，旨在定义程序中各种变量的访问规范，以及线程与主内存之间的交互方式。它的特征包括可见性、原子性和有序性；作用是解决并发编程中的可见性问题和原子性问题，确保程序运行的正确性和性能。

（2）JMM 和 Java 内存结构有什么区别？

JMM 与 Java 内存结构（堆、栈、方法区等）不同，JMM 关注的是变量之间的相互作用和线程如何通过内存进行通信，而 Java 内存结构关注的则是数据存储、分配和管理的物理层面。

（3）JMM 内存是如何交互的？都有哪些操作？

在 JMM 中，线程与主内存之间的交互主要通过读取、写入、锁定等操作进行。

每个线程都有自己的工作内存，它会先从主内存复制变量到工作内存中进行读写操作，再将更新后的变量写回主内存。

（4）什么是happens-before原则？它有什么作用？

happens-before原则是JMM中的一个核心概念，它用于确定内存操作的顺序关系，确保程序的有序性。如果一个操作与另一个操作之间存在happens-before关系，那么第一个操作的结果对第二个操作来说是可见的。

（5）什么是指令重排序和内存屏障？

指令重排序是编译器或处理器为了优化程序性能而采用的一种技术，能够改变程序指令的执行顺序。内存屏障是一种机制，用于防止指令重排序，保证特定操作的执行顺序，从而维护happens-before原则。

（6）如何保证程序的可见性、原子性和有序性？

保证程序的可见性、原子性和有序性通常通过同步机制来实现，如使用volatile关键字可以保证变量修改的可见性，使用synchronized关键字或锁机制（如ReentrantLock）可以保证操作的原子性和有序性。此外，利用final关键字也可以在某些场景下保证程序的可见性和有序性。

为了让大家对JMM与线程安全内容有更深入的掌握和理解，灵活应对面试细节，接下来我们对上述解答要点逐个进行详解。

1.2.1 什么是JMM？它有哪些特征和作用？

JMM是Java Memory Model（Java内存模型）的缩写，与JVM内存结构不同，它是一个抽象的概念，描述的是一组与多线程相关的规范，需要各个JVM的实现来遵守，开发者可以利用这些规范，更方便地开发多线程程序。在使用JMM的情况下，即便同一个程序在不同的虚拟机上运行，得到的程序结果也是一致的。

JMM定义了程序中的操作如何在多线程环境下交互，以及线程如何通过内存进行通信。当有多个线程操作内存中的共享数据时，JMM定义了线程与主内存之间的抽象关系以及同步这些操作的方式，确保线程安全性、内存的可见性、原子性和有序性，以下是JMM规范定义的主要内容。

（1）变量的存储。

JMM描述了程序中的变量如何存储在内存中以及如何通过线程访问这些变量。所有变量存放在主内存中，而每个线程有自己的工作内存，工作内存用于存放该线程使用到的主内存变量副本。线程对变量的操作都在工作内存中进行。线程不能直接读写主内存中的变量。每个线程的工作内存都是独立的，线程只能先在工作内存中操作变量，然后将变量同步到主内存，如图1-2所示。

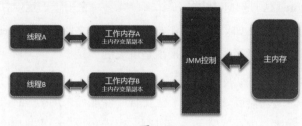

图 1-2

（2）操作的原子性。

JMM规定哪些操作是原子性的，即不可中断的。例如，对于非long或double类型的变量的读写操作通常是原子性的，但这些操作的复合操作（如递增操作）不是原子性的。

（3）变量的可见性。

JMM规定何时以及如何将更新后的变量值从工作内存同步到主内存，以及从主内存更新到各个线程的工作内存，确保一个线程对共享变量的修改对其他线程可见。

（4）变量修改的有序性。

JMM规定在不影响单线程程序执行结果的前提下，允许编译器和处理器对操作顺序进行重排序，但必须遵守特定的规则（比如使用volatile关键字、final关键字和synchronized块/方法）以保证在多线程环境中程序的有序性和正确性。

（5）锁的语义。

JMM定义了锁和同步的语义，确保获取锁的线程能看到由先前持有同一锁（并已释放该锁）的其他线程所作的修改。

整个JMM实际上是围绕着以下3个特征建立起来的，这3个特征可谓是整个Java并发编程的基础。

（1）原子性（Atomicity）。

原子性是指一个或一系列操作是不可中断的，即使是在多线程同时执行的情况下，一个操作（或对某个变量的操作）要么完全执行，要么完全不执行，不会停留在中间某个步骤。JMM只能保证基本的原子性，如果要保证一个代码块的原子性，可以通过synchronized或java.util.concurrent包中的原子类（如AtomicInteger）来保证。

（2）可见性（Visibility）。

可见性是指如果一个线程修改了共享变量的值，其他线程能够立刻得知这个修改。Java提供了volatile关键字来保证变量的可见性，用volatile修饰一个共享变量可以保证对这个变量的读写都是直接操作主内存，而不是线程的工作内存。

（3）有序性（Ordering）。

有序性是指程序按照代码的先后顺序执行。在JMM中，由于编译器优化和处理器优化，可能会出现指令重排序，打乱原来的代码执行顺序。为了解决这个问题，JMM提出了happens-before原则来保证程序的有序性。通过synchronized或volatile也可以保证多线程之间操作的有序性。

总之，JMM规范屏蔽掉了各种硬件和操作系统的内存访问差异与实现细节，这些细节对于Java开发者而言是透明的，理解JMM提供的规则和保障对编写正确的并发程序至关重要。通过遵循JMM规范，开发者可以编写出既安全又高效的多线程Java程序，并且让Java程序在不同平台上都能达到一致的内存访问效果，这就是JMM的意义。

1.2.2 JMM和Java内存结构有什么区别?

JMM和Java内存结构很容易让人混淆，但它们是Java中两个截然不同的概念，关注的领域和目的各不相同，下面我们进行详细介绍。

（1）JMM。

JMM是一个抽象的概念，它定义了JVM在多线程环境中如何处理内存的读写操作，以及线程如何通过内存进行交互。JMM关注的是变量之间的相互作用和线程如何通过内存进行通信。它提供了一套规则，确保在多核处理器的环境下，程序执行的正确性得以保障。

JMM的主要功能和目标如下。

- 定义共享变量的读写如何在线程间传递。
- 确保多线程环境下，程序执行的一致性和安全性。
- 为开发者提供一种机制，使得开发者在编写并发程序时能够考虑到硬件和编译器的内存访问优化。

（2）Java内存结构。

Java内存结构，又被称为JVM运行时数据区，是JVM在执行Java程序时用来存储数据和管理内存的实际架构。它定义了JVM在执行Java程序时如何使用内存，包括各种运行时数据区的划分，如方法区（Method Area）、堆（Heap）空间、栈（Stack）空间、程序计数器（Program Counter）和本地方法栈（Native Method Stack）。

Java内存结构的主要功能和目标如下。

- 定义方法区来存储类信息、常量、静态变量等。
- 定义堆空间来存储Java对象实例。
- 定义栈空间来存放局部变量、操作数栈、方法出入口等。
- 定义程序计数器来为每个线程保留当前执行的指令地址。
- 定义本地方法栈来支持本地方法执行。

（3）JMM和Java内存结构的区别。

从本质上讲，JMM是关于线程并发执行时内存操作的规范，它解决的问题是如何在多线程环境中安全有效地进行内存交互。而Java内存结构解决的是程序数据存储的物理或逻辑结构问题，主要用于指导JVM应该如何管理内存。

简而言之，JMM是关于线程如何交互和内存访问规则的高层规范，而Java内存结构是关于JVM如何存储数据和管理内存的实际架构。

1.2.3 JMM内存是如何交互的？都有哪些操作？

在JMM中，所有的变量都存储在主内存中，每个线程有自己的工作内存。线程的工作内存中保存了该线程使用到的变量，它们是从主内存复制的副本。线程对变量的所有操作（比如读取、赋值等）都必须在工作内存中进行，而不能直接在主内存中进行，并且每个线程不能访问其他线程的工作内存。为了实现JMM这个特性，JMM定义了8种内存操作，具体如下。

- lock：锁定操作，作用于主内存的变量，它标记一个变量开始处于独占状态。
- unlock：解锁操作，作用于主内存的变量，它标记一个变量结束独占状态。
- read：读取操作，作用于主内存的变量，它将一个变量的值从主内存传输到线程的工作内存中，以便随后的载入操作使用。

- load：载入操作，作用于工作内存的变量，它在读取操作之后执行，将读取操作得到的值放入工作内存的主内存变量副本中。
- use：使用操作，作用于工作内存的变量，它将工作内存中的一个变量的值传递给线程使用。
- assign：赋值操作，作用于工作内存的变量，线程通过它将一个值赋给工作内存中的变量。
- store：存储操作，作用于工作内存的变量，它将工作内存中的一个变量的值传递到主内存中，以便随后的写入操作使用。
- write：写入操作，作用于主内存的变量，它在存储操作之后执行，将存储操作得到的值放入主内存的变量中。

上述这些内存操作必须按照特定的顺序执行，这个顺序由 happens-before 原则来定义，具体交互过程如图1-3所示。

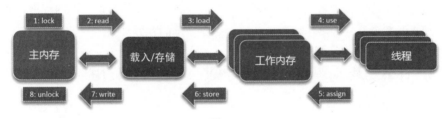

图 1-3

JMM还规定了执行上述8种内存操作时必须满足的规则，具体如下。

- 如果要把一个变量从主内存中复制到工作内存，就需要按顺序执行读取和载入操作；如果要把一个变量从工作内存同步回主内存，就需要按顺序执行存储和写入操作。但JMM只要求上述操作必须按顺序执行，而没有要求必须连续执行。
- 不允许读取和载入、存储和写入操作之一单独出现。
- 不允许一个线程丢弃它最近的赋值操作，即变量在工作内存中改变了之后必须同步到主内存中。
- 不允许一个线程无原因（没有发生过任何赋值操作）地把数据从工作内存同步到主内存中。
- 一个新的变量只能在主内存中诞生，不允许在工作内存中直接使用一个未被初始化（载入或赋值）的变量，即对一个变量实施使用和存储操作之前，必须先执行赋值和载入操作。

- 对于一个变量，在同一时刻只允许一个线程对其进行锁定操作，但锁定操作可以被同一个线程重复执行多次，多次执行锁定操作后，只有执行相同次数的解锁操作，变量才会被解锁。锁定和解锁操作必须成对出现。
- 如果对一个变量执行锁定操作，将会清空工作内存中此变量的值，在执行引擎使用这个变量前需要重新执行载入或赋值操作初始化变量的值。
- 如果一个变量事先没有被锁定操作锁定，则不允许对它执行解锁操作；也不允许对一个被其他线程锁定的变量执行解锁操作。
- 对一个变量执行解锁操作之前，必须把此变量同步到主内存中。

JMM通过上述操作，结合happens-before原则，定义了线程通过主内存交互的方式，同步变量到工作内存的方式，以及工作内存与主内存之间的关系，等等。这些原则确保了在多线程环境中，共享变量的更新能够被其他线程看到，从而使得线程间的通信变得可靠和高效。这些操作基本上构成了线程间通过共享内存进行通信的基础，保证了Java程序在多线程环境中能有正确的并发行为。

1.2.4 什么是happens-before原则？它有什么作用？

happens-before（先行发生）是JMM中的一个核心概念，它定义了一组规则，用来确定内存操作之间的顺序。1.2.3小节讲到的JMM内存操作必须要满足一定的规则，happens-before就是定义这些规则的一个等效判断原则。简而言之，如果操作A happens-before操作B，则可以保证操作A产生的结果对操作B是可见的，即操作B不会看到操作A的执行结果之前的状态。

happens-before的作用是解决并发环境下的内存可见性和有序性问题，确保多线程程序的正确性。如果两个操作满足happens-before原则，那么不需要进行同步操作，JVM能够保证操作的有序性，但此时不能随意进行指令重排序；否则，JVM无法保证操作的有序性，就能进行指令重排序。

happens-before原则定义的规则具体如下。

（1）程序代码顺序规则。

在同一个线程中，按照程序代码顺序，前面的操作发生在后面的操作之前。例如在同一线程内，如果我们先写入一个变量，再读取同一个变量，那么写入操作happens-before读取操作。

```
int x=0;// 写入操作
int y=x;// 读取操作，这里能看到 x=0
```

注意，程序代码顺序要考虑分支、循环等结构，因此该顺序确切来讲应该是程序控制流顺序。

（2）监视器锁规则。

解锁发生在加锁之前，且必须针对同一个锁。例如synchronized块，解锁happens-before加锁。

```
synchronized(lock) {
    sharedVar = 1; // 在锁内的写入操作
}//lock 解锁 happens-before 加锁

synchronized(lock) {
    int r = sharedVar; // 在另一个锁内的读取操作，这里能看到 sharedVar=1
}
```

（3）volatile变量规则。

对一个volatile变量的写入操作发生在读取操作之前，示例如下。

```
volatile int flag = 0;
// 线程 A
flag = 1; // 写入操作

// 线程 B
int f = flag; // 读取操作，这里能看到 flag=1
```

（4）线程启动规则。

Thread对象的start()方法发生在线程的每一个后续操作之前，示例如下。

```
Thread t = new Thread(new Runnable() {
    public void run() {
        int readX = x; // 线程中的任何操作，能看到 start() 之前的写入操作
    }
});

x = 10; // 主线程写入操作
t.start(); // start() happens-before 子线程中的所有操作
```

（5）线程终止规则。

线程中的所有操作，例如读取、写入和加锁等，都发生在这个线程终止之前，也就是说，当我们观察到一个线程终止时，就可以确认该线程的所有操作

都已经完成了。例如，如果线程 A 在终止之前修改了一个共享变量，当我们通过 join() 方法等待线程 A 终止或者使用 isAlive() 方法检查到线程 A 已经不再活动时，就可以确信线程 A 中的所有操作都已经执行完毕，包括对共享变量的修改。示例如下。

```
Thread threadA = new Thread(() -> {
    // 这里是线程 A 的操作
    someSharedVariable = 123; // 对共享变量的写入操作
});

threadA.start();  // 启动线程 A
threadA.join();   // 等待线程 A 终止

// 当 threadA.join() 结束后
// 可以确信 threadA 对 someSharedVariable 的写入操作已经完成
assert someSharedVariable == 123; // 这里可以安全地检查共享变量的值
```

在上述代码中，使用 assert 表达式检查 someSharedVariable 是否为 123 是安全的，因为 threadA.join() 保证了所有线程 A 中的操作在主线程观察到线程 A 终止之前都已经完成。

（6）线程中断规则。

对一个线程调用 interrupt() 方法，实际上是设置了该线程的中断状态，主线程的 interrupt() 调用发生在子线程检测到中断之前，示例如下。

```
Thread t = new Thread(new Runnable() {
    public void run() {
        while (!Thread.currentThread().isInterrupted()) {
            // 业务处理逻辑
        }
        // 能看到中断状态
    }
});
t.start();
t.interrupt(); // 主线程的 interrupt() 调用发生在子线程检测到中断之前
```

（7）对象终结规则。

一个对象的初始化完成，即构造函数的执行完成，发生在 finalize() 方法之前，示例如下。

```
public class ExampleObject {
```

```
private int x;
public ExampleObject() {
  x = 10; // 构造函数的写操作
}
protected void finalize() {
  int readX = x; // 在 finalize() 中，可以看到构造函数的写操作结果
}
}
```

（8）传递性。

如果A操作发生在B操作之前，且B操作发生在C操作之前，则A操作发生在C操作之前，示例如下。

```
volatile int flag = 0;
int a = 0;
// 线程A
a = 1; // A操作
flag = 1; // B操作

// 线程B
if (flag == 1) { // C操作
    int readA = a; // 这里可以保证 readA = 1，因为 A happens-before B happens-
before C
}
```

上述这些规则，为Java程序员在多线程环境中编写线程安全的代码提供了一个清晰的框架。通过理解和运用这些规则，可以避免数据竞争和内存一致性错误。

总之，happens-before是理解和正确使用JMM的关键，通过happens-before定义的规则我们可以更好地理解多线程间的内存操作如何互相影响。

1.2.5 什么是指令重排序和内存屏障？

指令重排序是编译器和处理器为了优化程序性能而采用的一种技术。这种技术能够改变程序指令执行的顺序，但保证在单线程环境中最终结果的一致性。

根据发生的层面，指令重排序可以分为3种，分别为编译器优化重排序、指令级并行重排序、内存系统重排序。重排序流程如图1-4所示，后面两种为处理器级别。

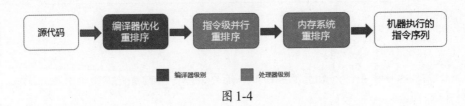

图1-4

- 编译器优化重排序：在编译时，编译器可能会改变语句的顺序来提高执行效率，同时保证程序的行为不变。
- 指令级并行重排序：现代处理器采用指令级并行（Instruction Level Parallelism，ILP）技术将多条指令重叠执行。如果不存在数据依赖性，处理器可以改变语句对应机器指令的执行顺序。
- 内存系统重排序：其为伪重排序，也就是说只是看起来像在乱序执行而已。对于现代处理器来说，在CPU和主内存之间都存在高速缓存，高速缓存的作用主要为减少CPU和主内存的交互。在CPU进行读取操作时，如果缓存中没有相关数据则从主内存取；而对于写入操作，先将数据写入缓存中，最后一次性写入主内存，这样做的作用是减少跟主内存交互时CPU的短暂卡顿，从而提升性能，但是延时写入可能会导致数据不一致问题。

理解指令重排序有助于开发者预见和避免潜在的并发问题。编译器和处理器并非在任何场景下都会进行指令重排序的优化，而是会遵循一定的原则，as-if-serial语义就是重排序都需要遵循的原则。as-if-serial语义规定在单线程中，只要不改变程序的最终执行结果，为了提升性能就可以改变指令执行的顺序。但是，在多线程程序中，指令重排序可能会导致一些问题。例如，一个线程对共享变量的修改可能由于重排序而未按预期顺序对其他线程可见，从而导致数据竞争和不一致的问题。为了解决这些问题，在编译器方面使用volatile关键字可以禁止指令重排序，但在硬件方面，需要使用JMM定义的内存屏障（Memory Barrier）来实现禁止指令重排序。

内存屏障也称为内存栅栏，是一种同步机制，可以确保指令执行的顺序满足特定的一致性要求。它在编译器优化和处理器执行指令时发挥作用，防止这些环节中的指令重排序引发问题。内存屏障可确保在屏障之前的所有操作完成后才开始执行屏障之后的操作。内存屏障在硬件层面和JVM层面都有实现，具体如下。

（1）硬件层内存屏障。

硬件层内存屏障有加载屏障（Load Barrier）和存储屏障（Store Barrier）两种

特定类型，这两种屏障主要用于编译器和处理器级别，避免由指令重排序导致的多线程程序中的数据不一致问题。

- 加载屏障：确保所有对内存的读取操作在屏障指令之后的读取操作执行前完成。这意味着，加载屏障后的读取操作必须等待所有先前的读取操作完成，确保得到的数据是最新的。加载屏障主要用于防止指令重排序中的读取操作被提前执行。

```
i = a;
LoadBarriers;
// 其他操作
```

上述代码中，LoadBarriers可以确保程序在执行其他操作之前，从主内存中读取a的变量值并且刷新到缓存中。

- 存储屏障：确保所有的写入操作在屏障指令之后的写入操作执行前完成。这确保了屏障之前的所有写入操作对接下来的写入操作可见。存储屏障用于防止写入操作重排序，确保按照程序的预期顺序执行写入操作。

```
a = 1;
b = 2;
c = 3;
StoreBarriers;
// 其他操作
```

上述代码中，StoreBarriers可以确保在执行其他操作之前，写入缓存中的a、b、c这3个变量值同步到主内存中，并且其他线程可以观察到变量的变化。

在多处理器系统中，这两种屏障特别重要，因为它们帮助维护跨不同处理器的数据的一致性。例如，如果一个处理器更新了共享数据，通过使用适当的屏障，可以确保这些更新对在其他上运行的线程立即可见。

在实际应用中，这两种屏障经常与其他类型的内存屏障一起使用，如全屏障（Full Barrier），它同时包括加载屏障和存储屏障的功能，确保所有的读写操作都在屏障之后的操作之前完成。

（2）JVM内存屏障。

在JVM中，内存屏障是一种底层同步机制，用于实现JMM规定的内存可见性和有序性保证。这些屏障不是由Java语言直接提供的，而是由JVM实现的，并且通常在编译器生成的机器代码中插入，确保正确读写操作，以及锁的正确获取和释放。

JVM内存屏障大致可以分为以下4种。

- LoadLoad屏障：放在两个读取操作之间，确保第一个读取操作的结果在第二个读取操作开始之前必须被获取。

```
int i = a;
LoadLoad;
int j = b;
```

上述代码中，LoadLoad可以确保int i=a读取操作在int j=b读取操作之前，禁止它们进行重排序。

- StoreStore屏障：放在两个写入操作之间，确保第一个写入操作的结果在第二个写入操作开始之前必须被刷新到主内存。

```
a = 1;
StoreStore;
b = 10;
```

上述代码中，StoreStore可以确保a=1写入操作的结果在b=10写入操作开始之前被刷新到主内存，禁止它们进行重排序。

- LoadStore屏障：放在读取操作之后、写入操作之前，确保读取操作的结果对接下来的写入操作可见。

```
int i = a;
LoadStore;
b = 10;
```

上述代码中，LoadStore可以确保int i=a读操作在int b=10写操作之前，禁止它们进行重排序。

- StoreLoad屏障：最昂贵的屏障，确保之前的所有写入操作完成之后，才执行后续的读取操作。

```
a = 1;
StoreLoad;
int i = b;
```

上述代码中，StoreLoad可以确保a=1写入操作在int i =b读取操作之前，禁止它们进行重排序。

这些JVM内存屏障在使用volatile关键字、synchronized关键字和java.util.

concurrent包中的锁时都会被用到。当定义一个volatile变量时，JVM会在写操作之后插入一个StoreStore屏障，以确保这次写操作对其他线程立即可见；同时，可能还会插入一个StoreLoad屏障来保证写操作之后的读操作不会读取到旧值。虽然我们在编写代码时不需要直接应用这些内存屏障，因为它们由JVM底层自动处理，但是理解它们的存在和作用对于编写并发和多线程程序是很关键的，特别是在调试和性能优化时。

1.2.6 如何保证程序的可见性、原子性和有序性？

可见性、原子性和有序性是并发的三大特征，也是JMM的特征，为了保证并发程序的正确性，我们需要考虑这3个关键特征，下面我们详细介绍它们面临的问题及其解决方案。

（1）可见性。

可见性指的是当一个线程修改了共享变量的值后，其他线程能够立即知道这个修改。导致可见性问题的原因主要有以下几点。

- 缓存一致性问题：在多处理器系统中，每个处理器通常都有自己的本地缓存（L1缓存、L2缓存等），本地缓存用以加速处理器对内存的访问。当多个处理器的缓存中都存储了同一个内存变量的副本时，一个处理器对副本的修改可能不会立即反映到其他处理器的缓存中。

- 编译器优化：为了提高程序性能，编译器可能会重排指令执行顺序，这可能导致其他线程在不适当的时候看到共享变量的数据。

- JMM的延迟特性：即使采用不带缓存的系统，JMM本身也可能导致其他处理器或线程看到过时的数据。

为解决可见性问题，我们可以采用以下常见方案。

- 使用volatile关键字：当一个变量使用volatile修饰后，所有对这个变量的写入操作都将立即同步到主内存中，同时所有对这个变量的读取操作都将直接从主内存中读取，从而保证了变量的可见性。

- 使用synchronized关键字：当一个变量处于synchronized同步代码块中时，程序执行进入块时将清空工作内存中的变量值，在需要时会从主内存中重新读取；退出块时将工作内存中的变量值刷新回主内存，从而保证了变量的可见性。

- 使用final关键字：对于使用final修饰的字段，一旦被初始化后其值就不能修改，其他线程总是能够看到final字段的初始化值。

（2）原子性。

原子性是指一个或一系列操作是不可中断的，即使是在多线程同时执行的情况下，一个操作（或对某个变量的操作）要么完全执行，要么完全不执行，不会停留在中间某个步骤。导致原子性问题的原因主要有以下几点。

- 线程上下文切换：在多线程环境中，线程可以在任意时间被操作系统挂起并切换到另一个线程。如果这种切换发生在一个复合操作（如递增操作）的中间，那么其他线程可能会看到一个不一致的状态。
- 非原子性操作：计算机的指令集通常只保证基本读写操作的原子性。对于复合操作，例如"检查再运行"（check-then-act）或"读取-修改-写入"（read-modify-write），不通过特定的同步机制是无法保证操作的原子性的。

为解决原子性问题，我们可以采用以下常见方案。

- 使用synchronized块：synchronized块（或方法）可以确保在同一时间只有一个线程执行该代码块，保证了操作的原子性。
- 使用锁：比如ReentrantLock，锁可以提供比synchronized更复杂和灵活的操作来实现同步。
- 使用原子类：比如AtomicInteger，Java的java.util.concurrent.atomic包提供了一系列原子类，通过CAS（Compare And Swap，比较并交换）操作保证了原子性。

（3）有序性。

有序性指的是程序按照代码的先后顺序执行，从而保证程序的正确性。导致有序性问题的原因主要有以下几点。

- 编译器优化：为了提高程序执行效率，编译器在生成机器代码时可能会调整指令的顺序。这种重排序对单线程程序来说通常是安全的，但在多线程程序中可能会导致严重问题。
- 处理器优化：现代处理器为了更高效地利用处理器资源和执行单元，会对输入的指令流进行动态重排序。这种指令重排序可能会导致指令执行顺序与程序代码中的顺序不一致。
- 内存系统：不同类型的内存访问有不同的访问速度，处理器可能会通过重排序内存访问指令来优化性能，这可能导致指令执行的顺序和程序中的顺序不一致。

为解决有序性问题，我们可以采用以下常见方案。

- 使用volatile：除了保证可见性外，volatile还可以防止指令重排序。编译器和处理器在遇到volatile变量时，会在读写操作前后添加内存屏障，防止其前后的操作重排序。
- 使用synchronized关键字和锁：这些同步措施会限制多个线程之间操作的执行顺序，它们可以保证锁定同一监视器的同步代码块只能串行执行。
- 遵循happens-before原则：JMM通过happens-before原则保证程序的有序性。例如，每个volatile写入操作之前的所有操作都将在volatile写入操作和后续的volatile读取操作之间对其他线程可见。

总之，为了解决上述问题，JMM定义了一系列happens-before原则来保障多线程之间的内存可见性、原子性和有序性。开发者也需要根据实际情况选用synchronized、volatile、final、锁等机制来确保并发环境下的正确性。最后，简单总结几种常见解决方案的区别，如表1-1所示。

表1–1

特性	volatile	final	synchronized	锁	原子类
可见性	可保障	可保障	可保障	可保障	可保障
原子性	无法保障	无法保障	可保障	可保障	可保障
有序性	一定程度保障	一定程度保障	可保障	可保障	无法保障

1.3 面试官：谈谈多线程中的上下文切换

上下文切换是多线程环境下不可避免的，它发生在操作系统中断当前执行的线程并启动另一个线程的过程中，此过程涉及保存和恢复线程的状态信息，对系统资源和程序执行效率有重大影响。

面试官提出"谈谈多线程中的上下文切换"这个问题，背后的目的是探究求职者对于多线程程序性能挑战的认识，以及他们是否能够在设计和优化并发程序时考虑减少上下文切换带来的开销。面试官通过这个问题评估求职者在开发大型复杂系统时资源管理和线程调度的综合能力。

求职者应当考虑上下文切换可能导致的性能问题以及如何减小这些问题的影响，可以提到一些具体的策略，比如优化锁的使用以减少锁竞争，使用最小化线程数量，以及利用线程池来避免频繁创建和销毁线程，等等。通过这些策略，求职者可以展示自己对多线程编程细节的深入了解和解决实际问题的能力。我们可以将面试官的考查目的进行拆解，拆成多个问题点进行解答，解答逻辑如下。

（1）什么是上下文切换？上下文切换会带来哪些问题？

上下文切换是指计算机操作系统为了执行多任务或多线程，保存一个进程或线程的状态（上下文）以便稍后可以恢复到这个状态并继续执行的过程。上下文切换会带来性能开销，因为它涉及CPU寄存器内容和程序计数器的保存与恢复，这会消耗计算资源。频繁进行上下文切换可能导致CPU花费大量时间在任务切换而非任务执行上，从而引起系统性能下降。

（2）什么是进程上下文切换？引起进程上下文切换的原因有哪些？

进程上下文切换指的是操作系统挂起一个进程的执行并启动另一个进程的执行过程中所涉及的活动，将CPU资源从一个进程分配给另一个进程的过程。这种切换通常由当前执行的进程被中断（例如，等待I/O操作完成、系统资源调配、时间片用尽），操作系统决定切换到另一个进程继续执行引起。

（3）什么是线程上下文切换？与进程上下文切换有何区别？

线程上下文切换是指在多线程操作系统中，CPU从一个线程切换到另一个线程执行的过程。与进程上下文切换相比，线程上下文切换通常代价较小，因为同一进程内的线程共享进程资源，切换线程不需要切换内存空间和I/O环境。但线程上下文切换仍然涉及寄存器状态和栈空间的变更等。

（4）如何查看线程上下文切换信息？

在不同的操作系统中，有不同的工具和命令可以查看线程上下文切换信息。例如，在Linux系统中，可以通过pidstat命令来监控上下文切换的次数和频率。在Windows系统中，可以使用性能监视器（Performance Monitor）来查看线程上下文切换的相关数据。

（5）如何减少线程上下文切换的次数？

减少线程上下文切换的次数可以通过多种策略实现，比如减少线程竞争、合理设置线程数、使用线程池、避免使用不必要的锁、优化任务调度策略、优化代码逻辑等，在使用时需要根据业务实际需求进行选择。

我们在回答上述问题时，应当展现出对线程和进程的上下文切换原理的清晰理解，并能提出实际的解决方案来优化应用性能，这样更易获得面试官的认可。

为了让大家对多线程中的上下文切换内容有更深入的掌握和理解，灵活应对面试细节，下面我们对上述解答要点逐个进行详解。

1.3.1 什么是上下文切换？上下文切换会带来哪些问题？

上下文切换是操作系统中的一个过程，涉及保存一个进程或线程的状态（上下文）以便稍后恢复执行这个进程或线程的能力。当操作系统决定把CPU从一个进程（或线程）转移到另一个进程（或线程）上时，就会发生一次上下文切换。

上下文切换通常是计算密集型的，需要占用一定的CPU时间。每秒可能会发生几十甚至上百次的切换，每次切换都需要纳秒级的时间，所以上下文切换对系统来说意味着会消耗大量的CPU时间。Linux 相比于其他操作系统有很多的优点，其中有一项就是，它的上下文切换和模式切换的时间消耗非常少。

在上下文切换过程中，操作系统通常需要执行以下操作。

- 保存上下文信息：保存当前进程或线程的状态到其PCB（Process Control Block，进程控制块）或线程的内存结构中。状态信息包括程序计数器、寄存器值、内存状态等。

- 恢复上下文信息：当再次执行原进程或另一个进程时，操作系统从其PCB中恢复保存的状态信息，以便进程可以继续执行。

上下文切换通常发生在以下几种情况下。

- 多任务处理：在多任务操作系统中，为了公平地分配CPU时间或响应高优先级的任务，操作系统会在不同进程间进行切换。

- 等待I/O操作：当一个进程或线程进行I/O操作（如读写文件、进行网络通信等）时，它通常需要等待操作完成。在此期间，CPU可以切换到其他任务执行，以提高执行效率。

- 同步操作：进行同步操作（如等待互斥锁）而被阻塞的线程会导致操作系统切换到其他线程执行。

上下文切换是必要的，因为它支撑操作系统的多任务特性，使得用户可以同时运行多个进程，而每个进程似乎都独占了CPU。

上下文切换并非没有代价，它会产生开销，因为它涉及CPU状态的保存与恢复，以及相关系统资源的管理，所以频繁的上下文切换会影响系统的整体性能。因此，高性能系统的设计往往会尽量减少不必要的上下文切换，以提高执行效率。

1.3.2 什么是进程上下文切换? 引起进程上下文切换的原因有哪些?

（1）进程上下文。

进程上下文是指操作系统中某个进程完全运行所需要的状态信息。当操作系统的调度器从一个进程切换到另一个进程时，它需要保存当前进程的上下文，并加载下一个进程的上下文。进程上下文主要包括以下部分。

- CPU寄存器：包括程序计数器（它指向要执行的下一条指令）以及栈指针（Stack Pointer，SP，它指向进程栈中的当前位置）。此外，还包括累加器、索引寄存器和状态寄存器等。

- 程序状态字（Program Status Word，PSW）：存储了进程的状态信息，比如条件代码、CPU的模式以及中断使能/禁用状态等。

- CPU内核栈：内核模式下使用的栈，通常用于存储内核过程或中断服务例程中的局部变量和返回地址。

- PCB：包含操作系统用于管理进程的各种信息，比如进程状态（运行、就绪、等待等）、进程ID、进程优先级、CPU时间、内存管理信息（如页表或段表），以及其他资源的追踪等。

- 内存管理信息：包括虚拟地址空间的状态，如页表或段表，它们记录了虚拟地址到物理地址的映射。

- 打开文件和I/O状态：进程打开的文件描述符、网络连接状态、缓冲区信息等都是进程上下文的一部分。

- 进程账户信息：如CPU时间、实际用户ID和有效用户ID等。

进程上下文确保了进程能够在被中断后恢复执行，即像没有被中断一样继续执行其任务。操作系统通过在进程间切换上下文来实现多任务处理。

（2）进程上下文切换。

在现代操作系统中，进程上下文切换是一项基础而关键的功能，它的高效实现对于提高系统整体性能至关重要。

进程上下文切换是指操作系统挂起一个进程的执行并启动另一个进程的执行过程中所涉及的活动，将CPU资源从一个进程分配给另一个进程的过程。这种切换通常发生在多任务操作系统中。从用户角度看，计算机能并行执行多个程序，这恰恰是操作系统快速进行进程上下文切换产生的效果。

在进程上下文切换的过程中，操作系统需要先存储当前进程的上下文状态信息，再加载下一个进程的上下文状态信息，然后执行此进程，如图1-5所示。

图 1-5

进程上下文切换的详细过程如下。

①存储当前进程上下文状态信息。

在切换到新进程之前，系统需要存储当前正在运行进程的上下文状态信息，包括程序计数器、CPU寄存器的内容、系统调用状态、内核堆栈等信息。这些信息通常被存储在PCB中。

②加载下一个进程上下文状态信息。

系统随后加载下一个进程的上下文状态信息，这个进程可能是新选择的要执行的进程，或者是从等待状态被唤醒的进程。CPU寄存器会加载下一个进程的相关值，程序计数器中的指令地址也会被更新为下一个进程要执行的下一条指令地址。

③资源重新分配。

在上下文切换过程中，操作系统还需要管理并更新其他系统资源的状态，比如虚拟内存、I/O状态等。

（3）引起进程上下文切换的原因。

引起进程上下文切换的原因有以下几个方面。

- 时间片用尽：大多数操作系统通过时间片来分配进程的执行时间。当一个进程的时间片用尽时，操作系统会进行进程上下文切换，执行其他进程。

- I/O请求：如果一个进程发出I/O请求，那么在I/O操作完成前，它不需要CPU。在这种情况下，操作系统会进行进程上下文切换，执行其他进程。

- 高优先级进程：如果有高优先级进程需要执行，操作系统可能会打断当前进程的执行，先执行高优先级进程。

- 中断处理：硬件或软件中断可能导致当前进程被暂停，以便操作系统响应和处理中断。

虽然进程上下文切换是多任务操作系统的基础特性，但是它也有性能代价。过多的上下文切换会增加CPU的工作负载，降低处理效率。这个性能代价在系统设计和优化时通常需要被考虑。

1.3.3 什么是线程上下文切换？与进程上下文切换有何区别？

线程上下文切换是指在多线程操作系统中，CPU 从一个线程切换到另一个线程执行的过程。与进程上下文切换相似，线程上下文切换涉及保存当前线程的状态（这里的"状态"指的是线程特有的信息，如线程的程序计数器、寄存器集、栈指针）并恢复另一个线程的状态的操作，以便后者可以继续执行。

线程上下文切换通常比进程上下文切换更轻量，原因在于同一进程内的线程共享相同的进程资源。因此，切换线程不需要切换内存空间和 I/O 环境，这降低了切换的开销。但是，线程上下文切换仍然需要处理以下内容。

- CPU 寄存器集：执行线程中计算的核心部分，包括程序计数器、栈指针、条件码以及通用目的寄存器等。
- 线程栈：每个线程有自己的栈，它用于存储局部变量、函数调用返回地址等。线程切换时，需要更新栈指针以反映新线程的栈状态。
- 线程特定数据（Thread-Specific Data，TSD）：线程存储的其运行过程中的特有数据（如错误代码等）。

触发线程上下文切换的原因通常有以下几个。

- 多线程调度：操作系统根据线程的优先级和策略，决定哪个线程应该使用 CPU。
- 阻塞操作：如果线程执行了阻塞操作（如等待 I/O、获取无法立即获得的锁），操作系统会切换到另一个线程，以充分利用 CPU 资源。
- 时间片用尽：线程获得的 CPU 资源是有限的。当时间片用尽，操作系统会进行上下文切换，让另一个线程运行。
- 高优先级线程就绪：当一个高优先级线程从阻塞状态切换为就绪状态时，操作系统可能会打断当前线程，切换到高优先级线程运行。

在 Java 中，通过使用多线程并在其中执行一些阻塞操作或使用 sleep() 让线程睡眠，都会触发线程上下文切换。我们来看一个 Java 示例，示例代码如下。

```java
public class ThreadSwitchExample {
    public static void main(String[] args) {
        // 创建并启动一个计算线程
```

```
Thread computationThread = new Thread(() -> {
    long sum = 0;
    for(long i = 0; i < 1000000L; i++) {
        sum += i;
        // 每计算一定次数，线程休眠一小段时间，增加上下文切换的可能性
        if(i%1000 == 0) {
            try {
                Thread.sleep(1);
            } catch (InterruptedException e) {
                Thread.currentThread().interrupt(); // 重新设置中断状态
                System.out.println("Computation thread was interru pted.");
                return;
            }
        }
    }
    System.out.println("Computation finished: " + sum);
});

// 创建并启动一个等待用户输入的线程
Thread inputThread = new Thread(() -> {
    try {
        System.out.println("Waiting for user input:");
        int read = System.in.read(); // 线程执行阻塞操作，等待用户输入
        System.out.println("You entered: " + (char) read);
    } catch (IOException e) {
        System.out.println("An error occurred while reading input.");
    }
});

// 启动线程
computationThread.start();
inputThread.start();

// 等待两个线程完成
try {
    computationThread.join();
    inputThread.join();
} catch (InterruptedException e) {
    System.out.println("Main thread was interrupted.");
}

System.out.println("Main thread finished.");
    }
}
```

在上述代码中，main()方法主线程启动了两个线程：一个是computationThread
线程（用于进行计算），另一个是inputThread线程（用于等待用户输入）。两个线
程的逻辑差异将会导致操作系统进行线程上下文切换。computationThread在计算过
程中会间歇性休眠，休眠是通过sleep(1)方法实现的。这种休眠会使得操作系统有

机会将CPU资源分配给其他的线程，从而引发线程上下文切换。inputThread使用System.in.read()方法执行阻塞操作直到接收到输入。在该线程等待用户输入期间，操作系统可能会将CPU资源分配给其他线程。

注意，虽然上述示例可能会引发线程上下文切换，但实际发生切换的频率和时机取决于许多因素，包括操作系统的调度策略、系统负载、线程的优先级等。

综上所述，线程共享相同的地址空间和资源，而进程拥有独立的地址空间和资源，因此线程上下文切换是同一进程内不同线程之间的切换，涉及较少的状态变更，成本较低。而进程上下文切换是不同进程之间的切换，涉及全面的地址空间和资源的变更，成本较高。在设计高性能应用程序时，通常会考虑使用多线程而不是多进程，以减少上下文切换的开销。

1.3.4 如何查看线程上下文切换信息？

要查看Java程序中线程上下文切换的信息，需要使用操作系统级别的工具和JVM工具，或通过编程方式实现，说明如下。

（1）Linux系统工具。

pidstat是一个监视全部或特定进程和系统的统计数据的工具。可以先找到Java进程的ID，然后使用pidstat监视它，命令如下。

```
pidstat -w -p <PID> 1
```

在上述命令中，<PID>是Java进程的ID；1表示每1s收集一次数据；-w 选项表示显示线程上下文切换的信息。

perf是一个强大的性能分析工具，可以用它来分析上下文切换等事件。

```
perf stat -e context-switches,cpu-migrations -p <PID> sleep 10
```

上述命令可以测量指定进程在10s内的上下文切换次数与CPU迁移次数。

（2）Windows系统工具。

perfmon（Performance Monitor）是一款Windows自带的性能监视工具，提供了图表化的系统性能实时监视器、性能日志和警报管理。通过添加性能计数器（Performance Counter）可以实现对CPU、内存、网络、磁盘、进程等多类对象的上百个指标的监控，其中包括线程上下文切换。按Win+R组合键打开"运行"对话框，然后在"打开"文本框中输入"perfmon"后按Enter键，即可打开性能监视器，如图1-6所示。

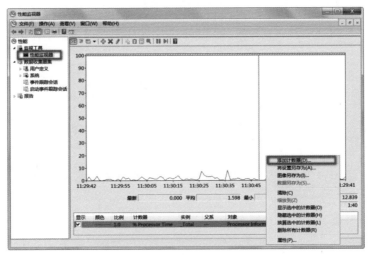

图 1-6

在图1-6中，选择左侧"监视工具"→"性能监视器"，会弹出右侧菜单，可以添加性能计数器进行监控。在Windows中也可以使用Process Explorer工具，它是Sysinternals套件中的一个工具，可以显示每个进程的详细信息，其中包括上下文切换次数。

（3）JVM工具。

VisualVM是一个图形界面工具，可以监控Java应用程序的CPU、内存使用情况，以及线程信息。虽然VisualVM主要用于性能分析和内存分析，但它可以帮助用户理解线程的行为，从而间接推断上下文切换的情况。

JConsole工具是一个JMX（Java Management Extensions，Java管理扩展）控制台，可以连接到运行中的JVM并监控其资源消耗，包括线程使用情况。

（4）编程方式。

在Java中，可以使用ManagementFactory.getThreadMXBean().getThreadInfo(threadId)方法来获取线程的信息，包括线程的状态。虽然这不直接提供上下文切换次数，但可以通过分析线程状态的变化来推测上下文切换次数。

注意，上下文切换是由操作系统管理的，因此大多数JVM工具提供的是间接的信息。直接的上下文切换次数和原因主要通过操作系统级别的工具获取。确保以合适的权限运行这些工具，以便收集所需的数据。

1.3.5 如何减少线程上下文切换的次数？

在多线程编程中，频繁触发线程上下文切换会带来很多问题，主要有以下几方面。

- CPU资源浪费：线程上下文切换涉及存储和加载线程状态，这是开销较大的操作，会消耗CPU资源。
- 缓存效率降低：线程切换可能导致CPU缓存失效，增加内存访问延迟，从而降低处理速度。
- 系统吞吐量下降：多线程的调度和上下文切换可能占用较多时间，减少CPU执行实际任务的时间，导致系统整体的吞吐量下降。
- 响应时间变慢：对于需要快速响应的任务，频繁的线程上下文切换可能导致处理延迟，影响用户体验。

简而言之，频繁的线程上下文切换会导致程序性能下降，这主要是CPU资源浪费、缓存效率降低和系统吞吐量下降所致的。因此，要充分发挥多线程编程的优势、提高系统的性能，就要减少线程上下文切换的次数，尤其是在多线程、高负载的情况下。下面是一些减少上下文切换次数的策略。

（1）减少线程竞争。

- 应用细粒度的锁。例如使用锁分离技术，让锁只保护核心部分，而不是整个对象或方法。
- 利用无锁编程技术（如使用原子性操作、读写锁等）。无锁数据结构可以避免锁的资源开销。
- 使用并发控制机制（如乐观锁和悲观锁）来控制数据的并发访问。

（2）合理设置线程数。

- 线程数应与系统CPU的数量相适应。一个常见的策略是设置线程数为CPU数的某个倍数，具体倍数取决于任务是计算密集型还是I/O密集型。
- 对于I/O密集型任务，线程数可以多于CPU数，因为线程会因等待I/O操作而阻塞。
- 对于计算密集型任务，保持线程数接近CPU数可以减少切换，进而充分利用CPU资源。

（3）使用线程池。

- 线程池通过重用一组固定数量的线程来执行任务，避免频繁创建和销毁线程的开销。
- 线程池可以根据队列中的任务自动调整线程的数量，提高效率和响应能力。

（4）避免使用不必要的锁。

- 检查代码以确认锁的必要性，有时候可以通过重新设计来避免锁的使用。
- 使用更高性能的锁机制，比如在某些情况下可重入锁（ReentrantLock）的性能可能比synchronized的性能更好。
- 减小锁的粒度，例如使用并发集合而不是在标准集合上加锁。

（5）优化任务调度策略。

- 使用优先级队列来管理任务，确保高优先级任务首先执行。
- 尽可能让线程在同一个CPU上运行（充分发挥CPU亲和性），以利用局部性原理和缓存效率。
- 利用任务亲和性，让相关联（可能共享相同数据）的任务在同一线程中执行，以减少切换和同步。

（6）优化代码逻辑。

- 精简同步块：尽量保持同步块的执行时间短，避免在同步块内进行耗时操作，防止因过度同步导致不必要的线程等待和切换。
- 减少阻塞调用：尽量避免使用sleep()、wait()等会造成线程阻塞的方法，可以考虑使用一些非阻塞方法进行替代。
- 避免创建不必要的线程：每个新增线程都增加了潜在的上下文切换成本。如果任务可以并发执行但不一定需要完全并行，则可以考虑使用线程池或ForkJoinPool来重用线程。
- 避免死锁、活锁等问题：这些问题会导致线程无效地等待并增加上下文切换次数。
- 使用局部变量：相比于共享变量，局部变量可以减少线程之间的数据共享，从而减少锁的需求。局部变量存储在线程自己的栈中，不会被其他线程访问，避免了同步问题。

采用上述策略可以显著减少线程上下文切换的次数，但是它们需要根据应用的具体需求和环境来调整。在实际操作中可能需要进行详细的性能分析来确定最佳的策略组合。

1.4 面试官：谈谈你对 AQS 的理解

AQS 是 Java 并发编程中的一个关键框架，为构建锁和同步器提供了基础。它使用一个 int 型 volatile 变量来表示同步状态，并通过内置的 FIFO（First In First Out，先进先出）队列来管理线程的阻塞和唤醒。面试官提出"谈谈你对 AQS 的理解"这个问题背后的目的通常是评估求职者对 Java 并发编程中的核心同步组件的理解和应用能力。

求职者应对这个问题的策略如下。

- 基本介绍：解释 AQS 是什么，强调它是构建锁和其他同步器的一个框架，并且是许多 Java 并发工具的基础。

- 工作原理：详细描述 AQS 的工作原理，包括其使用一个 int 型 volatile 变量维护同步状态，以及通过内置的 FIFO 队列来管理线程的阻塞与唤醒。

- 同步组件的关系：讨论基于 AQS 实现的同步组件，解释它们是如何利用 AQS 的同步状态管理和线程排队机制来提供同步功能的。

- 自定义同步器：如果有经验，可以讲述自己是如何利用 AQS 实现自定义同步器的，从而表明自己对 AQS 的深入理解和实际应用能力。

- 实际示例：可能的话，提供一些实际编码经验，比如在项目中如何使用 AQS 提供的同步器，或者如何通过 AQS 解决特定的并发问题。

通过这样的回答，不仅能够展示出求职者对 AQS 基础知识的掌握程度，还能够证明求职者有能力深入理解并发机制，并在实际工作中应用这些知识。通过上述回答策略，我们可以将面试官提出的问题进行拆解，对应的子问题和回答思路如下。

（1）什么是 AQS？它有什么作用？

AQS 是 AbstractQueuedSynchronizer 的缩写，是 Java 并发包中的一个关键抽象类，用于构建锁或其他同步器。AQS 利用一个 int 型 volatile 变量来表示同步状态，并且提供了一套方法来管理同步状态，以及一个基于 FIFO 队列的框架来管理那些等待获取同步状态的线程。AQS 是实现 ReentrantLock、Semaphore、ReentrantReadWriteLock 等多种同步器的基础。

（2）AQS 支持哪些资源共享方式？

AQS 支持两种资源共享方式：独占模式和共享模式。独占模式下，同一时间内只有一个线程能获取资源，ReentrantLock 是一个典型的独占模式的实现。共享模式下，允许多个线程同时访问资源，Semaphore 和 ReadWriteLock 是共享模式的实现。

（3）AQS 的底层数据结构和工作原理是什么？

AQS 的底层数据结构是一个双向链表。AQS 的核心是基于一个 volatile 变量来表示同步状态，以及一个通过节点构成的 FIFO 队列来管理等待的线程。当一个线程请求获取同步状态失败时，AQS 会将该线程包装成一个节点放入队列尾部，并在适当的时候阻塞或唤醒节点中的线程；当同步状态释放时，头节点的线程将尝试再次获取同步状态，并在成功后移除队列并继续执行。

（4）什么是 Condition？它有哪些使用场景？

Condition 是用于线程间通信的一种工具，允许线程因等待某个条件成立而暂停执行，直到另一个线程在这个条件下成立时发出通知。Condition 用于在共享资源达到某种特定状态时，控制线程的执行流程，常见使用场景包括实现生产者-消费者模式、实现公平的锁机制、多路等待/通知等。

（5）AQS 中的 Condition 是如何实现的？

在 AQS 中，Condition 功能通过内部类 ConditionObject 实现，它利用 AQS 的同步状态管理机制，为每个 Condition 维护一个等待队列。当线程调用 Condition 的 await() 方法时，线程会释放锁并被加入该 Condition 的等待队列中；当其他线程调用 Condition 的 signal() 方法时，等待队列中的线程将被移动到 AQS 的同步队列中，等待获取同步状态。

作为求职者，合理结构化这些子问题的答案，可以展示出我们对 AQS 的深入理解和实践经验，并有效提升面试官对我们的好感。

为了让求职者对 AQS 相关知识有更深入的掌握和理解，灵活应对面试细节，下面我们对上述解答要点逐个进行详解。

1.4.1 什么是 AQS？它有什么作用？

AQS 是 AbstractQueuedSynchronizer 的缩写，其中文含义是抽象队列同步器。它是 Java 并发包中的一个关键抽象类，用于构建锁或其他同步器，ReentrantLock、Semaphore、ReentrantReadWriteLock 等都是基于 AQS 实现的。JUC（Java Concurrency Utilities，Java 并发编程工具包）的设计者 Doug Lea（道格·利）期望它能够成为实现大部分同步需求的基础，作为 JUC 中的核心基础组件。

AQS 使用一个 int 型成员来表示同步状态，通过内置的 FIFO 队列来完成资源获取线程的排队工作，并通过一个双向链表（CLH锁队列）来管理这些排队的线程。
下面是AbstractQueuedSynchronizer类的核心定义。

```java
public abstract class AbstractQueuedSynchronizer
        extends AbstractOwnableSynchronizer implements java.io.Serializable {

    // Node 是 AQS 内部使用的队列节点，它用于构建一个 CLH 锁队列
    // CLH 锁是一种自旋锁，能确保无饥饿性，它保持着一个等待线程的队列
    // AQS 中的队列是一个变种，线程可能不会自旋，而是被阻塞
    static final class Node {...}

    // 头节点，通常指向代表当前正在执行的线程的节点
    // 如果当前没有线程持有锁，则为 null
    // 该字段使用 volatile 修饰，以保证线程间的可见性
    private transient volatile Node head;

    // 尾节点，指向队列中的最后一个节点
    // 当一个新的线程加入队列时，它会被设置成新的尾节点
    // 该字段使用 volatile 修饰，以保证线程间的可见性
    private transient volatile Node tail;

    // 表示同步状态的变量。AQS 使用这个变量来控制同步资源的获取与释放
    // 在一个独占锁中，状态为 0 表示锁未被任何线程持有
    // 而状态为 1 表示锁已被某个线程持有
    // 该字段被声明为 volatile，以保证线程间的可见性
    private volatile int state;

    // 其他方法和字段
}
```

AQS的设计高度抽象，并且十分灵活。AQS负责管理同步状态、实现线程的
排队和等待，以及唤醒等待的线程，开发者通过继承AQS可以扩展AQS并实现它
的抽象方法，从而实现自己的同步器。

AQS的主要优点如下。

- 灵活：AQS支持两种资源共享方式，包括独占模式和共享模式，这
  使得AQS可以实现各种同步器，如ReentrantLock（采用独占模式）、
  ReadWriteLock（采用共享模式）、CountDownLatch（采用共享模式）、
  Semaphore（采用共享模式）、FutureTask（采用独占模式）等。
- 高效：通过使用高效的等待/通知机制，AQS可以减少锁竞争下的开销，并
  且在同步状态变化时只唤醒需要被唤醒的线程。
- 提供排队机制：AQS内部使用了一个FIFO队列来管理线程。这确保了等待
  锁的线程被公平地管理，并且按照请求锁的顺序被处理。

- 可重用：AQS提供了一组可重用的方法来管理同步状态，这简化了同步组件的开发，开发者只需要实现少量的方法就能定义自己的同步逻辑。
- 安全：AQS帮助开发者避免了同步时的许多常见陷阱，例如死锁、线程饥饿等，因为它将复杂的同步控制逻辑封装在内部，提供了易于使用的API（Application Program Interface，应用程序接口）。

AQS的设计极大地简化了复杂同步组件的实现，提高了并发编程的抽象级别。利用AQS我们可以实现以下功能。

- 构建独占锁：基于AQS能够构建独占锁，例如ReentrantLock，这种锁允许同一时间内只有一个线程执行临界区代码。
- 实现同步器：AQS可以用来实现多种同步器，如Semaphore、CountDownLatch和CyclicBarrier等。
- 构建读写锁：AQS能够支持构建读写锁（如ReentrantReadWriteLock），允许多个线程同时读取资源，而写入时则需要独占访问。
- 自定义同步组件：开发者可以基于AQS实现自定义的同步组件，可以创建具有特殊等待/通知逻辑的锁或其他同步机制。
- 等待多个条件：AQS配合Condition接口能够使线程在特定的条件下等待，提供类似Object的wait()和notify()的功能，但更加强大和灵活。

总体来讲，AQS是构建锁和同步器的强大工具，它不仅简化了同步组件的开发，同时提供了高性能的实现。

1.4.2 AQS支持哪些资源共享方式？

AQS支持两种资源共享方式：独占（Exclusive）模式和共享（Shared）模式。AQS只是一个抽象类，具体资源的获取、释放都由不同类型的同步器实现。

（1）独占模式。

独占模式意味着同一时间内只有一个线程可以获取资源。这是最常见的一种资源共享方式。在独占模式下，当线程试图获取资源时，如果资源已经被占用，则该线程必须等待，直到占用资源的线程释放资源。

独占模式是可重入的，即同一个线程可以再次获取资源，并且会对获取操作进行计数。当线程完成所有工作后，它释放资源的次数必须相同才能真正释放该资源。ReentrantLock是一种基于AQS独占模式的同步器实现。

（2）共享模式。

共享模式允许多个线程同时访问资源。共享模式在读多写少的场景中非常有用，例如在缓存实现中，通常读取操作远多于写入操作。

在共享模式中，同一资源可以由多个线程共享，AQS维护一个计数来跟踪可用的资源数量。线程尝试获取资源时会减少计数，释放资源时会增加计数。如果资源计数不为0，则请求资源的线程可以成功获取资源，否则线程会被阻塞，直到资源变为可用。

共享模式可以进一步分为以下两种情况。

- 完全共享：允许同时有多个线程共享资源。Semaphore和ReadWriteLock的读锁就是这样工作的。
- 条件共享：资源的共享程度取决于给定条件。例如CountDownLatch允许一个或多个线程等待其他线程完成一系列操作，直到计数为0，等待的线程才被允许继续执行。

（3）AQS中共享和独占的实现。

AQS定义了一些模板方法，具体资源的获取、释放需要由自定义同步器实现，通过继承并实现AQS这些模板方法来支持共享和独占的资源共享方式。

在实现自定义同步器时只需实现共享资源state的获取与释放方式即可，至于具体线程等待队列的维护，如获取资源失败入队、唤醒出队等，AQS已经在顶层实现好，不需要具体的同步器进行处理。自定义同步器的主要方法如表1-2所示。

表1-2

方法	模式	描述
tryAcquire(int)	独占模式	尝试获取资源
tryRelease(int)	独占模式	尝试释放资源
tryAcquireShared(int)	共享模式	尝试获取资源
tryReleaseShared(int)	共享模式	尝试释放资源

AQS通过内部队列来管理线程竞争资源时的等待状态，并通过acquire()、acquireShared()、release()和releaseShared()等方法提供了高层次的同步机制，这些方法会在适当的时候触发调用，具体的同步器需要根据其资源共享的语义来实现这些方法。

总之，AQS通过共享模式和独占模式为Java并发包下的同步器提供了一个强大且灵活的基础，同时允许开发者自定义构建各种同步器，并应对复杂的并发场景。

1.4.3 AQS的底层数据结构和工作原理是什么？

AQS的底层数据结构是一个双向链表。这个双向链表主要用于维护等待获取锁的线程队列。在AQS中，每个等待的线程都被封装成一个节点（Node类的实例）并被加入队列，如图1-7所示。

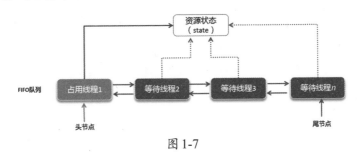

图 1-7

当一个线程请求获取同步状态失败时，AQS会将该线程包装成一个节点放入队列尾部，并在适当的时候阻塞或唤醒节点中的线程；当同步状态释放时，头节点的线程将尝试再次获取同步状态，并在成功后移除队列并继续执行。节点是构成同步队列和等待队列（Condition）的基础，同步器拥有头节点和尾节点，同步状态获取失败的线程会加入该队列的尾部。通过CAS来加入队列并设置尾节点。

下面我们通过AQS类的实现源码详细介绍它的底层数据结构和工作原理。

（1）同步状态。

AQS内部定义了一个int型变量state，AQS使用这个变量来控制同步器（例如锁）的获取与释放，状态为0表示锁未被任何线程持有，而状态为1表示锁已被某个线程持有。将state声明成volatile的，以此保证线程间的可见性。

AQS中state相关的代码逻辑如下。

```
private volatile int state;
protected final int getState() {
    return state;
}
protected final void setState(int newState) {
    state = newState;
}
```

```
protected final boolean compareAndSetState(int expect, int update) {
    // 省略其他代码
}
```

（2）Node类。

AQS内部定义了一个静态嵌套类Node，它用于表示双向链表中的节点。每个Node实例都包含以下几个关键属性。

- thread：存储当前节点所对应的线程。
- prev：指向当前节点的前驱节点。
- next：指向当前节点的后继节点。
- waitStatus：表示节点的等待状态，比如表示节点是否需要被唤醒、是否被取消等。

Node类的代码实现逻辑如下。

```
static final class Node {
    volatile Node prev;
    volatile Node next;
    volatile Thread thread;
    volatile int waitStatus;
    // 省略其他代码
}
```

（3）操作双向链表。

AQS通过上述Node类形成一个双向链表来管理等待锁的线程，使用head和tail两个字段分别跟踪双向链表的头节点和尾节点。

- 头节点（head）：表示双向链表的开始，通常不存储任何线程，实际持有锁或第一个获取锁的线程会被设置为头节点。
- 尾节点（tail）：表示双向链表的结束，新加入的线程被置于队列的尾部。

AQS中head和tail相关的代码逻辑如下。

```
private transient volatile Node head;
private transient volatile Node tail;
```

head和tail字段使用volatile定义，是为了确保其在多线程环境下的可见性和有序性。

双向链表的入列操作方法有addWaiter()和enq()，这两个方法的作用相似，都用于将节点加入链表中。addWaiter()方法的主要作用是为当前的线程创建一个新的节点，并尝试将这个新节点安全地添加到AQS的同步队列的尾部。addWaiter()方法的代码实现逻辑如下。

```
private Node addWaiter(Node mode) {
    // 初始化一个节点，将当前线程设置为节点的线程，并设置节点的模式
    Node node = new Node(mode);

    // 无限循环，尝试将节点添加到同步队列的尾部
    for (;;) {
        // 获取当前队列的尾节点
        Node oldTail = tail;
        if (oldTail != null) { // 如果尾节点存在
            // 使用 setPrevRelaxed() 设置当前节点的前驱节点为尾节点
            node.setPrevRelaxed(oldTail);
            // 使用 CAS 操作尝试将当前节点设置为新的尾节点
            if (compareAndSetTail(oldTail, node)) {
                // 如果 CAS 操作成功，则将旧的尾节点的后继节点设置为当前节点
                oldTail.next = node;
                // 返回新加入的节点
                return node;
            }
        } else {
            // 如果尾节点不存在，则初始化同步队列
            initializeSyncQueue();
        }
    }
}
```

上述代码的主要逻辑是将当前线程包装成一个节点，并尝试将其安全地添加到同步队列的尾部。代码中的无限循环和CAS操作是为了在多线程环境中正确和安全地管理节点的添加过程，这对于锁机制的正确性至关重要。

enq()方法是一个私有方法，专门负责在必要时初始化队列，在底层确保节点可以被线程安全地添加到队列中，而不是直接被AQS使用者调用。enq()方法的代码实现逻辑如下。

```
private Node enq(Node node) {
    // 无限循环，尝试将节点插入队列
    for (;;) {
        // 获取当前的尾节点
        Node oldTail = tail;
        // 如果尾节点不为 null，则队列已经初始化
        if (oldTail != null) {
            // 使用 setPrevRelaxed() 方式设置当前节点的前驱节点为旧的尾节点
            node.setPrevRelaxed(oldTail);
```

```
                // 使用 CAS 操作尝试更新尾节点为新节点
        if (compareAndSetTail(oldTail, node)) {
            // 如果 CAS 操作成功，则将旧的尾节点的 next 引用指向新节点
            oldTail.next = node;
            // 返回新节点的前驱节点，也就是旧的尾节点
            return oldTail;
        }
        // 如果 CAS 操作失败，则说明其他线程已经插入了节点，循环将继续尝试
    } else {
        // 如果尾节点为 null，则说明队列没有初始化
        // 需要初始化同步队列
        initializeSyncQueue();
        // 初始化完成后，循环将继续尝试插入节点
    }
    }
}
```

enq()方法是 AbstractQueuedSynchronizer 类的一部分，负责将一个节点插入队列中。如果队列没有初始化（即尾节点为 null），该方法会首先初始化同步队列。该方法使用无限循环结合 CAS 操作来确保节点的正确插入，这是因为在多线程环境中，可能会有多个线程同时尝试插入节点，使用 CAS 操作可以确保节点的插入是原子性的，是线程安全的。

（4）获取和释放资源。

AQS 提供了一些获取和释放资源的模板方法，基于 AQS 的同步器需要实现这些方法，如下所示。

```
protected boolean tryAcquire(int arg) {
    throw new UnsupportedOperationException();
}
protected boolean tryRelease(int arg) {
    throw new UnsupportedOperationException();
}
protected int tryAcquireShared(int arg) {
    throw new UnsupportedOperationException();
}
protected boolean tryReleaseShared(int arg) {
    throw new UnsupportedOperationException();
}
```

- tryAcquire()方法：尝试以独占模式获取资源，如果资源可获取（例如，锁未被其他线程持有），则线程会获取该资源并返回 true；否则，返回 false。该方法用于实现独占模式的锁，例如 ReentrantLock。
- tryRelease()方法：尝试以独占模式释放资源。如果当前线程可以释放资源

（例如，持有的锁可以被释放），则执行释放操作并返回true；否则，返回
false。该方法用于实现独占模式的锁释放机制，并确保资源被正确释放。

- tryAcquireShared()方法：尝试以共享模式获取资源。根据资源的状态，决定线
  程是否可以获取共享资源。返回正值表示成功，返回0或负值表示失败。该
  方法用于实现共享资源的同步机制，例如Semaphore或ReadWriteLock的读锁。

- tryReleaseShared()方法：尝试以共享模式释放资源。如果当前资源可以被释
  放，则执行释放操作并返回true；否则，返回false。成功释放可能会唤醒等
  待的线程。该方法用于共享模式下的资源释放。

通过上面的模板方法，AQS实现了完整的资源获取和释放的流程。下面以独
占模式获取和释放资源为例介绍具体实现过程。

独占模式获取资源的方法为acquire()，它会调用模板方法tryAcquire()尝试获取
资源，如果获取失败，则调用acquireQueued()进入等待队列。acquire()方法的代码
实现逻辑如下。

```
// 尝试获取资源。如果获取不成功，则进入等待队列
public final void acquire(int arg) {
    // 尝试直接获取资源，如果成功，直接返回；如果失败，则进行下一步
    if (!tryAcquire(arg) &&
        // 尝试获取失败，将当前线程封装为节点后加入等待队列，并尝试获取资源
        acquireQueued(addWaiter(Node.EXCLUSIVE), arg))
        // 如果在等待过程中线程被中断，重新设置当前线程为中断状态
        selfInterrupt();
}

// 在等待队列中获取资源，如果线程被中断，则返回 true
final boolean acquireQueued(final Node node, int arg) {
    boolean interrupted = false; // 记录线程是否被中断
    try {
        for (;;) { // 自旋等待获取资源
            final Node p = node.predecessor(); // 获取当前节点的前驱节点
            // 如果当前节点的前驱节点是头节点，并且尝试获取资源成功，那么当前线程已获取资源
            if (p == head && tryAcquire(arg)) {
                setHead(node); // 当前节点成为新的头节点
                p.next = null; // 清理原先的头节点
                return interrupted; // 返回线程是否被中断
            }
            // 如果应该将线程挂起等待获取资源，则挂起线程并检查中断状态
            if (shouldParkAfterFailedAcquire(p, node))
                interrupted |= parkAndCheckInterrupt();
        }
    } catch (Throwable t) {
        // 如果出现异常，取消获取资源
```

```
        cancelAcquire(node);
        if (interrupted)
            // 如果线程在等待过程中被中断，则保持线程的中断状态
            selfInterrupt();
        throw t; // 继续抛出异常
    }
}

// 该方法用于自我中断，即重新设置当前线程的中断状态
static void selfInterrupt() {
    Thread.currentThread().interrupt();
}
```

独占模式释放资源的方法为 release()，它会调用模板方法 tryRelease() 进行资源释放，如果资源释放成功，会检查同步队列，并在必要时唤醒队列中的后继节点。release() 方法的代码实现逻辑如下。

```
// 释放资源，释放成功则返回 true，失败则返回 false
public final boolean release(int arg) {
    // 尝试释放资源，该操作是在子类中实现的
    if (tryRelease(arg)) {
        // 释放成功后，获取同步队列的头节点
        Node h = head;
        // 如果头节点存在，并且其等待状态不为 0（表示后继节点可能需要被唤醒）
        if (h != null && h.waitStatus != 0)
            // 唤醒头节点的后继节点，即队列中等待时间最长的那个节点
            unparkSuccessor(h);
        // 释放资源成功，返回 true
        return true;
    }
    // 释放资源失败，返回 false
    return false;
}
```

除了上述详解的 acquire() 和 release() 方法，AQS 提供了一组用于获取和释放资源的方法，这些方法的详情如表 1-3 所示。

表 1-3

方法	模板方法	功能描述
acquire()	tryAcquire()	以独占模式获取资源，如果获取失败，则将线程加入等待队列并在必要时进行阻塞
acquireInterruptibly()	tryAcquire()	以独占模式获取资源，允许中断资源的获取过程
tryAcquireNanos()	tryAcquire()	以独占模式在给定的时间内获取资源，如果不能获取则返回

方法	模板方法	功能描述
acquireShared()	tryAcquireShared()	以共享模式获取资源，如果获取失败，则将线程加入等待队列并在必要时进行阻塞
acquireSharedInterruptibly()	tryAcquireShared()	以共享模式获取资源，允许中断资源的获取过程
tryAcquireSharedNanos()	tryAcquireShared()	以共享模式在给定的时间内获取资源，如果不能获取则返回
release()	tryRelease()	以独占模式释放资源，如果成功则唤醒等待的线程
releaseShared()	tryReleaseShared()	以共享模式释放资源，并且唤醒后续等待的线程

（5）线程阻塞和唤醒。

AQS中关于线程阻塞的方法是parkAndCheckInterrupt()，关于线程唤醒的方法是unparkSuccessor()，这两个方法在底层使用LockSupport类的park()和unpark()方法来实现。parkAndCheckInterrupt()方法的代码实现逻辑如下。

```
// 该方法用于挂起当前线程，并在线程被唤醒时检查线程是否被中断
private final boolean parkAndCheckInterrupt() {
    // 调用 LockSupport.park() 方法挂起当前线程
    LockSupport.park(this);

    // 调用 Thread.interrupted() 检查线程是否被中断，如果线程在挂起期间被中断过，则返回
true
    return Thread.interrupted();
}
```

unparkSuccessor()方法的代码实现逻辑如下。

```
// 该方法用于唤醒给定节点的后继节点
private void unparkSuccessor(Node node) {
    int ws = node.waitStatus;
    // 如果节点的等待状态为负值，则表示后继节点可能在等待信号
    if (ws < 0)
        // 尝试将节点的等待状态设置为 0 以预备释放信号
        node.compareAndSetWaitStatus(ws, 0);

    // 将下一个要唤醒的线程保存在节点的 s 字段中
    Node s = node.next;
    //但如果后继节点被取消或为空
    if (s == null || s.waitStatus > 0) {
        s = null;
        // 从尾部向前遍历，以找到真正的、未被取消的后继节点
        for (Node p = tail; p != node && p != null; p = p.prev)
            if (p.waitStatus <= 0)
```

```
                    s = p;
    }
    // 如果找到了合适的后继节点，唤醒该节点的线程
    if (s != null)
        LockSupport.unpark(s.thread);
}
```

AQS的实现非常复杂，包括对并发和线程调度的深入控制以及对中断、超时、条件等高级特性的支持。上述代码片段只是AQS的冰山一角，但它们展示了其设计的精髓。总之，AQS的双向链表结构为实现高效且灵活的同步控制奠定了坚实的基础。

1.4.4 什么是Condition？它有哪些使用场景?

在传统的线程同步中，我们使用synchronized关键字来锁定一段代码，或者使用Object的wait()和notify()方法来协调线程的执行。然而，这些方法都有一些限制。例如wait()和notify()方法不能很好地处理多个条件的情况，而且它们不支持公平性排序。为了解决这些问题，AQS引入了Condition。

Condition是一个接口，它提供了与Object.wait9()和Object.notify()相同的功能。Condition是AQS中的一个重要组件，它为线程提供了一种机制，可以在满足某个条件时挂起或唤醒线程。Doug Lea在Condition接口的描述中提到了这点。

```
Conditions (also known as condition queues or condition variables) provide
a means for one thread to suspend execution (to "wait") until notified by
another thread that some state condition may now be true.
```

简单来讲，Condition（条件队列或条件变量）是用于线程间通信的一种工具，允许线程因等待某个条件成立而暂停执行，直到另一个线程在这个条件下成立时发出通知。

Condition接口的定义源码，如下所示。

```
public interface Condition {
    void await() throws InterruptedException;
    void awaitUninterruptibly();
    long awaitNanos(long nanosTimeout) throws InterruptedException;
    boolean await(long time, TimeUnit unit) throws InterruptedException;
    boolean awaitUntil(Date deadline) throws InterruptedException;
    void signal();
```

```
    void signalAll();
}
```

Condition只提供了两个功能——等待（await()）和唤醒（signal()），与Object提供的等待与唤醒相似。

比如我们在使用ReentrantLock时，可以使用Condition来协调多个线程对共享资源的访问。当某个线程需要访问共享资源时，该线程可以调用lock()方法获取锁，然后调用Condition的await()方法将当前线程放入等待队列中等待唤醒。其他线程在访问完共享资源后，可以调用Condition的signal()方法唤醒等待队列中的一个线程。这样就可以实现线程间的协调和同步，避免对共享资源的竞争和冲突。

Condition接口在Java并发编程中提供了一种更加灵活的线程等待/通知机制，相比于Object类中的wait()、notify()和notifyAll()方法，Condition提供的操作更丰富，以下是它的一些常见使用场景。

（1）等待特定条件满足。

Condition可以用于在某个条件不满足时挂起线程，并在条件可能已经满足时唤醒线程。例如，在生产者-消费者问题中，消费者线程可以在队列为空时等待，而生产者线程在添加元素到队列后通知消费者继续执行。

（2）实现生产者-消费者模式。

使用两个Condition实例，一个用于通知"不为空"的条件，另一个用于通知"不为满"的条件。这样可以精确地通知某一个等待的线程，而不是像使用notifyAll()方法那样通知所有等待的线程。

（3）实现公平的锁机制。

Condition对象可以与可重入锁（例如ReentrantLock）一起使用来实现公平的锁机制，其中线程按照它们请求访问的顺序获得锁。

（4）多路等待/通知。

一个锁可以关联多个Condition对象，这意味着可以有多组线程等待锁的不同条件。比如，在有一个共享资源但不同线程等待不同条件的场景中，可以为每个不同的条件创建一个Condition实例。

（5）选择性通知。

当有多个等待条件时，Condition提供选择性通知，使用signal()可以只唤醒某一个等待的线程，而不是像使用signalAll()那样唤醒所有等待的线程。

（6）实现阻塞队列和其他同步组件。

Condition经常在自定义的阻塞队列中实现，或在其他需要多线程协作控制的数据结构中实现，用于控制线程的休眠和唤醒。

1.4.5 AQS中的Condition是如何实现的?

在AQS中提供了一个内部类ConditionObject，每个Condition对象都是一个等待队列，遵守FIFO规则，通常也被称为条件队列，一个同步器可以拥有一个同步队列和多个等待队列。等待队列使用Node节点来存储等待线程。每个Node节点包含3个部分：线程、共享状态和后继节点。在当前线程调用Condition的await()方法时，将会以当前线程构造节点，并将该节点从尾部加入等待队列；在调用Condition的signal()方法时，会从等待队列中取出头节点，并将该节点加入同步队列中，等待获取资源。

通过对AQS中ConditionObject核心源码的分析，可以知晓其中的实现原理和处理流程，核心源码如下所示。

（1）等待队列。

当线程调用await()方法时，它会释放当前持有的锁，并且被加入Condition对象相关联的等待队列中。这个等待队列完全由AQS的节点组成，每个节点代表一个线程。await()方法的实现源码和处理步骤如下。

```java
public final void await() throws InterruptedException {
    // 检查当前线程是否已经中断，如果是，则抛出 InterruptedException
    if (Thread.interrupted())
        throw new InterruptedException();

    // 将当前线程封装成节点并添加到条件队列中等待
    Node node = addConditionWaiter();

    // 完全释放当前线程持有的锁，并让线程返回释放前的状态，便于以后能够恢复这个状态
    int savedState = fullyRelease(node);

    // 初始化一个变量来记录线程的中断模式
    int interruptMode = 0;

    // 如果节点不在同步队列上，则线程应该被挂起
    while (!isOnSyncQueue(node)) {
        // 挂起当前线程
```

```
        LockSupport.park(this);

        // 检查在等待过程中线程是否被中断，根据中断类型设置 interruptMode 的值
        if ((interruptMode = checkInterruptWhileWaiting(node)) != 0)
            break;
    }

    // 当节点成功地加入同步队列后，尝试以之前保存的状态值去获取锁
    // 如果在此过程中线程被中断，且中断模式不是 THROW_IE
    // 则将 interruptMode 设置为 REINTERRUPT
    if (acquireQueued(node, savedState) && interruptMode != THROW_IE)
        interruptMode = REINTERRUPT;

    // 如果节点的 nextWaiter 不为空，则意味着可能有取消等待的节点，执行清理操作
    if (node.nextWaiter != null)
        unlinkCancelledWaiters();

    // 如果 interruptMode 不为 0，则说明线程在等待过程中被中断过，需要处理这个中断
    if (interruptMode != 0)
        reportInterruptAfterWait(interruptMode);
}
```

await()方法的核心处理逻辑是使得一个线程在某个条件变量上等待，直到它被另一个线程唤醒。在等待期间，该线程会释放之前持有的锁，并在被唤醒后尝试重新获取锁。此外，它还处理了线程中断。

（2）节点状态。

线程被封装在节点中，节点状态用于标识线程是否在等待条件。使用addConditionWaiter()方法可以将被封装的线程放入Condition的等待队列中等待，直到该线程被signal()或signalAll()方法唤醒。addConditionWaiter()方法的实现源码和处理步骤如下。

```
private Node addConditionWaiter() {
    // 检查当前线程是否持有独占锁，如果没有，则抛出 IllegalMonitorStateException 异常
    if (!isHeldExclusively())
        throw new IllegalMonitorStateException();
    // 获取条件队列的最后一个等待者节点
    Node t = lastWaiter;
    // 如果最后一个等待者节点被取消，即它的等待状态不是 CONDITION
    // 那么清除所有被取消的节点
    if (t != null && t.waitStatus != Node.CONDITION) {
        unlinkCancelledWaiters(); // 清除操作
        t = lastWaiter; // 清除完毕后再次获取最后一个等待者节点，因为最后一个等待者节点可能有变动
    }
    // 创建一个新的节点，将它的状态设置为 CONDITION，表示它是一个等待者节点
    Node node = new Node(Node.CONDITION);
```

```
    // 如果条件队列为空, 则将此新节点设置为队列的第一个等待者节点
    if (t == null)
        firstWaiter = node;
    // 否则, 连接这个新节点到最后一个等待者节点的后面
    else
        t.nextWaiter = node;
    // 更新最后一个等待者节点为这个新节点
    lastWaiter = node;
    // 返回这个新节点
    return node;
}
```

addConditionWaiter()方法是 AQS 的一个私有辅助方法, 用于将一个新的等待者节点加入等待队列中。该方法首先检查调用这个方法的线程是否持有相应的锁, 然后创建新的节点, 并将它加入等待队列的末尾, 最后返回这个新节点。如果队列中存在已被取消的节点, 该方法还会负责清除这些节点, 以避免潜在的内存泄漏和性能问题。

（3）唤醒过程。

当调用 signal() 或 signalAll() 方法时, 线程节点从 Condition 的等待队列移动到 AQS 同步队列。在这个过程中, 线程的状态从等待条件状态变为等待获取锁的状态。当线程在等待队列中被唤醒, 它将尝试重新获取之前释放的锁。signal() 方法的实现源码和处理步骤如下。

```
public final void signal() {
    // 检查当前线程是否有权利执行唤醒操作, 即它是否拥有锁
    if (!isHeldExclusively())
        throw new IllegalMonitorStateException();
    // 获取等待队列中的第一个线程节点
    Node first = firstWaiter;
    // 如果存在线程节点, 调用 doSignal() 方法唤醒它
    if (first != null)
        doSignal(first);
}

private void doSignal(Node first) {
    do {
        // 移除等待队列的线程头节点, 并尝试将其转移到同步队列中
        if ((firstWaiter = first.nextWaiter) == null)
            lastWaiter = null; // 如果这是唯一的节点, 清空队列
        first.nextWaiter = null; // 清除节点的 nextWaiter 引用
    // 如果线程节点成功转移至同步队列, 或者等待队列为空, 则退出循环
    } while (!transferForSignal(first) &&
                (first = firstWaiter) != null);
}
```

```
}

final boolean transferForSignal(Node node) {
    // 尝试将节点状态从 CONDITION 改为 0, 如果失败则表示节点已被取消
    if (!node.compareAndSetWaitStatus(Node.CONDITION, 0))
        return false;

    // 将节点加入同步队列末尾, 并返回其前驱节点
    Node p = enq(node);
    int ws = p.waitStatus;
    // 如果前驱节点已取消或无法设置其状态为 SIGNAL, 则直接唤醒节点线程
    if (ws > 0 || !p.compareAndSetWaitStatus(ws, Node.SIGNAL))
        LockSupport.unpark(node.thread);
    return true;
}
```

在上述代码中，signal()方法用于唤醒等待队列中的第一个等待者节点。doSignal()方法负责实际将等待队列的头节点转移到同步队列中，从而使得这些节点能够在锁释放时被唤醒。transferForSignal()方法通过改变节点的状态和将其加入同步队列中来完成节点的转移。

通过上述过程的分析，我们可知线程是如何在Condition的等待队列和AQS同步队列中转移的，具体如图1-8所示。

AQS提供了ConditionObject类作为Condition接口的一个实现，多数同步器使用这个类来创建与之关联的Condition实例，也有些同步器会自定义实现，例如ReentrantLock通常会通过AQS提供的方法来实现自己的Condition逻辑。

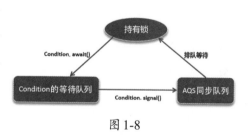

图 1-8

1.5 面试官：讲讲CAS实现机制和原理

CAS（Compare And Swap，比较并交换）是一种用来实现多线程同步的原子指令，被广泛应用于实现无锁编程，如原子类和某些并发数据结构等。面试官提出"讲讲CAS实现机制和原理"，不仅是为了检验求职者对并发编程中基础同步技术的掌握程度，还是为了深入了解求职者对CAS的实际应用水平和对CAS相关问题的处理方式。

我们在回答这个问题时，可以将其分解成以下子问题，更全面、有条理地回答面试官，具体解答思路如下。

（1）什么是CAS？它有什么作用？

CAS是一种无锁的同步机制，用于实现多线程同步的原子操作。它检查内存中某个变量的值是否为预期值，如果是，则将该值更新为新值。这个机制支持构建非阻塞的并发数据结构，有效减少了线程阻塞的情况，提高了系统的并发性和吞吐量。

（2）Java中有哪些CAS工具？如何使用它们？

Java在java.util.concurrent.atomic包中提供了一系列基于CAS实现的原子类，如AtomicInteger、AtomicLong、AtomicReferenceArray等。这些类提供了一组原子操作的方法，如getAndIncrement()、compareAndSet()等，它们用于在多线程环境下安全地执行单变量操作，从而无须使用synchronized关键字。

（3）Unsafe类和CAS有什么关系？

Unsafe类是Java提供的一个"后门"，它允许Java代码直接访问底层资源和执行低级别、不安全操作，包括CAS操作。在Java的Atomic类内部，大量使用Unsafe类提供的compareAndSwapInt()、compareAndSwapLong()、compareAndSwapObject()等方法来实现变量的原子性更新。虽然Unsafe类并不是设计给普通开发者使用的，但它是实现CAS操作的关键。

（4）使用CAS会产生什么问题？如何解决这些问题？

- ABA问题：当内存位置V初次读取为A值，后被改为B值，然后又改回A值，使用CAS进行比较时，会误认为没有改变。解决方案之一是引入版本号，每次变量更新时递增版本号，比较时同时比较版本号。

- 循环时间长、CPU开销大问题：在高并发情况下，CAS操作可能需要多次重试才能成功，导致CPU资源的浪费。解决方案包括使用限制重试次数的策略，或者当检测到高冲突时，退回到使用锁的策略。

此外，使用CAS会产生饥饿问题、只能保障单个变量的原子性问题、伪共享问题等，这些问题的现象描述和解决方法在1.5.4小节有详细介绍。

作为求职者，通过细致回答上述子问题，我们可以展示出对CAS机制及其在Java中应用的深入了解。同时，通过讨论使用CAS会产生的问题及对应的解决方案，可以进一步展现出我们的问题解决能力和实际经验，这对于面试成功是非常有帮助的。

为了让大家对CAS实现机制和原理有更深入的掌握和理解，灵活应对面试细节，下面我们对上述解答要点逐个进行详解。

1.5.1 什么是CAS？它有什么作用？

在多个线程同时访问同一个共享资源时可能出现竞争问题，为了保证数据的一致性和正确性，我们通常采取同步机制来对共享资源进行加锁。但是，传统的锁机制在高并发场景下会带来严重的性能问题，因为所有线程都需要等待锁的释放才能进行操作，这会导致大量线程的阻塞和唤醒，进而降低系统的并发性能。

为了解决上述问题，CAS应运而生。CAS是一种非阻塞式并发控制技术，可以在不使用锁的情况下实现数据的同步和并发控制。

CAS是一种无锁的同步机制，用于实现多线程同步的原子性操作。CAS操作涉及3个操作数，分别是内存变量（V）、预期值（A）和新值（B）。

当多个线程使用CAS操作一个变量时，可以保障以下过程的原子性。

- 检查变量V中的值是否等于预期值A。
- 如果变量V中的值等于A，就将变量V中的值更新为新值B。
- 如果变量V中的值不等于A，就放弃更新操作。

"原子性"意味着上述操作是不可中断的，在检查值操作和更新值操作之间不会有其他操作插入。在多个线程中只有一个会胜出，并成功更新，其余均会失败，但失败的线程并不会被挂起，仅是被告知失败，并且允许再次尝试上述操作。

在多线程编程中，CAS常见的应用场景和作用如下。

（1）无锁同步。

CAS提供了一种在不使用传统锁（如互斥锁）的情况下进行线程同步的方法。使用这种方法可以减少线程之间的阻塞和上下文切换，提高系统的并行性能。

（2）构建原子性操作。

CAS支持一些高级的原子性操作，如原子变量上的递增、递减、加法等，都是基于CAS实现的。

（3）实现并发数据结构。

CAS被广泛用于实现并发数据结构（如原子计数器、无锁队列和栈等），因为它能确保在多线程环境下数据结构状态的一致性。

（4）实现乐观锁定机制。

在数据库和软件事务内存（Software Transactional Memory，STM）中，CAS 可以用于实现乐观锁定机制，其中每次操作都假设没有冲突，只在提交时检查是否有其他线程已经更改了数据。

CAS 操作的具体优点可以总结为以下几方面。

- 开销小：CAS 操作不需要加锁，因此可以避免加锁操作所带来的性能开销。
- 一致：CAS 操作是原子性的，因此可以保证操作的一致性。
- 无阻塞：CAS 操作不会阻塞线程，因此可以避免线程的切换和上下文切换。

CAS 操作是现代多 CPU 系统中支持并行算法的基础之一，它是构建出高效、可扩展并发算法的重要工具。

1.5.2 Java 中有哪些 CAS 工具？如何使用它们？

在 Java 中，CAS 操作主要通过 java.util.concurrent.atomic 包提供的一系列原子类来实现。这些原子类利用底层的 CAS 硬件指令来保证对单个变量操作的原子性，从而支持无锁的并发编程。下面介绍一些常见的 CAS 工具和它们的用途。

（1）基本类型的原子类。

- AtomicInteger：一个可以原子性更新的 int 型值。
- AtomicLong：一个可以原子性更新的 long 型值。
- AtomicBoolean：一个可以原子性更新的 boolean 型值。

（2）数组类型的原子类。

- AtomicIntegerArray：int 型数组，其中的元素可以原子性更新。
- AtomicLongArray：long 型数组，其中的元素可以原子性更新。
- AtomicReferenceArray：对象引用数组，其中的元素可以原子性更新。

（3）引用类型的原子类。

- AtomicReference<V>：一个可以原子性更新的对象引用。
- AtomicStampedReference<V>：一个带有 int 型标记的对象引用，可以原子性更新对象引用及其标记。这个类主要用于解决 CAS 操作中的 ABA 问题。
- AtomicMarkableReference<V>：一个带有 boolean 型标记的对象引用，可以原子性更新对象引用及其标记，其用途与 AtomicStampedReference 的类似，但它只关心标记的有无，而不关心标记的具体值。

（4）字段更新器。

- AtomicIntegerFieldUpdater<T>：用于原子性更新某个对象中的int型字段。

- AtomicLongFieldUpdater<T>：用于原子性更新某个对象中的long型字段。

- AtomicReferenceFieldUpdater<T,V>：用于原子性更新某个对象中的引用类型字段。

（5）增强型原子类。

- LongAdder和DoubleAdder：提供了在高并发下比AtomicLong更好的性能，适用于统计计数器和累加器。

- LongAccumulator和DoubleAccumulator：功能更为强大的累加器，可以指定累加逻辑。

这些CAS工具提供了一系列方法，如get()、set()、getAndIncrement()、compareAndSet()等，使得在多线程环境中，对共享变量的操作无须锁定，就能达到线程安全，并提高性能。我们以一个引用类型的原子类为例，利用AtomicReference管理一个线程安全的共享对象，具体使用方法如下。

```java
import java.util.concurrent.atomic.AtomicReference;

public class SharedResource {
    private final AtomicReference<Object> ref = new AtomicReference<>();

    public void set(Object newValue) {
        ref.set(newValue);
    }

    public Object get() {
        return ref.get();
    }

    public boolean compareAndSet(Object expectedValue, Object newValue) {
        return ref.compareAndSet(expectedValue, newValue);
    }
}
```

通过上述代码，我们可以看到，这些原子类在使用时不需要考虑底层实现问题，非常简单、方便，但同时需要仔细考虑它们在特定场景下的适用性和性能影响等问题。

1.5.3 Unsafe类和CAS有什么关系?

Unsafe类是Java中一个特殊的类,它提供了一组用于执行低级别、不安全操作的方法,这些操作通常包括直接内存访问、线程的挂起与恢复,以及基于CAS操作的变量更新等。Unsafe类并不是Java标准库的一部分,而是Sun的专有API,因此Oracle官方并不推荐直接使用它,但在实践中,它在Java的内部和一些Java构建的并发工具中被广泛使用。

虽然在Java中实现CAS基于底层硬件支持,但该实现主要通过sun.misc.Unsafe类暴露给JVM进行底层操作。Java提供的java.util.concurrent.atomic包中有一系列原子类,这些类在内部也是使用Unsafe类来提供线程安全和原子性保证的。

以下是在Java中实现CAS的基本原理。

(1)原子指令。

CPU提供了原子指令CAS,这是一种多步骤操作,它在单个指令中能够完成原子性比较和替换的任务。这意味着,在比较和替换的过程中,不会有其他线程能够干扰该操作。

(2)Unsafe类。

Unsafe类直接与操作系统的本地方法交互,提供了一种执行CAS操作的方式。Unsafe类中的compareAndSwapInt()、compareAndSwapLong()和compareAndSwapObject()方法实际上对应的是本地方法调用,能够调用硬件级别的原子指令CAS。

(3)CAS操作。

下面看一段简单的CAS操作代码。

```java
public boolean compareAndSwap(int expectedValue, int newValue) {
    return unsafe.compareAndSwapInt(this, valueOffset, expectedValue,
newValue);
}
```

其中unsafe是Unsafe类的实例;valueOffset是变量在内存中的偏移量,可以通过Unsafe的objectFieldOffset()方法获取;expectedValue是预期值;newValue是要更新的新值。

CAS操作的一个重要特点是它具有非阻塞特性,它不涉及锁的概念。因此,如果多个线程同时尝试进行CAS操作,它们不会阻塞,而是立即返回成功或失败的结果。这使得CAS特别适用于构建无锁数据结构和算法。而Unsafe类通过提供底层的CAS操作支持，使Java程序能够实现高效和复杂的并发控制策略，但使用时需要格外小心。

1.5.4 使用CAS会产生什么问题？如何解决这些问题？

使用CAS操作进行非阻塞同步，虽然能很高效地解决原子性问题，但是仍然存在着以下几个问题。

（1）ABA问题。

ABA问题发生在一个线程读取一个位置的值A，然后这个线程被挂起的情况下。在此期间，另一个线程将该位置的值改为B，然后又改回A。当第一个线程恢复时，它看到的值仍然是A，并认为没有发生变化，然后继续进行CAS操作。尽管表面上看起来没有问题，但实际上这个位置的值已经变化过了，这可能会导致错误的行为。

解决方法：一种常见的解决方法是使用版本号或标记。设置一个版本号，每次变量更新时，这个版本号都会增加。因此，CAS操作不仅比较值，还会比较版本号。如果版本号不匹配，操作就会失败。

假如我们使用CAS来实现一个栈的pop操作，核心代码如下。

```
class Stack {
    private AtomicReference<Node> top = new AtomicReference<Node>();
    public Node pop() {
        Node oldTop;
        Node newTop;
        do {
            oldTop = top.get();
            if (oldTop == null) {
                return null;
            }
            newTop = oldTop.next;
        } while (!top.compareAndSet(oldTop, newTop)); // CAS 操作
        return oldTop;
    }

    // 其他方法省略
}
```

在上述代码中，如果一个线程尝试执行pop操作，而在这个过程中另一个线程执行pop操作，然后对相同的节点执行push操作，第一个线程在继续执行时会认为

栈顶没有变化，因为它看到的值（即栈顶的引用）仍与之前的值相同。

解决这个 ABA 问题的方法是使用版本号或标记。我们可以增加一个版本号到栈的节点中，代码如下。

```java
class Node {
    final int value;
    final long version; // 增加版本号

    Node(int value, long version) {
        this.value = value;
        this.version = version;
    }
    // 其余实现省略
}

class Stack {
    private AtomicStampedReference<Node> top = new AtomicStampedReference<Node>(null, 0);

    public Node pop() {
        Node oldTop;
        int[] oldStamp = new int[1];
        do {
            oldTop = top.getReference();
            int stamp = top.getStamp();
            oldStamp[0] = stamp;
            if (oldTop == null) {
                return null;
            }
            Node newTop = oldTop.next;
        } while (!top.compareAndSet(oldTop, newTop, oldStamp[0], oldStamp[0] + 1));
            // 使用带版本号的 CAS 操作
        return oldTop;
    }

    // 其他方法省略
}
```

在上述代码中，我们使用了 AtomicStampedReference 而不是简单的 AtomicReference。AtomicStampedReference 会同时检查节点和版本号，如果版本号有变化，即使节点相同，CAS 操作也会失败。

（2）循环时间长、CPU 开销大问题。

在高并发环境中，CAS 操作可能需要多次循环才能成功，这可能会导致较大的 CPU 开销。

解决方法：可以引入退避策略，即在连续失败后暂停一段时间，或者在一定次数的失败后使用传统的锁。比如对于一个简单的计数器，我们使用CAS来增加计数。

```
class Counter {
    private AtomicInteger value = new AtomicInteger();

    public void increment() {
        int current;
        do {
            current = value.get();
        } while (!value.compareAndSet(current, current + 1)); // CAS 操作
    }
}
```

在高并发环境下，很多线程同时尝试更新同一个计数器，可能会造成大量循环。此时我们可以引入退避策略来减少竞争，代码如下。

```
class Counter {
    private AtomicInteger value = new AtomicInteger();

    public void increment() {
        int current;
        while (true) {
            current = value.get();
            if (value.compareAndSet(current, current + 1)) {
                return;
            } else {
                // 退避策略
                try {
                    Thread.sleep((int) (Math.random() * 10));
                } catch (InterruptedException e) {
                    // 异常处理省略
                }
            }
        }
    }
}
```

在上述代码中，如果CAS失败，我们就让线程随机睡眠一段时间再重试，这样可以减少线程的竞争，并且可能会提高系统总体的成功率。

（3）饥饿问题。

在极端情况下，高优先级的线程可能会一直抢夺低优先级线程的执行资源，导致低优先级线程永远无法成功执行CAS操作。

解决方法：采用公平锁或其他调度技术可以确保所有线程都有机会成功执行。例如有多个线程尝试使用CAS操作更新同一个共享资源，但由于某些线程始终无

法成功完成更新，可能会出现饥饿问题，核心示例代码如下。

```
class SharedResource {
    private AtomicInteger state = new AtomicInteger(0);

    public void update(int newValue) {
        while (!state.compareAndSet(state.get(), newValue)) {
            // 一直尝试，直到成功
        }
    }
}
```

在上述代码中，如果有大量线程同时尝试调用update()方法，一些线程可能需要很多次循环才能调用成功，甚至可能永远不能调用成功，从而出现饥饿问题。可以使用锁来确保所有线程都有机会执行更新，或者使用FIFO队列来公平地安排线程执行，代码如下。

```
import java.util.concurrent.locks.Lock;
import java.util.concurrent.locks.ReentrantLock;

class SharedResource {
    private int state = 0;
    private Lock lock = new ReentrantLock(true); // 公平锁

    public void update(int newValue) {
        lock.lock();
        try {
            state = newValue; // 在锁的保护下更新状态
        } finally {
            lock.unlock();
        }
    }
}
```

在上述代码中，我们使用公平锁ReentrantLock确保按照线程请求锁的顺序来获取锁，从而避免出现饥饿问题。

（4）只能保证单个变量的原子性问题。

CAS只能保证单个共享变量完成原子更新。如果有多个变量需要同时更新，仅使用CAS将无法完成。

解决方法：可以使用锁或软件事务内存来保证多个变量同时更新的原子性。例如有一个简单的坐标类，用CAS来更新x和y坐标，代码如下。

```
class Coordinates {
    private AtomicInteger x = new AtomicInteger(0);
    private AtomicInteger y = new AtomicInteger(0);

    // 用 CAS 分别设置 x 和 y 坐标
    public void set(int newX, int newY) {
        do {
            // 但这并不能保证 x 和 y 坐标更新的一致性
        } while (!x.compareAndSet(x.get(), newX));
        do {
        } while (!y.compareAndSet(y.get(), newY));
    }
}
```

上述代码中的set()方法尽管使用了CAS，但不能保证x和y坐标更新的一致性。如果需要同时更新x和y坐标，那么这种方法可能导致数据不一致。我们可以使用锁来保证多个变量的原子性更新，代码如下。

```
import java.util.concurrent.locks.Lock;
import java.util.concurrent.locks.ReentrantLock;

class Coordinates {
    private int x = 0;
    private int y = 0;
    private Lock lock = new ReentrantLock();

    public void set(int newX, int newY) {
        lock.lock();
        try {
            x = newX;
            y = newY; // 在锁的保护下同时更新 x 和 y 坐标，保证原子性
        } finally {
            lock.unlock();
        }
    }
}
```

（5）伪共享（False Sharing）问题。

当多个线程对相互独立的变量进行CAS操作时，如果这些变量位于同一缓存行中，就可能因为缓存一致性协议导致性能下降。

解决方法：通过对齐和填充等技术，确保每个被频繁更新的变量都在自己独立的缓存行中，实现代码如下。

```
class PaddedCounter {
    // 假设缓存行是 64 字节，一个 long 类型变量是 8 字节
```

```
private volatile long p1, p2, p3, p4, p5, p6, p7 = 0; // 填充
private volatile long counter = 0;
private long q1, q2, q3, q4, q5, q6, q7 = 0; // 填充

public void increment() {
    counter++;
}
}
```

在上面代码中，counter 变量被其他变量（p1～p7 和 q1～q7）所包围，使用这些变量进行填充是为了确保 counter 独占一个缓存行。这样可以减少线程间因为更新临近变量而造成的缓存行无效化，从而减少缓存一致性协议带来的开销。注意，伪共享问题的解决方法依赖于具体的硬件架构，特别是缓存行的大小，所以在实际应用中需要根据目标机器的具体配置来设计。

在实现高效并发算法时，理解和解决这些问题是至关重要的。在某些情况下，可能需要考虑使用替代的同步机制（如锁或并发数据结构）来保证数据的一致性和系统的性能。

第2章

并发关键字原理

2.1 面试官：谈谈 final 关键字对并发编程的作用

并发编程是 Java 中一个高级且复杂的话题，涉及很多并发控制的细节。面试官提问"谈谈 final 关键字对并发编程的作用"，主要是为了判断面试者是否了解并发环境下的内存模型、线程安全等关键概念，以及是否能够编写出可靠和高效的并发代码。

求职者在回答该问题时可能会犯以下错误。

- 回答缺乏深度：对 final 关键字的并发影响理解不够深入，无法准确说明 final 变量在 JMM 中的作用。
- 理论与实践脱节：无法举出实际示例来展示如何在并发编程中使用 final 关键字，让面试官认为缺乏实际经验。
- 遗漏线程安全问题：未提到 final 关键字对于保证对象构造后的不可变性的重要性，这是在并发编程中保证线程安全的一个关键因素。

因此，求职者应该做好充分的准备，确保自己能够清晰、准确地回答该问题。该问题的解答思路如下。

（1）final 关键字的底层原理是什么？

final 关键字的底层原理是在编译器和虚拟机层面进行处理确保被修饰的类、方法和变量的特定行为。涉及 final 修饰的类、方法和变量，会在对应的字节码中添加 ACC_FINAL 标志，这样虚拟机在底层处理时会根据标记进行控制。对于 final 字段，编译器和运行时会遵守特定的内存屏障约束，确保在构造器内对final字段的所有写入操作完成后，当构造对象的过程完成（构造函数退出）时，任何获取该对象引用的线程都能看到final字段的正确值，这个规则简化了并发编程。

（2）final关键字对并发编程有什么作用？

在多线程并发中，final关键字通过提供内存可见性、对象不变性、安全发布和防止重排序等机制，来帮助开发者编写更安全、更易于理解的并发代码。

在并发编程中，final关键字确保对象一旦被构造完成，其final字段不会被更改。这意味着在多线程环境中，不需要额外的同步措施，线程可以自由地读取final字段，并且读取的数据是一致的。这减少了同步的需求，可以在不牺牲线程安全的前提下提高性能。

（3）为什么final引用不能从构造函数内"逸出"？

如果一个对象在其构造函数执行完成前逸出（也就是对象引用在构造过程中被其他线程访问），那么其他线程可能看到一个还未完全构造好的对象。对于final字段，JMM可以保证在构造对象的线程中，所有final字段的赋值操作都在构造函数完成之前执行。如果一个对象在其构造函数执行完成前逸出，其他线程可能看到final字段的不稳定状态，破坏了线程安全性。因此，从设计和安全性的角度出发，防止final引用在构造函数完成前逸出是非常重要的。

为了让大家对final关键字原理有更深入的掌握和理解，灵活应对面试细节，接下来我们对上述解答要点逐个进行详解。

2.1.1 final 关键字的底层原理是什么？

在Java语言中，final是一个保留的关键字，它可以用于修饰类、方法和变量，标记为"最终"的意思，这意味着它们一旦赋值或定义后就不可改变。final关键字有不同的用法，下面分别介绍final关键字用于修饰类、方法和变量时的底层原理。

（1）final修饰类。

当一个类使用final修饰时，该类不能被继承，即不能有子类。这是通过在类的字节码中添加ACC_FINAL标志实现的，这使得虚拟机在加载类的时候知道这个类是不可继承的。

例如下面使用final修饰类的示例代码：

```
public final class FinalClassTest {
    int a = 20;
}
```

通过javap命令获取上述代码的字节码，如图2-1所示。

```
public final class FinalClassTest
   minor version: 0
   major version: 52
   flags: ACC_PUBLIC, ACC_FINAL, ACC_SUPER
Constant pool:
   #1 = Methodref        #4.#13        // java/lang/Object."<init>":()V
   #2 = Fieldref         #3.#14        // FinalClassTest.a:I
   #3 = Class            #15           // FinalClassTest
   #4 = Class            #16           // java/lang/Object
   #5 = Utf8             a
   #6 = Utf8             I
   #7 = Utf8             <init>
   #8 = Utf8             ()V
   #9 = Utf8             Code
   #10 = Utf8            LineNumberTable
   #11 = Utf8            SourceFile
   #12 = Utf8            FinalClassTest.java
   #13 = NameAndType     #7:#8         // "<init>":()V
   #14 = NameAndType     #5:#6         // a:I
   #15 = Utf8            FinalClassTest
   #16 = Utf8            java/lang/Object
{
   int a;
      descriptor: I
      flags:

   public FinalClassTest():
      descriptor: ()V
      flags: ACC_PUBLIC
      Code:
         stack=2, locals=1, args_size=1
            0: aload_0
            1: invokespecial #1                   // Method java/lang/Object."<init>":()V
            4: aload_0
            5: bipush          20
```

图 2-1

在上述字节码部分，我们看到FinalClassTest类的flags中添加了ACC_FINAL标志。

（2）final修饰方法。

当一个方法使用final修饰时，该方法不能被子类重写。这是通过在方法的字节码中添加ACC_FINAL标志来实现的，这使得虚拟机在运行时知道这个方法是不可重写的。

例如下面使用final修饰方法的示例代码：

```
public class FinalMethodTest {
    public final void myMethod1(){
        System.out.println("final method!");
    }

    public void myMethod2(){
        System.out.println("ordinary method!");
    }
}
```

通过javap命令获取上述代码的字节码，如图2-2所示。

```
{
  public FinalMethodTest();
    descriptor: ()V
    flags: ACC_PUBLIC
    Code:
      stack=1, locals=1, args_size=1
        0: aload_0
        1: invokespecial #1              // Method java/lang/Object."<init>":()V
        4: return
      LineNumberTable:
        line 1: 0

  public final void myMethod1();
    descriptor: ()V
    flags: ACC_PUBLIC, ACC_FINAL
    Code:
      stack=2, locals=1, args_size=1
        0: getstatic       #2            // Field java/lang/System.out:Ljava/io/PrintStream;
        3: ldc             #3            // String final method!
        5: invokevirtual   #4            // Method java/io/PrintStream.println:(Ljava/lang/String;)V
        8: return
      LineNumberTable:
        line 3: 0
        line 4: 8

  public void myMethod2();
    descriptor: ()V
    flags: ACC_PUBLIC
    Code:
      stack=2, locals=1, args_size=1
        0: getstatic       #2            // Field java/lang/System.out:Ljava/io/PrintStream;
        3: ldc             #5            // String ordinary method!
        5: invokevirtual   #4            // Method java/io/PrintStream.println:(Ljava/lang/String;)V
        8: return
      LineNumberTable:
        line 7: 0
        line 8: 8

SourceFile: "FinalMethodTest.java"
```

图 2-2

在上述字节码部分，我们看到有final修饰的myMethod1()方法的flags中添加了ACC_FINAL标志；没有final修饰的myMethod2()方法的flags中没有添加ACC_FINAL标志。

（3）final修饰变量。

当一个变量使用final修饰时，在该变量的字节码中也会添加 ACC_FINAL 标志，表示该变量的值不能被改变。对于基本类型（如 int、char 等），虚拟机在编译时直接将变量的值嵌入字节码中，因此这些值是不可修改的。对于引用类型（如对象引用），final 仅表示引用不可变，即引用不能指向其他对象，但对象本身的状态仍然是可变的。

例如下面使用final修饰变量的示例代码：

```
public class FinalTest {
    final int a = 20;
    final int[] b = {1,3,5};
}
```

通过javap命令获取上述代码的字节码，如图2-3所示。

```
final int a;
  descriptor: I
  flags: ACC_FINAL
  ConstantValue: int 20
final int[] b;
  descriptor: [I
  flags: ACC_FINAL

public FinalTest();
  descriptor: ()V
  flags: ACC_PUBLIC
  Code:
    stack=5, locals=1, args_size=1
       0: aload_0
       1: invokespecial #1                // Method java/lang/Object."<init>":()V
       4: aload_0
       5: bipush        20
       7: putfield      #2                // Field a:I
      10: aload_0
      11: iconst_3
      12: newarray       int
      14: dup
      15: iconst_0
      16: iconst_1
      17: iastore
      18: dup
      19: iconst_1
      20: iconst_3
      21: iastore
      22: dup
      23: iconst_2
      24: iconst_5
      25: iastore
      26: putfield      #3                // Field b:[I
      29: return
    LineNumberTable:
      line 1: 0
      line 2: 4
      line 3: 10
```

图 2-3

在上述字节码部分，我们看到在 final 修饰的 a 和 b 两个变量定义的 flags 中都添加了 ACC_FINAL 标志，表示这两个变量的值不能被改变。不过我们发现在 a 变量的定义中，使用了 ConstantValue 属性，而 b 变量的定义却没使用。

在 Java 字节码中，ConstantValue 是一个属性，它表示字段的常量值。这个属性只在字段使用 final 修饰，同时具有一个初始值时才存在。这个初始值必须是编译时常量，也就是说，这个值在编译时就已经确定，并且可以被直接嵌入任何使用该常量的代码中。具体来讲，ConstantValue 属性用于基本数据类型（如 int、long、float、double 等）和 String 类型的字段。如果没有在声明时直接赋予 final 字段一个编译时常量，那么它的字节码中不会有 ConstantValue 属性。例如，上述示例中的 b 变量是一个数组引用型变量，虽然该变量被 final 修饰，但是它的字段值不是一个编译时常量，需要在运行时计算得出，因此不会有 ConstantValue 属性。

总体来说，final 关键字的底层原理是在编译器和虚拟机层面进行处理，确保被修饰的类、方法和变量的特定行为。这些特定行为有助于确保代码的稳定性和安全性。但请注意，final 并不是用来优化代码性能的关键字，而是用来约束程序行为的。

在一般情况下，final 变量的写操作会要求编译器在写操作之后插入一个 StoreStore 屏障，这可以确保写操作对其他线程的可见性。而 final 变量的读操作会要求编译器在读操作之前插入一个LoadLoad屏障，以确保读操作不会被乱序执行。通过插入内存屏障，可以保障final的语义和特性。但是，对于final变量的内存屏障插入在不同平台和硬件上的行为可能会有所不同，具体插入与否还取决于编译器和虚拟机的策略。这也说明了编写并发代码时，不仅要依赖final的特性，还需要考虑使用其他同步手段来确保线程安全性。

2.1.2 final 关键字对并发编程有什么作用？

在多线程并发中，final关键字通过提供内存可见性、对象不变性、安全发布和防止重排序等机制，来帮助开发者编写更安全、更易于理解的并发代码。

（1）内存可见性。

在JMM中，final字段具有特别的内存可见性保证。当对象构造完成后，所有线程都将看到final字段在构造期间设置的值，这意味着不需进一步同步即可读取这些值。这种机制在共享不可变对象时尤为重要。

（2）对象不变性。

使用final字段可以创建不可变对象。不可变对象是指一旦对象被创建，它的状态就不能被修改，这对并发编程至关重要。不可变对象可以自由地在多个线程之间共享，而不需要担心线程安全问题，因为数据本身是不会变的。

（3）安全发布。

final关键字还可以确保对象的安全发布（Safe Publication）。安全发布的对象可以被多个线程访问，而不需要进一步的同步，因为初始化过程已经建立了对象的可见性保证。这意味着当对象被构造好后，其所有final字段的值都将在其他线程中可见。

（4）防止重排序。

在Java中，编译器和处理器可能会对指令进行重排序，以优化性能和资源利用。但是，对于final字段，JMM可以避免在构造函数执行完成之前对对象的引用被发布。这样可以防止对象在完全构造完成之前被其他线程错误地使用。

在并发编程中，使用final字段可以防止发生所谓的"构造期重排序"。这意味着，在对象的构造函数执行期间，final字段赋值的操作不会被重排序到构造函数之外。这样，任何获取到该对象引用的线程都会看到这些final字段正确和完整的值。

在构造器中对final字段进行操作时，编译器和处理器会遵从以下两个重排序规则。

（1）final字段写入的重排序规则。

在构造器内对一个final字段的写入操作，与随后把这个被构造对象的引用赋值给一个引用变量的操作之间不能重排序。

在Java中，final字段写入的重排序规则是由JMM定义的，编译器会在final字段写操作之后、构造函数return退出之前，插入一个StoreStore屏障。JMM禁止编译器将对final字段的写入重排序到构造函数外部，同时确保正确构造的对象可以被安全地发布。在对象构建完成之后，final字段的值对其他线程是可见且一致的，即使没有同步。

但是，要注意的是，final字段写入在构造函数内部可以被重排序，只是不允许将写入操作移动到构造函数之外。下面是一个final字段写入的重排序示例。

```java
public class FinalFieldExample {
    final int x;
    int y;
    static FinalFieldExample f;

    public FinalFieldExample() {
        x = 3;   // 步骤1：写入final字段x
        y = 4;   // 步骤2：写入普通字段y
        f = this;   // 步骤3：在构造函数中发布当前实例
    }

    public static void writer() {
        new FinalFieldExample();
    }

    public static void reader() {
        if (f != null) {
            int i = f.x;   // 步骤4：读取final字段x
            int j = f.y;   // 步骤5：读取普通字段y
            System.out.println("i=" + i + ", j=" + j);
        }
    }

    public static void main(String[] args) {
        // 启动写入线程
        new Thread(FinalFieldExample::writer).start();

        // 启动读取线程
        new Thread(FinalFieldExample::reader).start();
    }
}
```

在上面的示例中，writer()方法通过构造函数创建了 FinalFieldExample 的一个实例，并在构造函数内部将这个实例发布（通过将它赋值给一个静态变量 f）。这是一种不安全的发布，因为其他线程可以在构造函数完成之前通过 f 访问对象实例。

在 reader()方法中，我们读取 f 引用的对象的 final 字段 x 和普通字段 y。因为 JMM 不允许将对 final 字段的写入重排序到构造函数之外，所以读取操作（步骤4）保证看到的是 x 的正确值。但是，对于写入普通字段 y（步骤2）没有这样的保证。因此，reader()方法可能会看到 y 的默认值 0，而不是写入构造函数中的值 4。

因此，虽然 final 字段的重排序有严格的规则，但是不正确的对象发布还是可能导致其他线程看到不一致的状态。避免这类问题的最佳实践是确保对象在构造后发布，并且不在构造函数中泄漏 this 引用。

（2）final 字段读取的重排序规则。

初始读取一个 final 字段（即在构造对象引用之后首次读取该 final 字段时）的操作与在这个 final 字段写入之后任何进一步的读取操作之间也不能发生重排序。

编译器会在 final 字段读取的前面插入一个 LoadLoad 屏障。这意味着，一旦对象的构造过程完成，并且构造函数中对所有 final 字段的赋值操作已经完成，那么任何获取该对象引用的线程都保证可以看到这些 final 字段在构造函数中被正确初始化后的值，不会因为重排序而看到未初始化或半初始化的状态。

在 JMM 中，一旦 final 字段在构造函数中被赋值，它们就保证对其他线程可见。这意味着 JMM 会禁止将 final 字段的读取的重排序到构造函数结束之前。但是，如果在构造函数中有其他的操作，这些操作就可能被重排序，只要不改变单线程内程序的执行语义。

下面是一个 final 字段读取的重排序示例。

```java
public class FinalFieldExample {
    final int a;
    int b;
    static FinalFieldExample obj;

    public FinalFieldExample() {
        a = 1; // 步骤1：写入 final 字段 a
        b = 2; // 步骤2：写入普通字段 b
    }

    public static void writer() {
        obj = new FinalFieldExample(); // 步骤3：发布对象（写操作发生在这里）
```

```
    }

    public static void reader() {
        FinalFieldExample object = obj; // 步骤 4: 读操作发生在这里
        if (object != null) {
            int i = object.a; // 步骤 5: 读取 final 字段 a
            int j = object.b; // 步骤 6: 读取普通字段 b
            System.out.println("i (final): " + i + ", j (non-final): " + j);
        }
    }

    public static void main(String[] args) {
        // 启动写线程
        new Thread(FinalFieldExample::writer).start();

        // 启动读线程
        new Thread(FinalFieldExample::reader).start();
    }
}
```

在上面的示例中，两个线程分别执行writer()和reader()方法。writer()方法通过构造一个新的FinalFieldExample对象来写入final字段a和普通字段b，然后将这个新对象赋给静态变量obj。

reader()方法会读取静态变量obj引用的对象，并尝试读取其final字段a和普通字段b。根据JMM，一旦构造函数完成，任何获取对象引用的线程都能够看到final字段a被初始化后的值，即使是在对象发布之前的重排序操作。所以线程在执行步骤5时，总是会看到final字段a的值为1。

另外，普通字段b没有这样的保证。如果发布对象发生在普通字段b被写入之后，reader()方法可能会看到普通字段b的任意值，包括默认值0（如果普通字段b的赋值操作被重排序到对象发布之后）。

这个示例展示了如何在多线程环境中安全地读取final字段，确保其他线程能看到final字段被初始化后的正确值。然而，对于普通字段，我们通常需要使用额外的同步措施来保证线程之间的可见性。

2.1.3 为什么final引用不能从构造函数内"逸出"？

在并发编程中，"发布"（Publish）和"逸出"（Escape）是两个重要的概念，它们描述了对象和其内部状态在线程之间的可见性。

发布一个对象指的是使对象能够在当前线程之外的其他线程中被访问。这通常通过将对象的引用存储在一个共享的地方来完成，例如：

- 将对象的引用赋予一个公共静态字段；
- 将对象的引用传递给其他线程的方法；
- 将对象的引用存储在一个共享集合中。

发布一个对象需要确保线程安全性，如果多个线程同时访问和操作该对象，要确保这样的访问是协调的，防止出现竞争条件或不一致的状态。

逸出是一种特殊类型的发布，通常被认为是一种错误。如果一个对象在还没有完全构造好的时候就被发布，即可认为这个对象逸出了。这意味着对象的 this 引用在构造函数完成之前就对外部线程可见了。逸出通常发生在以下情况中。

- 在构造函数中启动一个线程。
- 在构造函数中将 this 引用赋值给某个外部变量。
- 在构造函数中将 this 引用传递给其他对象的方法。

对象逸出是危险的，因为它可能导致对象在不一致或不稳定的状态下被访问。如果其他线程在对象构造完全完成之前就访问它，可能会看到其不正确的状态，这可能导致应用程序出现错误行为或崩溃。

总体来讲，对象发布是一个正常的操作，但需要小心处理以保证线程安全性；而逸出则是一种应当避免的情况，它意味着对象在不应该被外部访问时就对外部线程可见了。通过 2.1.2 小节对 final 字段的重排序规则介绍，我们知道写 final 字段的重排序规则可以确保在引用变量为任意线程可见之前，读引用变量指向的对象 final 字段已经在构造函数中被正确初始化了。但是其中还需要另外一点的保证：在构造函数内部，不能让这个被构造对象的引用为其他线程所见。即对象引用不能在构造函数中逸出。

如果 final 字段是引用类型，写 final 字段的重排序规则对编译器和处理器增加了约束。在构造函数内对一个 final 引用字段的写入操作，与随后在构造函数外把这个被构造对象的引用赋值给一个引用变量的操作之间不能重排序。下面我们看一个 final 引用变量逸出的示例，代码如下。

```
public class ThisEscape {
    private final int secretNumber;
    private final EventListener listener;

    // EventListener 是一个简单的接口，它具有一个方法——onEvent()
```

```
public interface EventListener {
    void onEvent();
}

public ThisEscape() {
    // 在构造函数中将 this 引用传递给了 Thread 对象
    // 这允许新线程在对象构造完成之前看到该对象
    listener = new EventListener() {
        public void onEvent() {
            // 使用 ThisEscape 中 final 引用字段
            System.out.println("Secret number is " + secretNumber);
        }
    };

    // 这里发生了逸出，因为 EventListener 中包含对外部类 ThisEscape 实例的隐式引用
    // 当传递 listener 给外部线程时，传递了对 ThisEscape 实例的引用
    new Thread(() -> listener.onEvent()).start();

    // 模拟构造过程需要一些时间
    try {
        Thread.sleep(100); // 模拟耗时构造过程
    } catch (InterruptedException e) {
        Thread.currentThread().interrupt();
    }

    // 假设设置 secretNumber 需要一些时间
    secretNumber = 42; // secretNumber 的设置可能在 onEvent() 方法调用之后才完成
}

public static void main(String[] args) {
    ThisEscape escape = new ThisEscape();
}
}
```

上述示例中，当ThisEscape对象正在被创建时，EventListener的一个实例被创建并赋值给类的listener字段。在EventListener的实现中，该字段通过一个匿名内部类的形式直接访问ThisEscape对象的成员变量secretNumber。紧接着，一个新的线程被创建，并且立即启动，而且使用了尚未完全构造好的ThisEscape对象的listener字段。如果线程在secretNumber被初始化之前执行了onEvent()方法，那么它可能会看到secretNumber的默认值0，而不是之后构造函数设置的值42。

这个示例违反了对象构造的封装原则——我们在构造函数里将this引用传递给了一个外部线程，从而发生了逸出，导致了潜在的错误和不可预测的行为。正确的做法应该是在确保对象的构造完成后，将其发布给其他线程。

在Java中，确保final引用不从构造函数内逸出是保证安全发布和对象不变性

的重要规则。如果在构造函数执行的过程中，其他线程能够通过某种方式看到这个final 引用，对象的线程安全性就可能被破坏，具体体现在以下几个方面。

（1）内存可见性。

根据 JMM，final 字段的写入操作在构造函数中完成，并且在构造函数结束之前，不应该让这个 final 字段对其他线程可见。如果 final 字段在构造函数执行完毕之前逸出，其他线程可能看到这个字段的默认值（如 null 或 0），而不是构造函数中赋予的值，这违背了 final 字段的内存可见性保证。

（2）不完整对象实例。

如果在构造函数完成之前其他线程可以看到 final 引用，它们可能看到一个不完整的对象状态。这是因为构造函数的其余部分可能还没有执行，其中可能包括初始化其他状态和设置其他 final 字段的值。

（3）线程安全性。

即使对象的 final 字段本身线程安全，如果在构造期间 this 引用逸出，构造函数外部的代码也可能看到并操作了一个尚未完全构造好的对象。这样的对象可能不满足线程安全性要求，因为其内部状态可能在变化中。

（4）不变性保证。

不可变对象的状态一旦构造就不应该发生变化。如果在构造函数中 this 引用逸出，就有可能在构造过程中通过这个逸出的引用来更改对象的状态，这违背了不变性保证。

为了防止逸出，确保 final 引用的对象在多线程环境中是安全的，并维护对象的不变性，我们在编码时可以遵循以下策略。

- 不在构造函数中启动线程。
- 不在构造函数中将 this 引用传递给外部方法或对象。
- 通过使用工厂方法和私有构造函数等模式来控制对象的创建和发布。

2.2 面试官：谈谈 synchronized 关键字的特性和原理

synchronized 关键字是一个非常高频的面试技术点，而且其考查点非常多。编者从多年担任面试官的经验中总结出很多求职者在回答面试官的问题时存在的问题。

- 求职者无法区分问题的主要要点和次要要点，将所有与问题相关的信息一股脑地说出来，而没有对这些信息进行适当的筛选和组织。

- 一些求职者缺乏组织和逻辑思维，导致回答显得杂乱无章。他们可能会跳跃性地提供信息，或者在回答中重复讲述同样的内容，以致回答缺乏清晰的结构和连贯性。

这些求职者通常会被面试官打上缺乏焦点、思维无序、逻辑混乱等标签。"谈谈synchronized关键字的特性和原理"是一个容易让求职者思维无序和逻辑混乱的问题，相信很多读者朋友也在被这个问题困扰着。这个问题可以采用如下分段结构进行回答。

（1）synchronized关键字的底层实现原理是什么？

synchronized关键字的底层是通过锁对象关联的监视器（Monitor）实现的，每个对象都有一个关联的Monitor，线程通过修改Monitor计数器的值来获取和释放锁。

- 在使用synchronized修饰代码块时，会增加monitorenter和monitorexit指令。每个对象都与一个Monitor关联，执行monitorenter指令的线程会尝试获取锁对象关联的Monitor的所有权，如果Monitor计数器的值为0，则该线程获得锁，并将计数器的值加1，此时其他线程阻塞等待，直到该计数为0，其他线程才有机会获取Monitor的所有权。

- 在使用synchronized修饰方法时，方法级同步是隐式执行的。底层会在flags中加入ACC_SYNCHRONIZED标志，当调用这些方法时，如果发现ACC_SYNCHRONIZED标志，则会进入一个Monitor来执行方法，然后退出Monitor。无论方法调用正常或异常，都会自动退出Monitor，也就是释放锁。

（2）synchronized关键字是怎么保证线程安全的？

线程安全主要体现在原子性、可见性、有序性3个方面，因此有些企业的面试官会换一种问法，比如"synchronized怎么保证原子性、可见性和有序性？"我们可以从3个方面进行解答。

- 保证原子性：底层基于锁对象关联的Monitor实现获取锁和释放锁。
- 保证可见性：底层基于加载屏障和存储屏障，获取锁时会强制读取主内存数据，释放锁时会强制刷新主内存数据。
- 保证有序性：底层基于as-if-serial语义和Acquire屏障、Release屏障保证代码层面执行结果的有序性。

注意：synchronized 关键字保证的有序性是代码层面执行结果的有序性，而不是防止指令重排的有序性。

（3）synchronized 是可重入锁吗？其底层如何实现？

synchronized 是可重入锁，拥有锁重入的功能，即它可以获取自己的内部锁。比如一个 synchronized 修饰的方法或代码块内部调用本类的其他 synchronized 修饰的方法或代码块时，是可以获取锁的，不会被阻塞。引入可重入锁机制最大的好处是一个线程在使用同一个对象的多个方法处理时，会多次请求锁，可重入机制会避免死锁发生。

synchronized 可重入锁的实现原理是通过对锁对象关联的 Monitor 计数器值的递增或递减操作进行控制，同一个线程对同一个对象的 Monitor 是可以多次重入的，重入时计数器的值递增 1，退出时再递减 1，直到计数器的值为 0 时释放锁，在此期间其他任何线程的访问都会被阻塞。

（4）Java 对 synchronized 关键字做了哪些优化？

synchronized 关键字底层依赖于锁对象关联的 Monitor 实现，而 Monitor 是基于底层操作系统的互斥锁实现的，互斥锁实现的锁机制被称为"重量级锁"。互斥锁的同步会涉及操作系统用户态和内核态的切换、进程的上下文切换等，这些操作都是比较耗时的，因此重量级锁操作的开销比较大。

为了减少获得锁和释放锁所带来的性能消耗，从 Java 6 开始进行了比较大的调整，除了 Java 5 引进的自旋外，还增加了自适应的自旋、锁消除、锁粗化、偏向锁、轻量级锁等优化策略。在 Java 6 中，锁有无锁、偏向锁、轻量级锁和重量级锁 4 种状态，锁的状态可以随着并发竞争情况逐渐升级。在很多情况下，可能获取锁时只有一个线程，或者有多个线程交替获取锁，此时使用重量级锁就不划算，使用偏向锁和轻量级锁可以降低没有并发竞争时的锁开销。

（5）说说 synchronized 锁升级过程及实现原理。

从 Java 6 开始 synchronized 同步锁一共有 4 种状态，即无锁、偏向锁、轻量级锁和重量级锁，锁的状态会随着并发竞争情况逐渐升级。synchronized 锁升级过程是由低（偏向锁）到高（重量级锁）进行的，可以升级但是不可以降级，其作用是提高获取锁和释放锁的效率。

synchronized 锁升级的原理其实是利用 Java 对象头中的 Mark Word 标记锁状态和线程 ID 等信息，在锁升级过程中，会更新 Mark Word 信息。

（6）什么是synchronized锁消除和锁粗化？

锁消除主要应用在没有多线程竞争的情况下。具体来说，当一个数据仅在一个线程中使用，或者这个数据的作用域仅限于一个线程时，这个线程对该数据的所有操作都不需要获取锁。在 Java HotSpot 虚拟机中，这种优化主要是通过逃逸分析（Escape Analysis）来实现的。

锁粗化是一种将多次连续的锁定操作合并为一次操作的优化手段。假如一个线程在一段代码中反复对同一个对象进行获取锁和释放锁，那么JVM会将这些锁的范围扩大，俗称粗化，即在第一次获取锁的位置获取锁，最后一次释放锁的位置释放锁，中间的获取锁、释放锁操作则被省略。

为了让大家对synchronized关键字的特性和原理有更深入的掌握和理解，做到"知其然更知其所以然"，灵活应对面试细节，下面我们对上述解答要点逐个进行详解。

2.2.1 synchronized关键字的底层实现原理是什么？

synchronized的中文意思是"同步"，在Java中它是一种同步锁，可用于解决多个线程之间访问资源的同步问题。当代码块或方法被synchronized修饰时，可以保证在任意时刻只有一个线程执行这些被修饰的方法或代码块，其作用是保障程序在并发执行时的正确性，主要体现在以下3方面。

- 保证程序可见性：保证共享变量的修改能够及时可见。
- 保证程序原子性：确保线程互斥地访问同步代码。
- 保证程序有序性：有效解决指令重排序问题。

synchronized关键字的底层是通过锁对象关联的监视器（Monitor）实现的，每个对象都有一个关联的Monitor，那Monitor到底是什么呢？我们先一起来了解一下。

我们可以把Monitor理解为一个同步工具或一种同步机制，但它通常被描述为一个对象。在Java中，一切皆对象，并且所有的Java对象都是天生的Monitor，每个Java对象都有成为Monitor的潜质，因为在Java的设计中，每一个Java对象从初始化起就带了一把看不见的锁，它叫作内部锁或Monitor锁。每个对象都存在一个Monitor与之关联，对象与其Monitor之间的关系又存在多种实现方式，比如Monitor可以与对象一起创建和销毁，也可以在线程试图获取对象锁时自动生成，但当一个 Monitor 被某个线程持有后，它便处于锁定状态。

在JVM（HotSpot）中，Monitor是由ObjectMonitor实现的，位于HotSpot虚拟

机源码的 ObjectMonitor.hpp 文件中，具体使用 C++ 实现，其主要数据结构如下。

```
ObjectMonitor() {
    _header       = NULL;
    _count        = 0;
    _waiters      = 0,
    _recursions   = 0;
    _object       = NULL;
    _owner        = NULL;
    _WaitSet      = NULL;
    _WaitSetLock  = 0;
    _Responsible  = NULL;
    _succ         = NULL;
    _cxq          = NULL;
    FreeNext      = NULL;
    _EntryList    = NULL;
    _SpinFreq     = 0;
    _SpinClock    = 0;
    OwnerIsThread = 0;
    }
```

ObjectMonitor 中有 5 个重要部分，分别为 _owner、_WaitSet、_cxq、_EntryList 和 _count。

- _owner：用来指向持有 Monitor 对象的线程，它的初始值为 NULL，表示当前没有任何线程获取锁。当一个线程成功获取锁之后会保存线程的 ID，等到线程释放锁后 _owner 又会被重置为 NULL。

- _WaitSet：当一个已获取锁的线程调用了锁对象的 wait() 方法后，线程会被加入这个列表中。

- _cxq：一个阻塞的单向线程列表，线程被唤醒后根据决策判断放入 _cxq 还是 _EntryList。

- _EntryList：当多个线程竞争 Monitor 对象时，没有竞争到的线程会被加入这个列表。

- _count：用于记录线程获取锁的次数，成功获取到锁后 _count 会加 1，释放锁时 _count 会减 1。

_WaitSet、_cxq 与 _EntryList 都采用链表结构。_WaitSet 存放的是处于等待状态的线程；而 _EntryList 存放的是处于等待锁状态的线程；_cxq 列表中的线程只临时存放，最终会被转移到 _EntryList 中等待获取锁。

当多个线程竞争 Monitor 对象时，所有没有竞争到的线程会被封装成 ObjectWaiter 并加入 _EntryList 列表。当一个已经获取锁的线程调用锁对象的 wait()

方法失去锁后，线程会被封装成一个ObjectWaiter并加入_WaitSet列表中。当线程调用锁对象的notify()方法后，会根据情况将_WaitSet列表中的元素转移到_cxq列表或_EntryList列表，等到获取锁的线程释放锁后，再根据条件来执行该方法。

当遇到多个线程同步处理时，ObjectMonitor状态变化如下。

- 多个线程在同时访问一段同步代码时，首先会进入_EntryList列表，当线程获取到对象的Monitor后才进入_owner区域，并把Monitor中的_owner变量设置为当前线程，同时Monitor中锁的_count加1。
- 当线程调用wait()方法时，会释放当前持有的Monitor，_owner变量恢复为NULL，_count自动减1，同时该线程进入_WaitSet列表中等待被唤醒。
- 当线程执行完毕后，会释放Monitor并复位_count变量的值，以便其他线程进入并获取Monitor。

为了便于大家理解上述过程，我们整理了相应的流程图，如图2-4所示。

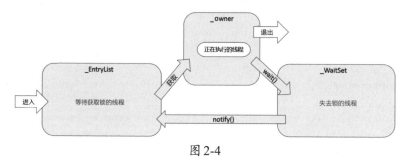

图2-4

了解Monitor锁之后，接下来我们进一步探究一下synchronized底层的实现原理。

（1）synchronized修饰代码块的原理。

我们首先写一段使用synchronized修饰代码块的测试程序，具体代码如下：

```java
public class SynchronizedDemo1 {
    public void method() {
        synchronized(this) {
            System.out.println("synchronized 修饰代码块 ");
        }
    }
}
```

然后使用javac命令编译上述代码生成.class文件，再使用javap命令反编译得到字节码，具体如图2-5所示。

```
D:\test>javap -c SynchronizedDemo1
Compiled from "SynchronizedDemo1.java"
public class SynchronizedDemo1 {
  public SynchronizedDemo1();
    Code:
     0: aload_0
     1: invokespecial #1          // Method java/lang/Object."<init>":()V
     4: return

  public void method();
    Code:
     0: aload_0
     1: dup
     2: astore_1
     3: monitorenter
     4: getstatic     #2          // Field java/lang/System.out:Ljava/io/PrintStream;
     7: ldc           #3          // String synchronized 修饰代码块
     9: invokevirtual #4          // Method java/io/PrintStream.println:(Ljava/lang/String
;)V
    12: aload_1
    13: monitorexit
    14: goto          22
    17: astore_2
    18: aload_1
    19: monitorexit
    20: aload_2
    21: athrow
    22: return
  Exception table:
     from    to  target type
        4    14    17   any
       17    20    17   any
}
```

图 2-5

从图 2-5 所示的字节码信息可知，synchronized 修饰代码块的实现原理是使用了 monitorenter 和 monitorexit 指令，关于这两条指令的作用，我们来看一下 JVM 规范中的描述。

① monitorenter 指令。

```
    Each object is associated with a monitor. A monitor is locked if and only
if it has an owner. The thread that executes monitorenter attempts to gain
ownership of the monitor associated with objectref, as follows:
    If the entry count of the monitor associated with objectref is zero, the
thread enters the monitor and sets its entry count to one. The thread is then
the owner of the monitor.
    If the thread already owns the monitor associated with objectref, it
reenters the monitor, incrementing its entry count.
    If another thread already owns the monitor associated with objectref, the
thread blocks until the monitor's entry count is zero, then tries again to
gain ownership.
```

上面描述的意思为，每个对象有一个监视器（Monitor），当 Monitor 被占用时它就会处于锁定状态。线程执行 monitorenter 指令时会尝试获取 Monitor 的所有权，具体过程如下。

- 如果 Monitor 的进入数为 0，则该线程获取 Monitor，然后将进入数设置为 1，该线程即 Monitor 的所有者。
- 如果线程已经占有该 Monitor，只是重新进入它，则 Monitor 的进入数加 1。
- 如果其他线程已经占用了 Monitor，则该线程进入阻塞状态，直到 Monitor 计数器的值为0，再重新尝试获取Monitor的所有权。

②monitorexit指令。

```
    The thread that executes monitorexit must be the owner of the monitor
associated with the instance referenced by objectref.
    The thread decrements the entry count of the monitor associated with
objectref. If as a result the value of the entry count is zero, the thread
exits the monitor and is no longer its owner. Other threads that are blocking
to enter the monitor are allowed to attempt to do so.
```

上面描述的意思为，执行monitorexit的线程必须是objectref对象关联的Monitor的所有者。monitorexit指令执行时，Monitor计数器的值减1。如果减1后计数器的值为0，则该线程退出Monitor，不再是这个Monitor的所有者。其他被这个Monitor阻塞的线程可以尝试去获取这个Monitor的所有权。

通过JVM规范中对monitorenter和monitorexit这两个指令的描述，我们应该能很清楚地看出synchronized关键字的实现原理，其中，monitorenter指令指明同步代码块的开始位置，monitorexit指令则指明同步代码块的结束位置。当执行monitorenter指令时，当前线程将试图获取objectref对象所关联的Monitor的所有权，如果Monitor计数器的值为0，那么线程可以成功取得Monitor，并将计数器的值加1，取锁成功。

如果当前线程已经拥有了objectref对象关联的Monitor的所有权，那么它可以重入这个Monitor，重入时计数器的值会加1。若其他线程已经拥有objectref对象关联的Monitor所有权，那么当前线程将被阻塞，直到持有的线程执行完毕，即monitorexit指令会被执行，此时线程将释放Monitor，并将Monitor计数器的值减1，当Monitor计数器的值为0时，其他线程将有机会获得Monitor。

值得我们注意的是，编译器会确保线程方法执行完毕后释放持有的Monitor，无论方法是正常结束还是异常结束的，因此方法中调用过的每一条monitorenter指令都会执行其对应的monitorexit指令。为了保证在方法异常结束时monitorenter和monitorexit指令依然可以正确配对执行，编译器会自动产生一个异常处理器，这个异常处理器声明可处理所有的异常，它用来执行monitorexit指令。从图2-5中我们可以看出多了一条monitorexit指令，它就是在异常结束时释放Monitor的指令。

另外，wait()和notify()等方法也是依赖于Monitor对象的，这也是它们只能在synchronized代码块或方法中使用，否则程序会抛出java.lang.

IllegalMonitorStateException异常的原因。

（2）synchronized修饰方法的原理。

我们首先写一段使用synchronized修饰方法的测试程序，具体代码如下：

```java
public class SynchronizedDemo2 {
    public synchronized void method() {
        System.out.println("synchronized 修饰方法 ");
    }
}
```

然后使用javac和javap命令，获得反编译后的字节码信息，具体如图2-6所示。

```
public SynchronizedDemo2();
    descriptor: ()V
    flags: ACC_PUBLIC
    Code:
        stack=1, locals=1, args_size=1
            0: aload_0
            1: invokespecial #1            // Method java/lang/Object."<init>":()V
            4: return
        LineNumberTable:
            line 1: 0

public synchronized void method();
    descriptor: ()V
    flags: ACC_PUBLIC, ACC_SYNCHRONIZED
    Code:
        stack=2, locals=1, args_size=1
            0: getstatic     #2            // Field java/lang/System.out:Ljava/io/PrintStream;
            3: ldc           #3            // String synchronized 修饰方法
            5: invokevirtual #4            // Method java/io/PrintStream.println:(Ljava/lang/Stri
ng;)V
            8: return
        LineNumberTable:
            line 3: 0
            line 4: 8
}
SourceFile: "SynchronizedDemo2.java"
```

图 2-6

synchronized修饰方法的实现原理是隐式的，不需要使用monitorenter和monitorexit字节码指令来控制，它是在方法调用和返回操作之中实现的。JVM从方法常量池中的方法表结构（method_info Structure）信息判断该方法是否使用synchronized修饰，在方法调用时，调用指令会检查方法的flags是否被设置了ACC_SYNCHRONIZED标志，如果标志进行了相应设置，执行线程需要先持有Monitor，然后才能执行方法，最后在方法无论是正常结束还是异常结束时释放Monitor。在方法执行期间，执行线程持有了Monitor，其他任何线程都无法再获得同一个Monitor。如果一个同步方法执行期间抛出了异常，并且在方法内部无法处理此异常，那么这个同步方法所持有的Monitor将在异常抛到同步方法之外时自动释放。

从图2-6所示的字节码信息可以看出，synchronized修饰的方法并没有monitorenter指令和monitorexit指令，取而代之的是ACC_SYNCHRONIZED标志，该标志指明了该方法是一个同步方法，JVM通过该ACC_SYNCHRONIZED标志来辨别一个方法是否声明为同步方法，从而执行相应的同步调用。

2.2.2 synchronized关键字是怎么保证线程安全的？

synchronized关键字可以保证多线程访问共享资源时的线程安全，它通过确保同一时间只有一个线程可以执行某个代码块或方法来实现原子性、可见性和有序性。下面我们从3个方面详细介绍synchronized关键字是怎么保证线程安全的。

（1）保证原子性。

synchronized关键字通过互斥访问保证了一个或多个操作的原子性。这意味着，使用synchronized保护的代码块或方法，其中的操作要么完全执行，要么完全不执行，不会被其他线程中断。

为了保证原子性，synchronized关键字在底层使用获取锁和释放锁的机制（底层使用了monitorenter和monitorexit指令获取锁和释放锁），或者借助ACC_SYNCHRONIZED标志控制同步，此过程和原理我们在2.2.1小节进行了详细介绍，在此不赘述。

（2）保证可见性。

可见性是指当多个线程访问同一个变量时，一个线程修改了这个变量的值，其他线程能够立刻看到修改的值。

由于线程之间的交互都发生在主内存中，但对于变量的修改又发生在线程自己的本地内存中，经常会造成读写共享变量的错误，这种错误也叫可见性错误。可见性错误是指当读操作与写操作在不同的线程中执行时，我们无法确保执行读操作的线程能否实时地看到其他线程写入的值，此时应用synchronized就是解决方案之一，下面我们一起来探究一下它的实现原理。

我们在多线程中访问变量时，会涉及JMM，还有本地内存和主内存等概念，具体如图2-7所示。

如果线程A更新的共享变量要对线程B可见，线程A需要先将变量数据写到主内存中，然后线程B去主内存中读取变量数据，这样线程B就可以读取到线程A更新过的共享变量值了。通过上述过程，我们可以知道主内存是线程A和线程B通信的桥梁，通过控制主内存与每个线程的本地内存之间的交互能够解决多线程之间的可见性问题。

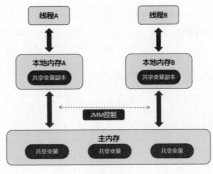

图 2-7

为了保证可见性，synchronized关键字在底层通过内存屏障指令在获取锁和释放锁时对主内存进行了如下处理。

①线程获取锁后，使用共享变量时必须从主内存中重新读取最新值。

线程在进入synchronized代码块获取锁之后，被锁定的对象数据会直接从主内存中读取出来，由于上一个线程在释放锁的时候会把修改好的内容写回到主内存，所以线程从主内存中读取到的数据一定是最新的。

②线程释放锁前，必须把共享变量的最新值刷新并写回主内存中。

当被synchronized修饰的代码块或方法执行完毕之后，被锁定的对象所进行的任何修改都要在释放锁之前，从线程内存写回到主内存，也就是说不会存在线程内存和主内存内容不一致的情况。

Java内存屏障指令具有屏障的作用。屏障类似关卡，也类似栅栏，具有隔离的作用。

示例如下。

```
synchronized(this){-->monitorenter
        // 加载屏障
        int a = t;// 读取 this.t 变量值, 通过加载屏障, 强制读取主内存中的最新值
        c=1;// 修改 this.c 变量值, 释放锁时会通过存储屏障, 强制将变量刷新到主内存
}-->monitorexit
// 存储屏障
```

上述示例展示了加载屏障和存储屏障的作用和起作用的时机，因此我们可以说synchronized是通过加载屏障和存储屏障机制保证可见性的。

（3）保证有序性。

有序性是指程序按照代码的先后顺序执行。

相信有很多读者听说过synchronized关键字不能禁止指令重排序，也许会产生"为什么synchronized关键字不能禁止指令重排序，但能保证有序性呢？"这样的疑问，有些企业的面试官会直接提出这样的问题。其实，synchronized关键字无法禁止指令重排序和处理器优化，因此此处所说的synchronized关键字可保证的有序性不是防止指令重排的有序性，而是代码层面执行结果的有序性。

计算机为了进一步提高各方面的能力，在处理器优化、指令重排序等硬件层面进行了大量的优化，可是这些技术的引入会导致有序性问题。在多线程并发时，程序的执行可能乱序，给人的直观感觉是写在前面的代码会在后面执行。

synchronized关键字解决了有序性问题，其中的实现原理跟as-if-serial语义和Acquire屏障、Release屏障有关。as-if-serial语义是指不管怎么重排序，单线程程序的执行结果不能被改变。编译器、运行环境和处理器都必须遵守as-if-serial语义。为了遵守as-if-serial语义，编译器和处理器不会对存在数据依赖关系的操作进行重排序，因为这种重排序会改变执行结果。但是，如果操作之间不存在数据依赖关系，这些操作就可能被编译器和处理器重排序。

as-if-serial语义把单线程程序保护起来，使单线程程序员无须担心重排序会干扰他们，也无须担心内存可见性问题。由于synchronized修饰的代码具有排他性，当一个线程执行到一段由synchronized修饰的代码时，代码将被锁定，然后在执行后解锁。在锁定和解锁之前，其他线程不能再锁定，同一时间只能被同一线程访问，即单线程执行，这满足了as-if-serial语义的一个关键前提就是单线程执行，因为有as-if-serial语义保证，单线程的有序性自然就能够实现。

synchronized关键字除了通过排他锁的方式保证被它修饰的代码是单线程执行之外，还在monitorenter指令和加载屏障之后加入了一个Acquire屏障，这个屏障的作用是禁止同步代码块内部的读取操作和外面的读写操作之间发生指令重排序。在monitorexit指令前加入一个Release屏障，这个屏障的作用是禁止同步代码块内部的写入操作和外面的读写操作之间发生指令重排序。

示例如下。

```
synchronized(this){-->monitorenter
    // 加载屏障
    //Acquire屏障，用于禁止同步代码块内部的读取操作和外面的读写操作之间发生指令重排序
    int a = t;// 读取this.t变量值，通过加载屏障，强制读取主内存中的最新值
    c=1;// 修改this.c变量值，释放锁时会通过存储屏障，强制将变量刷新到主内存
```

```
     //Release 屏障, 用于禁止同步代码块内部的写入操作和外面的读写操作之间发生指令重排序
}-->monitorexit
// 存储屏障
```

上述示例展示了 Acquire 屏障和 Release 屏障的作用和起作用的时机。因此，我们可以说 synchronized 关键字保证的有序性是 as-if-serial 语义和 Acquire 屏障、Release 屏障共同作用的结果。

2.2.3 synchronized 是可重入锁吗？其底层如何实现？

可重入锁也称为递归锁，在同一线程内，外层函数获得该锁之后，内层递归函数仍然可以获取到该锁。这种锁在同一线程内是安全的，因为它可以被同一线程多次获取，而不会产生不一致的状态。

可重入锁的意义之一在于防止死锁。一个线程在已经持有锁的情况下，再次请求该锁，如果锁是不可重入的，那么该线程在第二次请求锁时将被阻塞，因为它已经拥有了该锁。在这种情况下，该线程可能会因为无法获取该锁而导致程序发生死锁。可重入锁通过允许一个线程多次获取同一个锁，保证了线程的执行不会被阻塞，从而避免了死锁问题。

synchronized 是可重入锁吗？我们先看一个示例，具体代码如下。

```java
public class SynchronizedLockTest {
    public static void main(String[] args) {
        new SynchronizedLock().m1();
    }
}

class SynchronizedLock {
    static Object lock = new Object();
    public void m1() {
        synchronized (lock) {
            System.out.println("m1 外层执行! ");
            m2();
        }
    }
    public void m2() {
        synchronized (lock) {
            System.out.println("m2 中层执行! ");
            m3();
        }
    }
    public void m3() {
```

```
        synchronized (lock) {
            System.out.println("m3 内层执行! ");
        }
    }
}
```

示例代码执行结果如下所示。

```
m1 外层执行!
m2 中层执行!
m3 内层执行!
```

在上述代码中，m1、m2、m3这3个方法都有synchronized代码块，当调用 m1()方法时，会嵌套调用m2()、m3()方法。根据执行结果，我们发现synchronized 嵌套调用未发生阻塞，顺利完成执行。在一个线程使用synchronized方法时调用 该对象的另一个synchronized方法，即一个线程得到一个对象锁后再次请求该对象 锁，因此我们可以确定synchronized是可重入锁。

在Java内部，当同一个线程调用自己类中其他synchronized方法或代码块时不 会阻碍该线程的执行，同一个线程对同一个对象锁是可重入的，而且同一个线程可 以获取同一把锁多次，即可以多次重入。

通过上面的详解我们知道了synchronized是可重入锁，但是面试官肯定会追问 求职者，可重入锁的实现原理是什么？

在2.2.1小节中我们提到，每个对象都有一个关联的Monitor，Monitor有一个 计数器，当一个线程要进入synchronized代码块时，需要先判断Monitor的计数器 的值是否为0，如果该值为0表示该锁没有被任何线程持有，线程可以获得该锁 并调用相应方法。当一个线程请求成功后，Monitor会记下持有锁的线程，并将 计数器的值记为1。此时其他线程如果请求该锁，则必须等待，而持有锁的线程 如果再次请求这个锁，就可以再次获取，同时计数器会递增1。当线程退出一个 synchronized方法或代码块时，Monitor的计数器的值就会递减1，直到该值为0时 才释放该锁。

通过上述过程，我们知道synchronized可重入锁的实现原理与synchronized的 底层实现原理是不可分割的，都是通过锁对象的Monitor及其计数器的值递增或递 减进行控制的，同一个线程对同一个对象的Monitor是可以多次重入的，重入时计 数器的值递增1，退出时再递减1，直到计数器的值为0时释放锁，在此期间其他任何线程的访问都会被阻塞。

2.2.4 Java对synchronized关键字做了哪些优化?

synchronized关键字底层依赖于锁对象关联的Monitor实现,而Monitor是基于底层操作系统的互斥锁实现的。互斥锁实现的锁机制被称为"重量级锁"。互斥锁的同步会涉及操作系统用户态和内核态的切换、进程的上下文切换等,这些操作都是比较耗时的,因此重量级锁操作的开销比较大。

为了减少获取锁和释放锁所带来的性能消耗,在Java 6中引入了偏向锁和轻量级锁等,在Java 6以前,所有的锁都是重量级锁。在Java 6及其以后,锁的状态变成了4种,它们级别由低到高,如图2-8所示。

图 2-8

锁的状态会随着竞争情况逐渐升级,锁可以升级但是不可以降级,其作用是提升获取锁和释放锁的效率。一般情况下,获取锁时只有一个线程,或者有多个线程交替获取锁,此时使用重量级锁就不划算,使用偏向锁和轻量级锁可以降低没有并发竞争时的锁开销。

(1)无锁。

无锁是指没有对资源进行锁定,所有的线程都能访问并修改同一个资源,但只有一个线程能修改成功。

无锁的特点是修改操作会在循环内进行,线程会不断尝试修改共享资源。如果没有冲突就能够修改成功并退出,否则会继续循环尝试。如果有多个线程修改同一个资源,必定会有一个线程能修改成功,而其他修改失败的线程会不断重试直到修改成功。

(2)偏向锁。

偏向锁主要用于减少只有一个线程执行同步代码块时的性能消耗,即在没有其他线程竞争的情况下,当一段同步代码一直被同一个线程访问,该线程在后续访问时便会自动获取锁,从而降低获取锁带来的消耗,提高性能。

当第一个线程执行到同步代码块时,锁对象变成偏向锁(通过CAS修改对象头里的锁标志位),偏向锁的字面意思是"偏向于第一个获得它的线程"的锁。执行完同步代码块后，线程并不会主动释放偏向锁。当第二次到达同步代码块时，线程会判断此时持有锁的线程是否就是自己（持有锁的线程ID也在对象头里），如果是则正常往下执行。由于之前没有释放锁，这里也就不需要重新获取锁。如果自始至终使用锁的线程只有一个，那么很明显偏向锁几乎没有额外开销，性能极高。

偏向锁的获取流程如图2-9所示。

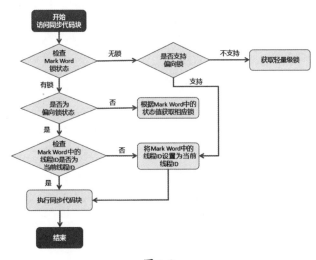

图 2-9

- 访问同步代码块，首先检查对象头中 Mark Word 锁状态，如果 Mark Word 为无锁状态就判断是否支持偏向锁，支持偏向锁就将 Mark Word 中的线程ID设置为当前线程ID，不支持则直接获取轻量级锁。
- 如果 Mark Word 为有锁状态，就判断是否为偏向锁状态，如果不是则根据 Mark Word 中的状态值获得相应的轻量级锁或重量级锁。
- 如果 Mark Word 为偏向锁状态，就检查 Mark Word 中的线程ID是否为当前线程ID，如果是同一ID，则执行同步代码块。
- 如果不是同一线程ID，则使用 CAS 操作将 Mark Word 中的线程ID设置为当前线程ID，执行同步代码块。
- 如果竞争锁失败，则升级为轻量级锁。

当一个线程访问同步代码块并获取锁时，会在 Mark Word 里存储锁偏向的线程ID。在线程进入和退出同步代码块时不再通过 CAS 操作来获取锁和释放锁，而是检测 Mark Word 里是否存储着指向当前线程的偏向锁。轻量级锁的获取及释放会依赖多次 CAS 原子指令，而偏向锁只需要在置换线程 ID 的时候依赖一次 CAS 原子指令即可。偏向锁原理简单来说是使用 CAS 操作将当前线程的 ID 记录到对象的 Mark Word 中。

只有在有其他线程尝试竞争偏向锁时，持有偏向锁的线程才会释放偏向锁，该线程是不会主动释放偏向锁的。一旦偏向锁撤销，锁会恢复到无锁或轻量级锁的状态。偏向锁的撤销需要等待全局安全点，即在某个时间点上没有字节码正在执行时，线程会先暂停拥有偏向锁的线程，然后判断锁对象是否处于被锁定状态。如果线程不处于活动状态，则将对象头设置成无锁状态，并撤销偏向锁，恢复到无锁（标志位为 01）或轻量级锁（标志位为 00）的状态。

（3）轻量级锁。

当某线程的锁是偏向锁，却被另外的线程所访问时，偏向锁就会升级为轻量级锁，其他线程会通过自旋的形式尝试获取锁，线程不会阻塞，从而提高性能。引入轻量级锁的目的是在多线程交替执行同步代码块（未发生竞争）时，避免使用 Mutex Lock（重量级锁）带来的性能消耗。但多个线程同时进入临界区（发生竞争）则会使得轻量级锁膨胀为重量级锁。

轻量级锁的获取主要有两种情况：

- 当关闭偏向锁功能时；
- 由于多个线程竞争偏向锁导致偏向锁升级为轻量级锁。

一旦有第二个线程加入锁竞争，偏向锁就升级为轻量级锁。这里要明确一下什么是锁竞争：如果多个线程轮流获取一个锁，但是每次获取锁的时候都很顺利，没有发生阻塞，那么就不存在锁竞争；只有当某个线程在尝试获取锁的时候，发现该锁已经被占用，只能等待该锁被释放时，才会发生锁竞争。

轻量级锁的获取流程如下。

步骤 1：首先判断当前对象是否处于无锁状态，如果它处于无锁状态，JVM 将在当前线程的栈帧建立一个锁记录（Lock Record），用于存储对象目前的 Mark Word 的副本。

步骤 2：将对象的 Mark Word 复制到栈帧中的 Lock Record 中，将 Lock Record 中的 owner 指向当前对象，并使用 CAS 操作将对象的 Mark Word 更新为指向 Lock Record 的指针。

步骤 3：如果步骤 2 执行成功，则表示该线程获得了这个对象的锁，将对象

Mark Word中锁的标志位设置为"00"，执行同步代码块。

步骤4：如果步骤2未执行成功，需要先判断当前对象的Mark Word是否指向当前线程的栈帧。如果是，表示当前线程已经持有了当前对象的锁，这是一次重入操作，直接执行同步代码块；如果不是，表示多个线程之间存在竞争，该线程通过自旋尝试获得锁，即重复步骤2，当自旋超过一定次数时，轻量级锁升级为重量级锁。

在轻量级锁状态下继续锁竞争，没有抢到锁的线程将自旋（自旋即不停地循环判断锁是否能够被成功获取）。获取锁的操作其实是通过CAS修改对象头里的锁标志位。先比较当前锁标志位是否为"释放"，如果是则将其设置为"锁定"，比较并设置的发生是原子性的。抢到锁后，线程会将当前锁的持有者信息修改为自己。

长时间的自旋操作是非常消耗资源的，因为当一个线程持有锁时，其他线程就只能在原地空耗CPU，执行不了任何有效的任务，这种现象叫作忙等（Busy-Waiting）。如果多个线程用一个锁，但是没有发生锁竞争，或者发生了很轻微的锁竞争，synchronized就用轻量级锁，允许短时间的忙等现象。这是一种折中的想法，即用短时间的忙等避免线程在用户态和内核态之间切换的开销。如果对于某个锁对象，线程自旋等待很少成功获取到锁，那么虚拟机将会减少线程自旋等待的时间。

轻量级锁的原理简单来说是将对象的Mark Word复制到当前线程的Lock Record中，并将对象的Mark Word更新为指向Lock Record的指针。

轻量级锁的释放同样是通过CAS操作进行的，线程会通过CAS操作将Lock Record中的Mark Word（官方称为Displaced Mark Word）替换回来。如果操作成功，则表示没有竞争发生，成功释放锁，恢复到无锁的状态；如果操作失败，则表示当前锁存在竞争，轻量级锁升级为重量级锁。

（4）重量级锁。

重量级锁是指当有一个线程获取锁之后，其余所有等待获取该锁的线程都会处于阻塞状态。

在轻量级锁中我们提到了忙等状态，此处的忙等是有限度的，比如会使用一个计数器记录自旋次数，默认允许循环10次（可以通过虚拟机参数更改）。如果锁竞争情况严重，某个线程的自旋次数达到最大，会将轻量级锁升级为重量级锁，此过程依然是通过CAS操作修改锁标志位来进行的，但此时不会修改持有锁的线程ID。当其他线程尝试获取锁时，发现被占用的锁是重量级锁，则直接将自己挂起（而不是忙等），并等待将来被唤醒。

在使用重量级锁时，所有线程的控制权都交给了操作系统，由操作系统来负责线程间的调度和线程的状态变更。而这样会出现频繁地对线程运行状态进行切换，从而消耗大量的系统资源。

经过上述详解，相信大家对偏向锁、轻量级锁和重量级锁有了一定了解，它们的优缺点和适用场景如表 2-1 所示。

表 2-1

锁类型	优点	缺点	适用场景
偏向锁	获取锁和释放锁没有额外性能消耗，与执行非同步方法相比仅存在纳秒级差距	如果线程间存在锁竞争，会带来额外的锁撤销的消耗	只有一个线程访问同步代码块
轻量级锁	竞争线程不会阻塞，提高了响应速度	采用自旋机制获取锁，会消耗一定 CPU 性能	多线程访问，追求响应速度，同步代码块执行速度快
重量级锁	由操作系统负责调度，并发安全性高	线程阻塞、耗费大量系统资源、响应时间缓慢	多线程访问，追求吞吐量，同步代码块执行速度慢

除了上述提到的引入偏向锁、轻量级锁等措施，还有很多其他策略，比如锁粗化、锁消除等，在后面章节我们会详细讲解。

2.2.5 说说 synchronized 锁升级过程及实现原理

通过 2.2.4 小节我们可以知道，从 Java 6 开始 synchronized 锁一共有 4 种状态，即无锁、偏向锁、轻量级锁和重量级锁，锁的状态会随着竞争情况逐渐升级。synchronized 锁是由低（偏向锁）到高（重量级锁）进行升级的，可以升级但是不可以降级，其作用是提高获取锁和释放锁的效率。

synchronized 锁升级的原理与 Java 对象头有关。在 HotSpot 虚拟机中，Java 对象在内存中的结构大致可以分为对象头、实例数据和填充对齐三部分。由于 synchronized 锁是基于对象的，对象的锁信息又存储在对象头里，所以这里我们重点介绍一下对象头。

每个 Java 对象都有对象头。如果 Java 对象的类型是非数组类型，则用 2 个字宽来存储对象头，对象头则由 Mark Word 和 Class MetadataAddress 组成。如果 Java 对象的类型是数组类型，则用 3 个字宽来存储对象头，对象头由 Mark Word、Class

MetadataAddress 和 Array length 组成。在32位处理器中，一个字宽是32位；在64位虚拟机中，一个字宽是64位。一个数组类型的Java对象头结构如表2-2所示。

表2-2

内容	说明	长度
Mark Word	存储对象的hashCode、分代年龄和锁信息	32位/64位
Class MetadataAddress	存储对象类型数据的指针	32位/64位
Array length	数组的长度	32位/64位

从表2-2可以看出，锁信息存储在对象头的Mark Word中，比如Java对象的线程锁状态及GC标记。线程锁状态就是前面提到的无锁、偏向锁、轻量级锁和重量级锁。

我们再看一下Mark Word的格式，如表2-3所示。

表2-3

锁状态	29 位 或 61 位	1 位 是否为偏向锁	2 位 锁标志位
无锁	对象hashCode、分代年龄	0	01
偏向锁	线程ID、偏向锁时间戳、分代年龄	1	01
轻量级锁	指向栈中锁记录的指针		00
重量级锁	指向堆中Monitor对象的指针		10
GC标记	GC标记信息		11

从表2-3可以看出，当对象状态为偏向锁时，Mark Word存储的是偏向的线程ID；当对象状态为轻量级锁时，Mark Word存储的是指向线程栈中Lock Record的指针；当对象状态为重量级锁时，Mark Word存储的是指向堆中的互斥锁Monitor对象的指针。

至此，我们可以知道synchronized锁升级的原理其实是利用Java对象头中的Mark Word标记锁状态和线程ID等信息，在锁升级过程中，会更新Mark Word信息，详情如下。

（1）对象在没有被当成锁时，就是一个普通的对象，Mark Word记录对象的hashCode，锁标志位是01，对应是否偏向锁的那一位是0。

（2）当对象被当作同步锁并有一个线程A抢到了锁时，锁标志位还是01，但对应是否偏向锁的那一位改成1，前面29位或61位记录抢到锁的线程ID、时间戳等，表示进入偏向锁状态。

（3）当线程A再次试图获得锁时，JVM发现同步锁对象的标志位是01，对应是否偏向锁的那一位是 1，也就是偏向状态，Mark Word 中记录的线程 ID 就是线程 A 自己的 ID，表示线程 A 已经获得了这个偏向锁，可以执行同步锁的代码。

（4）当线程 B 试图获得这个锁时，JVM 发现同步锁处于偏向状态，但是 Mark Word 中记录的线程 ID 不是线程 B 的 ID，那么线程 B 会先用 CAS 操作试图获得锁，这里的获得锁操作是有可能成功的，因为线程 A 一般不会自动释放偏向锁。如果抢锁成功，就把 Mark Word 里的线程 ID 改为线程 B 的 ID，代表线程 B 获得了这个偏向锁，可以执行同步锁代码。如果抢锁失败，则继续执行。

（5）偏向锁状态抢锁失败，代表当前锁有一定的竞争，偏向锁将升级为轻量级锁。JVM 会在当前线程的线程栈中开辟一块单独的空间，里面保存指向对象锁 Mark Word 的指针，同时在对象锁 Mark Word 中保存指向这片空间的指针。上述两个保存操作都是 CAS 操作，如果保存成功，代表线程抢到了同步锁，就把 Mark Word 中的锁标志位改成 00，可以执行同步锁代码；如果保存失败，表示抢锁失败，竞争太激烈，继续执行步骤（6）。

（6）轻量级锁抢锁失败，JVM 会使用自旋锁。自旋锁不是一种锁状态，只代表不断地重试，尝试抢锁。从 Java 7 开始，自旋锁默认启用，自旋次数由 JVM 决定。如果抢锁成功则执行同步锁代码，如果失败则继续执行步骤（7）。

（7）在自旋锁重试之后，如果抢锁依然失败，同步锁会升级至重量级锁，锁标志位改为 10。在这个状态下，未抢到锁的线程都会被阻塞。

2.2.6 什么是 synchronized 锁消除和锁粗化？

前面我们给大家介绍了偏向锁和轻量级锁等锁优化手段，锁消除和锁粗化技术也是锁优化手段之一。锁消除和锁优化属于高频面试点，它们既可以用于单独提问，也可以用于与锁优化问题合并提问。下面我们详细介绍一下什么是锁消除和锁优化，以及它们的应用时机和场景。

（1）锁消除。

在 Java 程序中，有些锁实际上是不必要的，例如在只会被一个线程使用的数据上加的锁。JVM 在 JIT（Just-In-Time，即时）编译的时候，通过一种叫作逃逸分析的技术，可以检测到这些不必要的锁，然后将其删除。

锁消除主要应用在没有多线程竞争的情况下。具体来说，当一个数据仅在一个线程中使用，或者这个数据的作用域仅限于一个线程时，这个线程对该数据的所有操作都不需要获取锁。在 Java HotSpot 虚拟机中，这种优化主要是通过逃逸分析来实现的。

锁消除技术消除了不必要的锁竞争，从而减少了线程切换和线程调度带来的性能开销。当数据仅在单个线程中使用时，对此数据的所有操作都不需要同步。在这种情况下，锁操作不仅不会增加安全性，反而会因为增加了额外的执行开销而降低程序的运行效率。

在代码层面上，我们无法直接控制 JVM 进行锁消除优化，这是由 JVM 的 JIT 编译器在运行时动态完成的。然而，我们可以通过编写高质量的代码，使 JIT 编译器更容易识别出可以进行锁消除的场景。例如：

```
public class LockEliminationTest {
    public String appendString(String str1, String str2, String str3) {
        StringBuffer s = new StringBuffer();
        sb.append(str1).append(str2).append(str3);
        return s.toString();
    }
}
```

在这段代码中，StringBuffer 实例 s 的作用域仅限于 appendString() 方法。在多线程环境中，不同的线程执行 appendString() 方法会创建各自的 StringBuffer 实例，它们之间互不影响。因此，JIT 编译器会发现这种情况并自动消除 s.append 操作中的锁竞争。

所以在编码时尽量遵守规则——变量作用域应尽可能小。

锁消除是一种有效的优化手段，它可以帮助我们消除不必要的锁，从而提高程序的运行效率。在日常编程中，我们应该尽量避免在单线程的上下文中使用同步数据结构，从而使锁消除技术得以发挥作用。

（2）锁粗化。

锁粗化是一种将多次连续的锁定操作合并为一次操作的优化手段。假如一个线程在一段代码中反复对同一个对象进行获取锁和释放锁，JVM 就会将这些锁的范围扩大，俗称粗化，即在第一次获取锁的位置获取锁，最后一次释放锁的位置释放锁，中间的获取锁和释放锁操作则被省略。

获取锁和释放锁操作本身会带来一定的性能开销，因为每次获取锁和释放锁都可能会涉及线程切换、线程调度等的开销。如果有大量小的同步块频繁地进行获取锁和释放锁，那么这部分开销可能会变得很大，从而降低程序的执行效率。

通过锁粗化，可以将多次获取锁和释放锁操作减少到一次，从而减少这部分开销，提高程序的运行效率。在代码层面上，我们并不能直接控制 JVM 进行锁粗化，因为这是 JVM 在运行时动态进行的优化。不过，我们可以在编写代码时尽量减少使用不必要的同步块，避免频繁获取锁和释放锁。这就为 JVM 的锁粗化优化提供了可能。示例代码如下。

```
synchronized (lock) {
    // 同步代码块 1
}
// 其他业务代码
synchronized (lock) {
    // 同步代码块 2
}
```

JVM 在运行时可能会选择将上述两个小的同步代码块合并成一个大的同步代码块，如下所示。

```
synchronized (lock) {
    // 同步代码块 1
    // 其他业务代码
    // 同步代码块 2
}
```

锁粗化是 JVM 提供的一种优化手段，能够有效地提高并发编程的效率。我们在编写并发代码时，应当注意同步块的使用，尽量减少不必要的获取锁和释放锁，从而使锁粗化技术能够发挥作用。

2.3 面试官：说说 volatile 关键字的使用及原理

volatile 是 Java 中的一个关键字，它提供了一种轻量级的同步机制，在并发编程中的应用非常多。面试官提出"说说 volatile 关键字的使用及原理"的目的是考查以下几个方面。

- 理解程度：面试官希望了解求职者是否理解 volatile 关键字的基本概念。
- 深度知识：面试官想知道求职者是否明白 volatile 关键字的内存语义和工作原理。
- 实际应用：面试官考查求职者是否知道如何在实际编程中正确使用 volatile 关键字。

- 并发编程能力：面试官打算评估求职者在并发编程方面的经验和能力。

volatile关键字的使用及原理涉及的知识点很多，例如volatile语义的理解、如何保证可见性和禁止指令重排序、单例模式的双重检查锁、volatile原子性问题等。求职者应该做足充分的准备，确保自己能够清晰、准确地回答问题，在回答该问题时可以基于以下思路。

（1）volatile关键字的使用场景有哪些？

volatile关键字在Java中主要有两个作用：确保变量修改的可见性以及防止指令重排序。volatile关键字的主要使用场景如下。

- 作为状态标志：使用volatile变量作为同步机制，一个线程能够"通知"另外一个线程某个事件的发生
- 保障可见性：使用volatile关键字可以保障一个线程修改了某个变量的值后，其他线程能够立即看到最新的值。
- 代替锁使用：利用volatile关键字的写入操作原子性，可以将一组状态变量封装成一个对象，将更新操作通过新建对象并将该对象赋值给volatile变量来实现。
- 简易版读写锁：通过volatile变量和锁的混合使用实现简易版读写锁。

（2）volatile关键字如何做到内存可见性？

在JVM底层，volatile关键字的内存可见性是通过 Lock指令和缓存一致性协议来实现的。

- Lock指令：当某个CPU在执行完写入操作后，Lock指令会强制CPU将新值立即刷新到主内存中。
- 缓存一致性协议：多个CPU通常通过一致性协议，如MESI（Modified, Exclusive, Shared, Invalidated）协议，来维护各个CPU缓存的一致性。

（3）volatile关键字如何实现禁止指令重排序？

在Java中，volatile关键字确实可以防止指令重排序，它通过内存屏障来实现这一特性。若用volatile关键字修饰共享变量，JVM会在读取或写入volatile变量时插入特定类型的内存屏障，从而防止指令重排序的发生。

（4）volatile变量的内存屏障插入策略是什么？

volatile变量的内存屏障插入策略如下。

- 在每个volatile写入操作之前插入一个StoreStore屏障，以保证在该volatile写

入操作之前，前面的所有普通写入操作都已经刷新到主内存中。

- 在每个 volatile 写入操作之后插入一个 StoreLoad 屏障，以保证该 volatile 写入操作之后有 volatile 读/写操作，防止之前的写入操作与之后的读/写操作重排序。

- 在每个 volatile 读取操作之后插入一个 LoadLoad 屏障，以保证处理器把前面的 volatile 读取操作与后面的普通读取操作重排序。

- 在每个 volatile 读取操作之后插入一个 LoadStore 屏障，以保证处理器把前面的 volatile 读取操作与后面的普通写入操作重排序。

这些屏障防止特定类型的处理器重排序，从而确保了内存操作的有序性和安全性。

（5）volatile 关键字能保证操作的原子性吗？

volatile 不能保证复合操作的原子性。例如，自增操作 i++（实际上是 i = i + 1），涉及读取、修改和写入 3 个步骤，volatile 关键字只能保证读取和写入步骤的原子性，但是整个自增过程不是原子的。对于需要原子性的操作，应该使用 synchronized 关键字或 java.util.concurrent.atomic 包下的原子类。

（6）双重检查锁为什么要使用 volatile 关键字？

双重检查锁（DCL）模式在实现单例模式的线程时使用 volatile 关键字，是为了防止 JVM 的指令重排序。没有 volatile 修饰的变量可能会导致对象引用被赋值给单例的实例，而此时对象的构造函数实际上还没有完成初始化，这会导致其他线程看到半初始化的状态，使用 volatile 关键字可以防止这种情况发生。

（7）volatile 和 synchronized 关键字有什么区别？

volatile 关键字主要解决变量在多线程间的可见性，而 synchronized 关键字则提供了更强大的线程同步机制，包括原子性、可见性以及有序性。synchronized 关键字可以控制同一时间只有一个线程访问特定资源。volatile 关键字是变量修饰符，而 synchronized 关键字可以修饰方法、代码块。此外，它们在使用场景、性能开销、同步机制、实现原理等多个方面还存在一定的区别，详情可参考 2.1.7 小节详解。

为了让大家对 volatile 关键字的使用及实现原理有更深入的掌握和理解，灵活应对面试细节，下面我们对上述解答要点逐个进行详解。

2.3.1 volatile 关键字的使用场景有哪些?

volatile是Java中的一个关键字,提供了一种轻量级的同步机制,它用来保证多线程访问共享变量时能够正确地读取和更新该变量的值。与synchronized关键字相比,volatile关键字更轻量级,因为它不会引起线程上下文的切换和调度。

在Java中,线程之间的通信通常是通过共享变量进行的。当一个变量使用volatile修饰时,它会具有以下两个特性。

- 可见性:当一个线程修改了一个volatile变量的值之后,它会立即将更新的值刷新到主内存中,其他线程可以立即看到该变量的新值。
- 有序性:使用volatile关键字可以禁止指令重排序优化。也就是说,即使在源代码中x=y;和y=z;的顺序是先执行x=y;再执行y=z;,编译器和处理器不会将这两条语句的执行顺序打乱。

volatile关键字的使用场景主要有以下几个。

(1)作为状态标志。

当应用程序的某个状态被一个线程设置之后,其他线程会读取该状态并将其作为下一步的计算依据。这时,可以使用volatile变量作为同步机制,一个线程能够"通知"另外一个线程某个事件的发生,而这些线程无须使用锁,避免了锁的开销和相关问题。

状态标志示例代码如下。

```
public class StatusFlagExample {
    private volatile boolean isReady = false;
    public void prepare() {
        // 准备工作的代码
        isReady = true;
}
public void waitForReady() throws InterruptedException {
    while (!isReady) {
        Thread.sleep(100);
        // 等待一段时间后再次检查
    }
    // 继续执行后续操作
  }
}
```

在这个示例中,isReady变量使用volatile修饰,以保证所有线程都能看到最新的值。当prepare()方法被调用时,它会将isReady变量设置为true,表示准备工作已完成。其他线程可以调用waitForReady()方法来等待isReady变量的值变为true，然后继续执行后续操作。这种方式利用了volatile关键字的可见性特性，避免了使用锁的开销和相关问题。

（2）保障可见性。

使用volatile关键字可以保障一个线程修改了某个变量的值后，其他线程能够立即看到最新的值。这是由于volatile关键字会强制线程将变量值从主内存刷新到工作内存，并且在修改变量时立刻将工作内存中发生的改变写回到主内存中。

当在多线程环境下需要修改或检查一个值时，volatile可以用于确保所有线程都能看到这个值最新的状态。例如，在生产环境中，如果有一个线程负责检查库存，而其他线程负责更新库存，那么可以使用volatile关键字来确保所有线程都能看到最新的库存数量。

示例代码如下。

```
public class Inventory {
    private volatile int stock; // 库存数量
    public Inventory(int stock) {
        this.stock = stock;
    }
    public void sell() {
        if (stock > 0) {
            stock--;
        }
    }
    public void updateStock(int newStock) {
        if (newStock > 0) {
            stock = newStock;
        }
    }
    public int getStock() {
        return stock;
    }
}
```

在上述示例中，stock变量使用volatile修饰，这意味着任何线程在修改或检查stock的值时，都会看到该变量最新的值。这样就可以避免出现超卖的情况。

（3）代替锁使用。

当多个线程共享一个变量时，通常需要使用锁来保障对这个变量的更新操作的原子性，以避免数据不一致。利用volatile关键字的写入原子性，可以将变量封装成一个对象，将更新操作通过新建对象并将该对象赋值给volatile变量来实现。

下面是一个使用volatile关键字代替锁的完整示例，代码如下。

```
public class SharedResource {
    private volatile boolean isAvailable = false;
    public void acquire() {
        while (isAvailable) {
            // 等待资源可用
        }
        // 资源已获取，进行相关操作
    }
    public void release() {
        isAvailable = true;
        // 通知其他线程资源已释放
    }
}
```

在上述代码中，SharedResource类中的isAvailable变量使用volatile修饰。当一个线程调用acquire()方法时，它会循环检查isAvailable变量的值，直到该值为false，即表示资源可用。一旦线程获得资源，它可以在acquire()方法中进行相关操作。当线程完成操作后，它会调用release()方法释放资源，并将isAvailable变量的值设置为true。其他线程在调用acquire()方法时，会立即看到isAvailable变量的最新值，并继续循环等待直到资源可用。这种方式避免了使用锁的开销和相关问题，提高了程序的性能。

使用SharedResource类的示例代码如下。

```
public class SharedResourceExample {
    public static void main(String[] args) {
        SharedResource resource = new SharedResource();
        // 线程 1 获取资源并执行操作
        new Thread(() -> {
            resource.acquire();
            try {
                // 执行相关操作
            } finally {
                resource.release();
            }
        }).start();
        // 线程 2 等待资源可用
        new Thread(() -> {
            resource.acquire();
            try {
                // 执行相关操作
            } finally {
                resource.release();
```

```
            }
        }).start();
    }
}
```

在上述代码中，创建了一个SharedResource对象resource。线程1首先调用 acquire()方法获取资源并执行操作，完成后释放资源。线程2在调用acquire()方法时需要等待，直到线程1释放资源后才获取资源并执行操作。通过这种方式，多个线程可以共享同一个资源，而不需要使用锁来同步访问。

（4）简易版读写锁。

通过volatile变量和锁的混合使用实现简易版读写锁。锁保障写入操作的原子性，volatile保证读取操作的可见性。这种读写锁允许线程读取到共享变量的非最新值。

```
public class ReadWriteLock {
private volatile boolean writing = false; // 表示是否有线程正在写入数据
private volatile int readers = 0; // 表示当前读线程的数量
public synchronized void write(Object newValue) throws InterruptedException {
    while (writing) {
       // 如果已经有线程正在写入数据，当前线程需要等待
       wait(); // 当前线程进入等待状态，直到被唤醒或超时抛出异常
    }
    writing = true; // 标记有线程正在写入数据，阻止其他线程进行读取或写入操作
    // 写入数据
    notifyAll(); // 唤醒所有等待的线程，包括等待读取和等待写入的线程
}

public synchronized void read() throws InterruptedException {
    while (writing) {
        // 如果已经有线程正在写入数据，当前线程需要等待
        wait(); // 当前线程进入等待状态，直到被唤醒或超时抛出异常
    } if (readers == 0) {
    // 如果之前没有读线程在读取数据，则标记有读线程正在读取数据
     reading = true;
    } readers++; // 读线程数量加 1
    notifyAll(); // 唤醒所有等待的线程，包括等待读取和等待写入的线程
    // 读取数据
    readers--; // 读线程数量减 1
    if (readers == 0) {
        // 如果所有读线程都已完成数据读取，则标记没有读线程正在读取数据
        reading = false;
    }
  }
}
```

在上述示例代码中，使用volatile关键字来确保writing和readers变量的可见性

和有序性。在write()方法中，通过while循环和wait()方法来实现等待写入和唤醒等待写入的线程。在read()方法中，同样通过while循环和wait()方法来实现等待读取和唤醒等待读取的线程。通过notifyAll()方法来唤醒所有等待的线程，并使用reading变量来标记是否有读线程正在读取数据。在读取完数据后，通过readers--和检查readers是否为0来更新读线程数量和标记没有读线程正在读取数据。

2.3.2 volatile关键字如何做到内存可见性？

JVM使用JMM来屏蔽硬件和操作系统内存读取差异，以在各个平台下都能达到一致的内存访问效果。JMM和CPU存储结构的对应关系如图2-10所示。

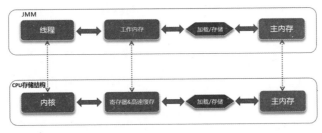

图2-10

理想中的CPU存储结构是所有CPU共享同一个缓存，当其中一个CPU进行写操作时，另一个CPU进行读取操作，总是能读取到正确的值，但是这样会极大降低系统的运算速度。在实际中，每个CPU会有一个自己的工作内存，而这种多缓存情况会导致数据的不一致性。

可见性是指当多个线程访问同一个变量时，一个线程修改了这个变量的值，其他线程能够立即看到修改的值。如果线程1修改的变量值，线程2没有立刻看到，则称为内存不可见，如图2-11所示。

volatile关键字在Java中提供了一种轻量级的同步机制，它保证了对变量的读写都是直接对主内存进行的，而不是先缓存到CPU的本地缓存中，然后随机写回主内存。这样可以确保在一个线程中对该变量的修改可以立即对其他线程可见。

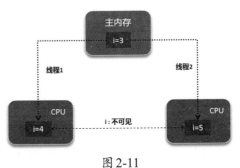

图2-11

在JVM底层，volatile的内存可见性是通过lock指令和缓存一致性协议来实现的。

- lock指令。lock指令是在多CPU编程中使用的一种机制，能够锁定一个内存地址，保证多个CPU不会同时对这个地址进行操作。当某个CPU在执行完写操作后，lock指令会强制CPU将新值立即刷新到主内存中。
- 缓存一致性协议。多个CPU通常通过一致性协议，如MESI协议，来维护各个CPU缓存的一致性。当 volatile 变量被写入时，其他CPU上的缓存行会被标记为无效，迫使其他CPU在下次读取该变量时重新从主内存中加载。

对volatile修饰的变量执行写入操作时，JVM会发送一个lock指令给CPU，CPU在执行完写操作后，会立即将新值刷新到内存。同时，因为使用了MESI协议，其他CPU都会对总线进行嗅探，查看自己本地缓存中的数据是否被别人修改，如果发现被修改了，这个CPU会把自己本地缓存的数据进行过期处理。然后这个CPU里的线程在读取修改的变量时，就会从主内存里加载最新的值了，这样就保证了可见性。

下面是一个volatile应用的简单示例，具体代码如下。

```
public class Test {
    private static volatile int a = 1;
    public static void test() {
        a = 2;
    }
    public static void main(String [] args) {
        test();
    }
}
```

我们通过hsdis工具获取JIT编译器生成的汇编指令，得到以下结果：

```
0x000000011a5ddf25: callq   0x000000010cb439f0  ;   {runtime_call}
0x000000011a5ddf2a: vzeroupper
0x000000011a5ddf2d: movl    $ 0x5,0x270(%r15)
0x000000011a5ddf38: lock addl $ 0x0,(%rsp)
0x000000011a5ddf3d: cmpl    $ 0x0,-0xd4ec2e7(%rip)           # 0x000000010d0f1c60
```

通过上述结果，可以发现有一个lock addl指令，而lock指令就是CPU实现volatile关键字可见性的秘密所在。通过查询《英特尔®64和IA-32架构软件开发人员手册》，可以发现lock前缀指令介绍如下。

```
8.1.4 Effects of a LOCK Operation on Internal Processor Caches
     For the Intel486 and Pentium processors, the LOCK# signal is always
asserted on the bus during a LOCK operation, even if the area of memory being
locked is cached in the processor.
     For the P6 and more recent processor families, if the area of memory
being locked during a LOCK operation is cached in the processor that is
performing the LOCK operation as write-back memory and is completely contained
in a cache line, the processor may not assert the LOCK# signal on the bus.
Instead, it will modify the memory location internally and allow it's cache
coherency mechanism to ensure that the operation is carried out atomically.
This operation is called "cache locking." The cache coherency mechanism
automatically prevents two or more processors that have cached the same area
of memory from simultaneously modifying data in that area.
```

Intel486 和 Pentium CPU，在锁操作时，总是在总线上声明 LOCK# 信号。但 P6 family CPU，如果访问的内存区域已经缓存在 CPU 内部，则不会声明 LOCK# 信号。相反，它们会锁定这块内存区域的缓存并写回到内存，并使用缓存一致性协议来保证修改的原子性，此操作被称为"缓存锁定"，缓存一致性协议会阻止同时修改由两个以上 CPU 缓存的内存区域数据。

```
in the Pentium and P6 family processors, if through snooping one processor
detects that another processor intends to write to a memory location that it
currently has cached in shared state, the snooping processor will invalidate
its cache line forcing it to perform a cache line fill the next time it
accesses the same memory location.
```

在 Pentium 和 P6 family CPU 中，如果通过嗅探一个 CPU 检测到其他 CPU 打算写内存地址，而这个地址当前处于共享状态，那么正在嗅探的 CPU 将使它的缓存内容无效，并且在下次访问相同的内存地址时，强制执行缓存内容写回到内存，导致其他 CPU 的缓存无效。

上述引用内容总结为 volatile 关键字可见性原理的两条实现原则。

- 对缓存行加锁内容的修改会导致修改后的值马上写回内存。
- 一个 CPU 的缓存写回内存会导致其他 CPU 的缓存无效。

2.3.3 volatile 关键字如何实现禁止指令重排序？

在 Java 中，volatile 关键字确实可以禁止指令重排序，它通过内存屏障来实现这一特性。若用 volatile 修饰共享变量，JVM 会在读取或写入 volatile 变量时插入特定类型的内存屏障，从而防止指令重排序的发生。

内存屏障是一种处理器指令，它能够影响指令的执行顺序，确保屏障前后的操作执行的有序性，这些内存屏障分为两种。

- 加载屏障：当读取一个 volatile 变量时，会插入一个加载屏障。这个屏障确保了在读取 volatile 变量之前所有的读写操作都已经完成。
- 存储屏障：当写入一个 volatile 变量时，会插入一个存储屏障。这个屏障确保了之前所有的写入操作都完成，才开始执行写入 volatile 变量的操作。

在 JMM 中，volatile 关键字的一个重要作用是防止指令重排序优化。因为编译器和处理器都可能会对指令进行重排序以优化性能和资源利用率，但这可能会破坏多线程程序的并发性质。volatile 变量的读写操作将作为一个固定的参考点，编译器和处理器在遇到 volatile 变量时，会按照以下规则进行操作。

- 在每个 volatile 写入操作的前面插入一个存储屏障。
- 在每个 volatile 写入操作的后面插入一个 StoreLoad 屏障。
- 在每个 volatile 读取操作的后面插入一个加载屏障和 LoadStore 屏障。

这些内存屏障阻止了特定类型的处理器重排序。例如，写 volatile 变量之后的读写操作不会被重排序到写入操作之前。这样，就可以创建 happens-before 关系，确保在 volatile 变量写入之后的操作不会被重排序到其之前，从而保证了线程间的内存可见性和有序性。

因此，volatile 变量的正确使用可以作为一个轻量级的同步机制，从而确保多线程程序中的共享变量访问的可见性和有序性，而无须锁的开销。然而，它并不提供复合操作的原子性（例如递增）。如果需要复杂的同步，通常还是需要使用 synchronized 关键字或 java.util.concurrent 包下的原子类。

值得注意的是，不同的处理器架构可能对内存屏障有不同的实现。例如，在 x86 架构中，读屏障和写屏障由于其较强的内存模型，往往不需要使用显式的屏障指令；而在 ARM 或其他架构中，就需要使用显式的屏障指令来保证 volatile 关键字的语义。

2.3.4 volatile 变量的内存屏障插入策略是什么？

为了实现 volatile 关键字的内存语义，编译器在生成字节码时，会在指令序列中插入内存屏障来禁止特定类型的处理器重排序。

volatile 变量的内存屏障插入策略是由 JMM 规定的，用于保证 volatile 变量的读写操作具有内存可见性和禁止指令重排序的特性。JMM通过在volatile变量读写操作前后插入内存屏障来实现这些保证。以下是volatile变量在不同操作中的内存屏障插入策略。

（1）写入volatile变量时的策略。

- 在volatile写入操作之前插入一个StoreStore屏障，以确保在该volatile写入操作之前，前面的所有普通写入操作都已经刷新到主内存中。
- 在volatile写入操作之后插入一个StoreLoad屏障，以确保该volatile写入操作之后有volatile读/写操作，防止之前的写入操作与之后的读写操作重排序。

（2）读取volatile变量时的策略。

- 在volatile读取操作之后插入一个LoadLoad屏障，以确保处理器把前面的volatile读取操作与后面的普通读取操作重排序。
- 在volatile读取操作之后插入一个LoadStore屏障，以确保处理器把前面的volatile读取操作与后面的普通写入操作重排序。

上述内存屏障插入策略确保了对volatile变量的写入操作完成之前，不会有读取或写入操作被执行；对volatile变量的读取操作完成之后，不会有写入操作被执行。这些策略对保持volatile变量的内存可见性、有序性和安全性至关重要。

2.3.5 volatile关键字能保证操作的原子性吗？

volatile关键字不能保证复合操作的原子性。在Java中，volatile关键字主要有以下两个作用。

- 确保对变量的读取和写入操作对所有线程都是可见的。
- 防止编译器对volatile变量周围的代码进行重排序。

原子性指的是一个或多个操作完全执行完毕或完全不执行，它们不会被其他线程中断。对于使用volatile修饰的变量，虽然对这个变量的读取和写入操作是原子性的，但是仅限于单一的读或写操作。例如，对于下面的代码操作：

volatile int number;

number++;

虽然number是volatile的，但是number++操作不是原子性的。number++涉及读取、修改和写入3个步骤，volatile只能保证读取和写入步骤的原子性，如果有多个线程同时执行这个操作，那么它们读取、修改和写入的顺序可能会交错，因此整个自增过程不是原子的。

如果需要执行原子操作，可以使用 java.util.concurrent.atomic 包下的原子类，例如 AtomicInteger 或 AtomicReference，这些类提供了一系列的原子操作方法。

2.3.6 双重检查锁为什么要使用 volatile 关键字？

关于双重检查锁（Double-Checked Locking，DCL）以及 volatile 关键字的使用是并发编程面试中一个非常经典的问题。在多线程编程中，单例模式的线程安全实现常常会使用到 DCL 模式。这种模式在一定程度上减少了同步的开销，但如果没有正确使用，它会导致复杂的并发问题。Java 语言提供了 volatile 关键字来方便地实现正确的 DCL。

单例模式意味着某个类的实例在整个应用程序中只有一个。在多线程环境下，我们必须确保单例类的对象在多个线程中只被创建一次。最简单的线程安全单例模式实现是对整个创建方法加锁，但这会引入不必要的同步开销，因为一旦实例被创建，就不再需要同步控制了。

为了减少同步带来的开销，DCL 利用两次检查和一次锁定来实现线程安全的单例。第一次检查是为了避免不必要的同步，第二次检查是为了在 null 实例的情况下进行同步创建。

DCL 的示例代码如下。

```java
public class Singleton {
    private static volatile Singleton instance;

    private Singleton() {}

    public static Singleton getInstance() {
        if (instance == null) { // 第一次检查
            synchronized (Singleton.class) {
                if (instance == null) { // 第二次检查
                    instance = new Singleton();
                }
            }
        }
        return instance;
    }
}
```

在上述代码中，instance 使用 volatile 修饰，这是实现 DCL 的关键。很多读者可能会产生疑问，为什么要使用 volatile 关键字呢？它起到了什么作用？

在2.3.1小节和2.3.3小节中，我们知道volatile关键字主要有两个作用。

- 确保变量的可见性：保证一个线程写入的变量值对其他线程立即可见。
- 防止指令重排序：在运行时，编译器和处理器可能会对指令进行重排序，以优化性能和利用资源。volatile关键字可以防止创建对象时的指令重排序。

上述示例代码中，一个线程执行过程如下。

（1）线程A进入getInstance()方法。

（2）因为instance为null，线程A进入同步块。

（3）在同步块内，线程A执行instance = new Singleton()。

上述过程看起来是3个步骤，实际上包含很多指令，instance = new Singleton();对象创建过程就可以分解为下面步骤。

（1）给Singleton实例分配内存空间。

（2）调用Singleton的构造函数，初始化成员字段。

（3）将instance指向分配的内存空间（此时instance的值就不是null了）。

如果我们不使用volatile关键字修饰，可能会导致这些指令的执行顺序被重排序，例如，指令3可能在指令2之前执行。这意味着在调用构造函数初始化对象之前，instance的值已经不是null了。如果此时，线程B开始了getInstance()方法的第一次检查，并且看到instance的值不是null，那么线程B将返回一个尚未完全构造的对象。

因此volatile关键字是DCL的重要部分，它解决了指令重排序问题和变量可见性问题。这确保了实例化操作的安全性，允许我们高效地实现线程安全的单例模式。

2.3.7 volatile和synchronized关键字有什么区别？

volatile和synchronized关键字是Java中用于同步多个线程之间操作的两种机制，但它们在使用场景、性能开销、实现原理等多个方面都有显著的区别，具体如下。

（1）保证的范围。

- volatile关键字是一个变量修饰符，它确保该变量的读写操作直接作用于主内存，而不是线程的本地内存。它可以保证单个volatile变量的读写操作的内存可见性和部分有序性。
- synchronized关键字提供了一种锁机制，使用该机制能够控制多个线程对资源的并发访问。它不仅保证了区块内所有变量的读写操作的内存可见性和有序性，还提供了互斥的执行，即一次只有一个线程可以执行 synchronized 同步代码块。

（2）使用场景。

- volatile 关键字适用于那些只由一个线程写入，而由一个或多个线程读取的变量。它是一种轻量级的同步策略，经常用于状态标志或单例模式的实现。
- synchronized 关键字适用于复杂的交互场景，这些场景中需要多个操作作为一个原子块来执行，以保护数据的一致性和完整性。

（3）性能开销。

- volatile 关键字通常比 synchronized 关键字有更低的性能开销，因为它不涉及锁的获取和释放。
- synchronized 关键字会引入线程阻塞和唤醒的额外开销，特别是在高度竞争的场景下，性能的损耗会更明显。

（4）锁机制的提供。

- volatile 关键字不提供任何锁的机制，因此它不能用来实现临界区或等待/通知机制。
- synchronized 关键字提供了锁机制，并且可以用来实现临界区内的操作序列化，以及实现等待/通知机制。

（5）原子性。

- volatile 关键字仅保证单个 volatile 变量读或写的原子性，不保证复合操作（如自增）的原子性。
- synchronized 关键字可以保证其中封装的代码块或方法内所有操作的原子性。

（6）实现原理。

- volatile 关键字通过内存屏障实现同步。
- synchronized 关键字依赖于监视器锁（Monitor Lock）的获取和释放机制，在 JVM 层面通过对象头（Object Header）中的 Monitor 实现。

在实际编码中，应根据需要同步操作的复杂性和性能要求选择适当的同步机制。对于简单的状态标志访问，使用 volatile 关键字可能是最佳选择。而对于需要多个步骤的事务性操作，使用 synchronized 关键字会更合适。

第**3**章

并发锁和死锁

3.1 面试官：谈谈Java并发锁的使用和原理

Java并发锁的使用和原理是Java多线程编程中的重要技术点。并发锁种类繁多，各种称呼和应用场景容易使人混淆，也是面试中常见的话题。该问题涉及的考查点有锁类型、锁原理、锁应用、锁选择和锁优化等多个方面，面试官提出此类问题的，主要考查目的如下。

- 对并发锁的理解程度：面试官想知道求职者是否理解并发锁的概念和原理，如乐观锁、悲观锁、公平锁、可重入锁、分段锁、自旋锁等的概念和原理。
- 并发锁的应用能力：面试官想知道求职者能否根据实际问题选择合适的锁，如悲观锁、乐观锁、读写锁等。
- 解决问题能力：面试官想知道求职者在遇到并发问题时，是否能合理选择适合的并发锁来解决并发问题。

求职者在准备面试答案时，应尽量结构化、清晰地进行阐述，并用具体实例来支撑理论点，这样才会给面试官留下深刻印象。Java并发锁的使用和原理问题相关解答要点有以下几个方面。

（1）Java都有哪些锁？它们有什么区别？

Java中的锁类型很多，它们可按照不同的标准进行划分。按照锁的实现方式分为内置锁和显式锁；按照锁的特性分为可重入锁、读写锁、乐观锁/悲观锁、公平锁/非公平锁和分段锁；按照锁的访问方式分为独享锁和共享锁；按照锁的获取方式分为阻塞锁、非阻塞锁和自旋锁；按照锁的作用范围分为对象锁和类级锁。

不同类型的锁具有不同的特性，适用于不同的并发场景。在选择适当的锁类型时，需要权衡性能、易用性、特性和需求等多方面因素。不同类型锁的区别在后面小节展开详解。

（2）乐观锁和悲观锁的应用和原理有什么区别？

乐观锁和悲观锁是处理数据库并发控制的两种策略。

悲观锁假设冲突是常态，它会在数据处理前通过锁机制确保其他进程无法修改数据。这通常通过数据库的锁机制（如行级锁或表级锁）实现，直到当前事务完成才释放锁。悲观锁适用于写入操作多的场景，但可能会导致资源等待和死锁。

乐观锁则假设冲突是例外，它不会立即锁定资源。乐观锁通常通过版本号或时间戳实现。当提交更新时，若检测到版本号变化，意味着其他事务已经修改了数据，当前事务会回滚。乐观锁适用于读取操作多的场景，可以减少锁的开销，提高系统吞吐量。

（3）乐观锁如何解决ABA问题？

为了解决ABA问题，可以使用版本号或时间戳等机制来确保在值A之间的变化能被检测到。在Java中，可以使用AtomicStampedReference或AtomicMarkableReference类来实现，它们包装了引用并与一个版本号或标记一起更新，这样就可以检测到在两次读取操作之间是否有写操作发生。

（4）在Java中如何应用读锁和写锁？

在Java中，ReadWriteLock接口有一个实现类ReentrantReadWriteLock，它集成了读锁和写锁的功能，保证了当有写锁被持有时，其他线程既不能获取读锁也不能获取写锁；而当没有写锁被持有时，多个线程可以同时获取读锁。

（5）Java独享锁和共享锁有何区别？

在Java中，独享锁也称为写锁，是一种只允许一个线程持有的锁。当一个线程获得独享锁后，其他任何线程都无法获得同一资源的锁，必须等待持锁线程释放锁。这种锁通常用于写入操作，因为写入操作不能与其他读写操作并发执行（这是为了保证数据的一致性和完整性）。

共享锁允许多个线程同时获得同一资源的锁。这种锁适用于读取操作，因为读取操作通常不会改变资源状态，所以允许多个线程同时读取。这种情况下，采用共享锁可以提高程序的并发性能。

（6）偏向锁、轻量级锁、重量级锁是什么？

在Java并发编程中，为了提供线程安全并减少同步的开销，JVM采用了多层次的锁机制，包括偏向锁、轻量级锁和重量级锁。这些锁在内部实现了一种从无锁状态到偏向锁、轻量级锁和重量级锁状态的升级过程，每一种锁的作用都是在特定情况下提供最优的性能。

（7）什么是公平锁？什么是非公平锁？

公平锁和非公平锁是并发编程中用来控制多线程对共享资源访问的两种锁策略。公平锁保证了锁的获取按照请求的顺序进行，而非公平锁可能会导致某些线程获取锁的概率更高。在选择使用时，需要根据实际的应用场景和性能需求来决定使用哪种类型的锁。

（8）分段锁的设计思想和目的是什么？

分段锁的基本思想是将锁分为多个段，然后每个段独立加锁，ConcurrentHashMap就是通过分段锁来实现高效的并发操作的。这里以ConcurrentHashMap为例介绍分段锁的含义以及设计思想。ConcurrentHashMap中的分段锁称为SegmentLock，它既类似于HashMap的结构，即内部拥有一个Entry数组，数组中的每个元素是一个链表；同时又是一个ReentrantLock。分段锁的设计目的是细化锁的粒度，当操作不需要更新整个HashMap的时候，就仅针对其中的一个分段进行锁定操作。

（9）什么是可重入锁？其实现原理是什么？

可重入锁是一种互斥锁，它具备"可重入"的特性。可重入的意思是在拥有锁的线程尝试再次获取该锁时，其获取锁的请求会成功，并且不会导致线程阻塞。

可重入锁的实现基于每个锁关联一个请求计数器和一个持有它的线程。当线程请求一个未被持有的锁时，JVM会记下锁的持有者，并且将请求计数器的值设置为1。如果同一个线程再次请求这个锁，请求计数器的值会递增。每当持有者线程退出同步块时，JVM会将请求计数器的值递减。当请求计数器的值达到0时，锁被释放。

（10）什么是自旋锁？它有哪些实现方式？

自旋锁（Spinlock）的基本思想是当一个线程尝试获取已经被其他线程持有的锁时，该线程不会立即进入阻塞状态，而是在循环中不断检查锁是否已经释放，即线程"自旋"等待锁的释放。

在Java中，自旋锁可以通过原子操作类、Unsafe类和LockSupport等多种方式实现。

（11）常用的锁优化手段和方法有哪些？

锁优化的目的是减少锁引起的竞争，降低线程间的同步开销，提高并发性能。常用手段和方法有锁粒度细化、锁分离、无锁编程、锁消除、锁粗化、轻量级锁和偏向锁、超时和自旋锁等。锁的优化需要根据应用程序的实际情况和性能瓶颈进行，不同的优化策略可能适用于不同的场景。

为了让大家对并发锁的使用和原理有更深入的掌握和理解，灵活应对面试细节，接下来我们对上述解答要点逐个进行详解。

3.1.1 Java都有哪些锁？它们有什么区别？

在Java中，锁是一种同步机制，用于控制多个线程访问共享资源的顺序，其目的是防止多个线程在同一时间对同一资源进行读写，从而避免数据不一致或者数据损坏的问题。

在没有锁的情况下，如果两个线程同时修改同一份数据，可能会导致数据不一致的情况，这被称为数据竞争。通过使用锁，我们可以保证当一个线程需要访问一个被其他线程占用的资源时，这个线程会被阻塞，直到锁被释放。通过这种方式，锁确保了同一时间只有一个线程可以修改共享资源，从而避免了数据竞争。

Java锁提供了两个主要特性：互斥性和可见性。

- 互斥性。互斥性意味着在同一时间内，只有一个线程可以获取锁。这就确保了在任何时候，只有一个线程可以执行被锁保护的代码区域，从而避免了并发冲突。

- 可见性。可见性是指当一个线程释放锁时，它所做的更改将对接下来获得那个锁的其他线程可见。这确保了线程之间对共享资源的更改能被正确地看到。

在Java中，相信大家听说过很多锁，例如乐观锁、悲观锁、读写锁、可重入锁等。锁的种类众多，容易让人混淆，其实这是按照不同的标准对锁进行分类造成的，以下是一些常见的锁分类。

（1）按照锁的实现方式分类。

- 内置锁（Intrinsic Lock）：也称为监视器锁，是通过synchronized关键字隐式实现的。

- 显式锁（Explicit Lock）：在java.util.concurrent.locks包中定义，如Reentrant-

Lock、ReadWriteLock、StampedLock 等，需要显式地创建、获取锁和释放锁。

（2）按照锁的特性分类。

- 可重入锁（Reentrant Lock）：允许线程重复获取已经获取的锁。ReentrantLock 和 synchronized 块都是可重入锁。

- 读写锁（Read-Write Lock）：分为读锁和写锁，允许多个线程同时读取，但只允许一个线程写入。

- 乐观锁/悲观锁（Optimistic/Pessimistic Lock）：乐观锁通常不会立即锁定资源，而是在提交操作时检查资源是否被修改；悲观锁则在操作资源之前直接锁定。

- 公平锁/非公平锁（Fair/Nonfair Lock）：公平锁按照线程请求锁的顺序授予锁，而非公平锁则可能"插队"。

- 分段锁（Segmented Lock）：在数据结构中使用，将结构分割成若干部分，每部分使用单独的锁。

（3）按照锁的访问方式分类。

- 独享锁（Exclusive Lock）：一次只允许一个线程获取锁，例如 ReentrantLock。

- 共享锁（Shared Lock）：允许多个线程同时获取锁，例如 ReadWriteLock 中的读锁。

（4）按照锁的获取方式分类。

- 阻塞锁（Blocking Lock）：当锁不可用时，线程将被阻塞，直到锁被释放。

- 非阻塞锁（Non-blocking Lock）：如通过 CAS 操作实现的锁，线程尝试通过原子操作获取锁，失败则立即返回或重试。

- 自旋锁（Spin Lock）：线程反复检查锁是否可用，而不是进入阻塞状态。

（5）按照锁的作用范围分类。

- 对象级锁（Object-Level Lock）：锁定单个对象实例，常通过 synchronized 关键字和 ReentrantLock 实现。

- 类级锁（Class-Level Lock）：锁定类的 Class 对象，通常用于静态方法或静态字段，可以通过 synchronized 关键字和 static 修饰符来实现。

不同类型的锁适用于不同的并发场景。在选择适当的锁类型时，需要权衡性能、易用性、特性和需求等多方面因素。

3.1.2 乐观锁和悲观锁的应用和原理有什么区别?

乐观锁与悲观锁不是指具体的某个锁,是处理数据库并发控制的两种策略,它们看待并发同步的角度不同,因此它们对共享数据的访问产生冲突的处理方式也不同。

悲观锁认为对于同一个数据的并发操作,一定是会发生修改的,哪怕没有发生修改,也会认为发生了修改。因此对于同一个数据的并发操作,它悲观地认为,不使用锁的并发操作一定会出问题。悲观锁在 Java 中的使用可以利用多种锁实现。

乐观锁则认为对于同一个数据的并发操作,是不会发生修改的。在更新数据的时候,会采用尝试更新,不断尝试更新数据。它乐观地认为,不使用锁的并发操作是不会出问题的。

从上面的描述我们可以看出,悲观锁适用于写入操作非常多的场景,乐观锁适用于读取操作非常多的场景,不使用锁会带来大量的性能提升。乐观锁在 Java 中的使用是无锁编程,常常采用 CAS 操作,典型的示例就是原子类,通过 CAS 自旋实现原子性的更新操作。

1. 悲观锁

(1)应用场景。

悲观锁适用于写入操作非常多、冲突频繁的场景。当认为多个线程尝试同时修改同一数据的可能性很高时,使用悲观锁可以避免冲突,因为在修改数据之前必须获取锁。

(2)实现原理。

悲观锁的实现假定会有冲突发生,并在数据被读取之前就获取锁。这意味着,只要锁定了数据,其他线程就无法读取或写入,直到锁被释放。这种锁定可以是行级锁、表级锁或数据库级锁,具体取决于数据库系统的实现。

(3)使用示例。

在 Java 中,悲观锁可以通过 synchronized 关键字或 java.util.concurrent.locks.Lock 接口的实现类(例如 ReentrantLock)来实现。

示例 1:使用 synchronized 关键字实现悲观锁。

```
public class Counter {
    private int value;
```

```
    public synchronized int increment() {
        return value++;
    }

    public synchronized int getValue() {
        return value;
    }
}
```

在上述示例中，increment()和getValue()方法都是同步的，这意味着同时只能有一个线程执行这两个方法中的一个。尝试执行这些方法的其他线程会被阻塞，直到当前线程释放锁。

示例2：使用ReentrantLock实现悲观锁。

```
import java.util.concurrent.locks.Lock;
import java.util.concurrent.locks.ReentrantLock;

public class Counter {
    private final Lock lock = new ReentrantLock();
    private int value;

    public int increment() {
        lock.lock();
        try {
            return value++;
        } finally {
            lock.unlock();
        }
    }

    public int getValue() {
        lock.lock();
        try {
            return value;
        } finally {
            lock.unlock();
        }
    }
}
```

在上述示例中，我们使用ReentrantLock实现悲观锁。increment()和getValue()方法在执行前都必须获取锁，并在执行后释放锁。

2. 乐观锁

（1）应用场景。

乐观锁适用于读取操作非常多、写入操作少的场景，这是因为乐观锁允许多个事务几乎同时完成读取操作,只有在提交更改时,才会检查是否有冲突。如果冲突(即数据被其他事务修改)很罕见,那么乐观锁会有很好的性能表现,因为不需要频繁地阻塞线程。

(2)实现原理。

乐观锁的实现通常依靠数据版本控制。每次读取数据时,程序都会获得数据的版本号。在提交更新时,会检查数据的当前版本号是否与先前获得的版本号相同。如果相同,更新将会执行,并将版本号增加。如果不同,说明在两次读取之间有其他事务修改了数据,更新将不会执行,而且在这种情况下,通常需要重新读取数据,并尝试更新操作。

在软件层面,乐观锁可以通过在数据库中使用版本号字段或时间戳字段实现。在编程语言中,可以使用原子操作(如Java中的CAS操作)实现乐观锁。

(3)使用示例。

示例1:使用版本号实现乐观锁。

假设我们有一个数据库表,其中包含一个版本字段(version)。当更新记录时,我们会检查版本号是否未被其他线程更改。

```
UPDATE table_name
SET column1 = value1, version = version + 1
WHERE primary_key = some_value AND version = current_version;
```

在应用代码中,我们会首先读取记录,获取current_version,然后执行上面的更新。如果version字段被其他线程更新,这个UPDATE操作将不会修改任何记录,这时可以选择重试或放弃操作。

示例2:使用CAS操作实现乐观锁。

Java的java.util.concurrent.atomic包提供了原子类,如AtomicInteger,它们可以用来实现乐观锁。

```
import java.util.concurrent.atomic.AtomicInteger;

public class Counter {
    private AtomicInteger value = new AtomicInteger();

    public int increment() {
        int currentValue;
        int newValue;
        do {
```

```
        currentValue = value.get();
        newValue = currentValue + 1;
    } while (!value.compareAndSet(currentValue, newValue));
    return newValue;
}

public int getValue() {
    return value.get();
}
}
```

在increment()方法中，我们尝试循环使用compareAndSet()方法来更新value。如果在此期间value没有被其他线程更改，compareAndSet()将成功返回true；否则我们将进行重试，直到成功为止。

3．总结

乐观锁和悲观锁的选择依赖于应用的数据访问模式和冲突发生的频率。乐观锁在并发冲突较少时性能更好，适用于读取操作非常多、写入操作少的场景，因为它减少了锁定的开销。但是，如果冲突非常频繁，乐观锁需要多次重试，可能会导致性能下降。

相反，悲观锁在冲突频繁的环境中更为有效，适用于写入操作频繁的场景，因为它通过限制并发访问来防止冲突。然而，它可能导致较大的性能开销，因为在使用它的情况下，任何时候只有一个线程能够处理锁定的数据。

乐观锁和悲观锁都有自己的应用场景和实现原理，我们需要根据实际的应用场景和需求选择最合适的锁策略。

3.1.3 乐观锁如何解决ABA问题？

乐观锁的ABA问题是一种在并发编程中使用原子操作时可能遇到的问题。ABA问题的名称源于在一个线程视角下，共享资源（如一个变量）的值从A变化到B，再变回A。

在乐观锁机制中，通常使用CAS操作来实现无锁的同步。在CAS操作中，一个线程在更新某个变量之前读取当前值（假设为A），然后执行一些计算得到新值（假设为B），最后使用CAS操作来原子性更新该变量。在这个过程中，CAS操作会检查变量的当前值是否仍然为A，如果是，则将其值更新为B；否则，操作失败，可能会重试。

ABA问题出现在以下情形中。

- 线程1读取变量值A。
- 线程2将变量的值从A改为B，然后改回A。
- 线程1进行CAS操作，发现变量值仍然是A（因为它没有注意到在此期间的变化），于是认为没有其他线程修改过变量，继续将A更新为B。

虽然线程1的CAS操作成功了，但是它对于在此期间变量值的变化一无所知。这可能会导致错误的假设，因为变量在此期间可能已经被其他线程使用过了，它的状态与线程1最初读取它时的状态已经不同。

下面让我们以一个多线程示例来进一步了解ABA问题。假设有一个表示银行账户余额的整数变量balance，该变量的初始值为100。现在有两个线程A和B同时操作这个balance变量。

- 线程A要检查余额是否足够，如果足够就进行一些操作（例如扣费）。
- 线程B进行两次操作：先取出一定金额，然后存回相同的金额。

这里我们使用伪代码来描述ABA场景。

```
初始状态：balance = 100

线程A：
（1）读取balance得到100（A1）
（2）检查余额是否足够，线程暂停，未立即进行扣费（A2）

线程B：
（1）读取balance得到100（B1）
（2）执行取款50，balance变为50（B2）
（3）执行存款50，balance变回100（B3）

线程A：
（1）线程恢复，使用CAS操作检查balance是否仍为100（A3）
（2）发现balance为100，误以为未发生变化（A4）
（3）进行扣费，比如扣掉30（A5）
```

在这个示例中，即使余额在两个线程A的操作之间发生了变化（由100变为50，又变回100），线程A仍然会认为账户的余额没有变化，因为余额在两次检查时都是100。因此，线程A会继续它的操作。这就是ABA问题：线程A看到的balance值没有变化，但实际上后台发生了变化（A->B->A）。这可能导致线程A做出基于错误假设的决策。

为了解决ABA问题，可以使用版本号或时间戳等机制来确保在值A之间的变化能被检测到。在Java中，可以使用AtomicStampedReference或AtomicMark-ableReference类来实现，它们包装了引用并与一个版本号或标记一起更新，这样就可以检测到在两次读取之间是否有写入操作发生。

我们用一个示例来介绍一下如何使用AtomicStampedReference来解决ABA问题。假设我们有一个简单的栈，我们希望保护其pop()方法不受ABA问题的影响。

在不使用AtomicStampedReference的情况下，如果两个线程同时操作栈，一个线程从栈中弹出一个元素，另一个线程将相同的元素推回去，第一个线程可能不会意识到栈的状态改变过。

在示例中，我们使用AtomicStampedReference保存栈顶元素和一个时间戳（可以把它看作一个版本号），每次操作栈时，版本号都会增加，这样就能检测到在两次读取操作之间是否有写入操作发生。

```
import java.util.concurrent.atomic.AtomicStampedReference;

public class Stack {
    private AtomicStampedReference<Integer> top = new AtomicStamped-
Reference<>(null, 0);

    public Integer pop() {
        int[] stampHolder = new int[1];
        Integer value;
        do {
            value = top.getReference(); // 获取当前栈顶元素
            int stamp = top.getStamp(); // 获取当前时间戳
            stampHolder[0] = stamp;
            // 如果栈为空，就返回 null
            if (value == null) {
                return null;
            }
            // 尝试使用 CAS 操作移除栈顶元素，同时期望时间戳没有变化
        } while (!top.compareAndSet(value, null, stampHolder[0],
stampHolder[0] + 1));
        return value;
    }

    public void push(Integer value) {
        int stamp;
        Integer currentTop;
        do {
            currentTop = top.getReference(); // 获取当前栈顶元素
            stamp = top.getStamp(); // 获取当前时间戳
            // 尝试使用 CAS 操作推送新的栈顶元素，同时期望时间戳没有变化
        } while (!top.compareAndSet(currentTop, value, stamp, stamp + 1));
    }
}
```

在上面的示例代码中，AtomicStampedReference 用于存储栈顶元素和它的时间戳。每次调用 pop() 或 push() 方法时，都会通过 getStamp() 和 getReference() 方法获取当前时间戳和栈顶元素。然后，compareAndSet() 方法使用这个时间戳去校验栈的状态是否发生了变化。如果时间戳在操作期间发生变化，意味着另一个线程已经修改了栈，compareAndSet() 会失败，当前操作会在一个循环中重试直到成功。线程可以通过时间戳的改变得知在其操作期间是否有其他线程对栈进行了修改。这样，栈的操作就能正确地反映出并发修改的实际情况。

3.1.4 在 Java 中如何应用读锁和写锁？

读锁和写锁是控制多线程环境中对共享资源访问的两种锁机制，主要区别体现在它们对并发访问的管理上。

读锁允许多个线程同时获取锁进行读取操作，不允许任何写入操作发生，因此，当读锁存在时，可以保证读取操作的并发性和效率。在读多写少的场景中，使用读锁可以提高性能，多个线程可以并行读取，不会发生冲突。

而写锁一次只允许一个线程获取锁进行写入操作，在写锁被持有时，其他线程的读取或写入操作会被阻塞，从而保证写入操作对共享资源的独占访问。在写入操作频繁的场景下，写锁确保了写入操作的安全性，防止了写入时数据的不一致性。

读锁和写锁的主要区别可以总结为以下几点。

- 访问模式：读锁允许多个线程同时进行读取，而写锁在同一时间只允许一个线程进行写入。
- 资源共享：读锁通常用于共享资源的场景，写锁则用于资源需要被独占的场景。
- 性能影响：读锁可能有更好的并发性能，因为它支持多线程读取；写锁则可能导致更多的等待和上下文切换。
- 使用场景：当读取操作远多于写入操作时，使用读锁可以提高系统性能；而在读写操作频繁且竞争激烈的场景中，读锁的优势可能就不那么明显了。

在 Java 中，ReadWriteLock 接口有一个实现类 ReentrantReadWriteLock，它集成了读锁和写锁的功能，保证了当有写锁被持有时，其他线程既不能获取读锁也不能获取写锁；而当没有写锁被持有时，多个线程可以同时获取读锁。

下面我们通过一个 Java 代码示例，演示如何使用 ReentrantReadWriteLock 的读锁和写锁来保护一个共享数据结构，在多线程环境中进行安全的并发读取和写入操作。

```java
import java.util.concurrent.locks.ReadWriteLock;
import java.util.concurrent.locks.ReentrantReadWriteLock;

public class SharedDataStructure {
    private ReadWriteLock readWriteLock = new ReentrantReadWriteLock();
    private int sharedValue = 0; //共享资源

    // 读取共享数据的方法
    public void readSharedValue() {
        // 尝试获取读锁
        readWriteLock.readLock().lock();
        try {
            // 在这里模拟读取操作
            System.out.println(Thread.currentThread().getName() + " Reading
value: " + sharedValue);
            // 实际的读取代码将放在这里
        } finally {
            // 确保在读取完毕后释放读锁
            readWriteLock.readLock().unlock();
        }
    }

    // 写入共享数据的方法
    public void writeSharedValue(int newValue) {
        // 尝试获取写锁
        readWriteLock.writeLock().lock();
        try {
            // 在这里模拟写入操作
            sharedValue = newValue;
            System.out.println(Thread.currentThread().getName() + " Writing
value: " + newValue);
            // 实际的写入代码将放在这里
        } finally {
            // 确保在写入完毕后释放写锁
            readWriteLock.writeLock().unlock();
        }
    }

    public static void main(String[] args) {
        SharedDataStructure sharedData = new SharedDataStructure();

        // 创建并启动 5 个读线程
        for (int i = 0; i < 5; i++) {
            new Thread(() -> sharedData.readSharedValue(), "Reader-" + i).start();
        }

        // 创建并启动 1 个写线程
        new Thread(() -> sharedData.writeSharedValue(100), "Writer").start();
    }
}
```

在上述示例中，SharedDataStructure类中有一个ReadWriteLock能够保护共享资源sharedValue。当线程调用readSharedValue()方法时，它获取读锁，在执行读取操作期间，其他线程可以获取读锁来执行它们的读取操作。一旦读取操作完成，线程会释放读锁。

在main()方法中创建并启动了5个读线程和1个写线程，读线程并发地读取值，而写线程尝试修改这个值。由ReentrantReadWriteLock的特性可知，多个读线程可以同时读取数据，但写线程在执行写入操作时会阻塞所有读取和写入操作，直到它完成写入并释放写锁。

在实际的数据库系统、文件系统或并发编程中，读锁和写锁的应用是保障数据一致性和提高并发性能的重要工具。

3.1.5 Java独享锁和共享锁有何区别？

独享锁和共享锁是数据库管理系统中常用于并发控制的两种锁，它们用来解决多个事务并发执行时可能引发的各种问题，如数据不一致性和死锁等。

（1）独享锁。

- 也称为写锁。
- 当事务对数据库中的数据进行写入操作（如INSERT、UPDATE、DELETE）时，需要获得独享锁。
- 当一个事务持有数据项的独享锁时，没有其他事务可以读取或修改该数据项。
- 独享锁具有排他性，即在独享锁释放之前，不允许其他任何独享锁或共享锁与之共存。

（2）共享锁。

- 也称为读锁。
- 当事务对数据库中的数据进行读取操作时，会获取共享锁。
- 允许多个事务同时对同一数据项进行读取。
- 其他事务可以同时获得同一数据项的共享锁，进行读取操作，但在共享锁存在时，不能通过获得独享锁来修改数据。

（3）独享锁和共享锁的区别。

- 互斥性：独享锁对数据具有完全的控制权，它阻止其他事务对数据进行读取或写入；而共享锁允许多个事务读取同一份数据，但不允许它们对数据进行修改。

- 并发性：共享锁可以提高并发性，因为它允许多个用户同时读取数据；独享锁则降低了并发性，因为在它释放之前不允许其他任何操作。
- 用途：独享锁用于数据的修改操作，共享锁用于数据的读取操作。
- 冲突：两个共享锁之间不冲突，可以同时存在；共享锁和独享锁之间是冲突的；两个独享锁之间也是冲突的。

在Java并发编程中，很少直接使用"独享锁"和"共享锁"概念，但也有相应的机制可以实现类似的功能，主要通过锁（Lock）和同步（Synchronization）来控制对共享资源的并发访问。

（1）Java中的独享锁。

在Java中，独享锁（写锁）的概念可以通过以下技术方法实现。

- Synchronized Block/Method：synchronized关键字用于同步方法或同步代码块，能够确保同一时刻只有一个线程执行该代码块。它提供的是一种独占模式，类似于数据库中的独享锁。
- ReentrantLock：java.util.concurrent.locks.ReentrantLock是一个互斥锁，允许延迟锁定、轮询锁定、定时锁定以及可中断的锁定。默认情况下，ReentrantLock是独占的。

（2）Java中的共享锁。

在Java中，共享锁（读锁）的概念可以通过以下技术方法实现。

ReadLock：ReentrantReadWriteLock提供了一种包含读锁和写锁的锁机制，其中，读锁是一个共享锁；它允许多个线程在没有任何写锁时同时读取。

关于独享锁和共享锁的Java应用示例，大家可以参考前面synchronized和读写锁的相关内容，此处不赘述。

3.1.6 偏向锁、轻量级锁、重量级锁是什么？

在Java并发编程中，为了提供线程安全并减少同步的开销，JVM采用了多层次的锁机制，包括偏向锁、轻量级锁和重量级锁。这些锁在内部实现了一种从无锁状态到偏向锁、轻量级锁和重量级锁状态的升级过程，每一种锁的作用都是在特定情况下提供最优的性能。

（1）偏向锁（Biased Locking）。

偏向锁设计初衷：在大多数情况下，锁不会存在多线程竞争，通常是一个线程多次连续获取同一个锁。因此，如果一个线程获得了锁，JVM 就会偏向这个线程，并把锁标记为偏向锁。

偏向锁实现机制：当锁对象第一次被线程获取时，它的对象头会被标记为偏向该线程，并且没有使用锁，避免了锁竞争带来的开销。当该线程进入同步块时，无须再次进行同步。

偏向锁撤销：如果另一个线程尝试获取这个偏向锁，JVM 会撤销偏向模式，并将锁升级到轻量级锁或重量级锁。

（2）轻量级锁（Lightweight Locking）。

轻量级锁设计初衷：当锁是在多个线程间切换使用，但没有发生真正的竞争时，使用轻量级锁可以提升性能。轻量级锁主要适用于线程交替执行同步块的场景。

轻量级锁实现机制：当一个线程尝试获取一个已经被偏向的锁时，JVM 会尝试使用 CAS 操作来获得锁，如果该操作成功，则没有真正进入阻塞状态。

轻量级锁膨胀：如果 CAS 操作失败，表示有竞争存在，轻量级锁就会膨胀为重量级锁。

（3）重量级锁（Heavyweight Locking）。

重量级锁设计初衷：当有多个线程真正竞争同一把锁时，为了避免线程频繁地使用 CAS 操作导致 CPU 使用率过高，就需要使用重量级锁。

重量级锁实现机制：重量级锁会使其他试图获取该锁的线程进入阻塞状态，等待获取锁的线程释放锁后，阻塞的线程会再次尝试获取锁。

重量级锁的开销最大，因为它涉及操作系统的互斥锁，会导致线程从用户态切换到内核态，进而影响性能。

（4）锁的升级过程。

锁的升级是单向的，只能从偏向锁到重量级锁，由低到高升级，不能降级。

- 无锁：对象刚开始是没有被锁定的。
- 偏向锁：第一次被线程获取时，JVM 将锁对象标记为偏向于该线程。
- 轻量级锁：当有另一个线程尝试获取这个被偏向的锁时，偏向锁会被升级为轻量级锁。

- 重量级锁：当有多个线程竞争同一把锁时，轻量级锁会被升级为重量级锁。

由于升级锁会带来性能上的开销，所以在实际编程中应当尽量避免锁的竞争，让锁保持在较轻的状态，这样能够获得更好的性能。锁升级的详细过程和原理大家可以参考"2.2.5 说说synchronized锁升级过程及实现原理"。

3.1.7 什么是公平锁？什么是非公平锁？

公平锁和非公平锁是并发编程中用来控制多线程对共享资源访问的两种锁策略。

（1）公平锁。

公平锁是指多个线程按照申请锁的顺序来获取锁。在Java中，ReentrantLock是一种可选的公平锁，可以通过传递true到其构造函数来启用它。

公平锁的优点在于等待锁的线程不会饿死，因为每个线程最终都会获取锁。这避免了所谓的"线程饥饿"问题。但是，在实现公平策略时通常会降低吞吐量，因为需要维护一个有序队列来确保锁分配的顺序，这会导致线程切换和响应时间增加。

在Java中，ReentrantLock类实现了公平锁和非公平锁，下面我们看一下公平锁的使用示例。

```java
import java.util.concurrent.locks.ReentrantLock;

public class FairLockExample {
    private ReentrantLock lock = new ReentrantLock(true); // 公平锁

    public void fairLockMethod() {
        lock.lock();
        try {
            // 访问或修改共享资源
            System.out.println(Thread.currentThread().getName()
                    + " has acquired the lock in a fair manner");
            // 执行任务
        } finally {
            lock.unlock();
        }
    }

    public static void main(String[] args) {
        FairLockExample example = new FairLockExample();

        Runnable task = () -> example.fairLockMethod();
```

```
    Thread t1 = new Thread(task, "Thread-1");
    Thread t2 = new Thread(task, "Thread-2");

    t1.start();
    t2.start();
    }
}
```

在上述代码中，我们使用 ReentrantLock 的构造函数设置锁为公平锁。这意味着线程将会按照请求锁的顺序来获得锁。

（2）非公平锁。

非公平锁是指在释放锁时，所有等待锁的线程将竞争锁，但是新到的线程可以加入锁的竞争，因此可能会出现先到的线程还未获取锁，而后到的线程已经运行完毕的情况，类似于插队。

非公平锁的优点是在多数情况下它的性能比公平锁的要好，因为线程可以直接抢占锁而不需要在队列中等待。但是它的缺点是在高负载下，线程可能会遭遇饥饿，即等待很长时间都无法获取锁。

在 Java 中，ReentrantLock 默认情况下使用的是非公平锁。通过传递 false 或不传递任何参数给 ReentrantLock 的构造函数，可以创建一个非公平的 ReentrantLock。synchronized 也是一种非公平锁，由于它的线程调度机制与 ReentrantLock 的不同，不是通过 AQS 实现的，所以没有办法使其变成公平锁。

下面我们看一下使用 ReentrantLock 实现非公平锁的示例。

```
import java.util.concurrent.locks.ReentrantLock;

public class NonFairLockExample {
    private ReentrantLock lock = new ReentrantLock(); // 非公平锁，默认

    public void nonFairLockMethod() {
        lock.lock();
        try {
            // 访问或修改共享资源
            System.out.println(Thread.currentThread().getName()
                    + " has acquired the lock in a non-fair manner");
            // 执行任务
        } finally {
            lock.unlock();
        }
    }
}
```

```
public static void main(String[] args) {
    NonFairLockExample example = new NonFairLockExample();

    Runnable task = () -> example.nonFairLockMethod();

    Thread t1 = new Thread(task, "Thread-1");
    Thread t2 = new Thread(task, "Thread-2");

    t1.start();
    t2.start();
    }
}
```

在上述代码中，我们没有在ReentrantLock的构造函数中指定公平性，因此，它默认设置锁为非公平锁。这意味着当锁可用时，任何线程都可以获取锁，而不管它们等待时间的长短。

在上面的公平锁和非公平锁的两个示例中，lock()方法在公平锁状态时将确保线程获取锁的顺序，而在非公平锁状态时则不会确保顺序。我们可以通过多次运行两个示例，观察它们在获取锁上的行为差异。在公平锁的情况下，线程将严格按照请求锁的顺序来获取锁；而在非公平锁的情况下，新到的线程有可能"插队"获取锁。

总的来说，公平锁保证了锁的获取按照请求的顺序进行，而非公平锁可能会导致某些线程获取锁的概率更高。在选择使用时，需要根据实际的应用场景和性能需求来决定使用哪种类型的锁。

3.1.8 分段锁的设计思想和目的是什么？

分段锁的基本思想是将锁分为多个段，然后每个段独立加锁，ConcurrentHashMap就是通过分段锁来实现高效的并发操作的。

下面以ConcurrentHashMap为例来详细介绍分段锁的含义以及设计思想。ConcurrentHashMap中的分段锁称为SegmentLock，它既类似于HashMap的结构，即内部拥有一个Entry数组，数组中的每个元素是一个链表；同时又是一个ReentrantLock（Segment继承了ReentrantLock）。

在插入元素的时候，并不是对整个HashMap进行加锁，而是先通过元素的哈希码来确定它要放在哪一个分段中，然后对这个分段进行加锁，所以在多线程插入元素时，只要不放在一个分段中，就实现了真正的并行插入。但是，在为了统计元素数量而获取HashMap全局信息的时候，就需要获取所有的分段锁的信息。

分段锁的设计目的是细化锁的粒度，当操作不需要更新整个HashMap的时候，就仅针对其中的一个分段进行锁定操作。

下面我们看一个分段锁的Java示例。假设我们有一个固定大小的ConcurrentHashTable，并且希望通过分段锁来提高其并发访问性能。我们将ConcurrentHashTable分为几个段，每个段由一个锁保护，具体示例代码如下。

```java
import java.util.HashMap;
import java.util.Map;

public class ConcurrentHashTable<K, V> {
    private final int segmentCount;
    private final Segment<K, V>[] segments;

    public ConcurrentHashTable(int segmentCount) {
        this.segmentCount = segmentCount;
        this.segments = (Segment<K, V>[]) new Segment[segmentCount];

        // 初始化所有段和它们的锁
        for (int i = 0; i < segmentCount; i++) {
            segments[i] = new Segment<>();
        }
    }

    // 获取操作对应段的索引
    private int getSegmentIndex(K key) {
        return (key.hashCode() & 0x7FFFFFFF) % segmentCount;
    }

    // 插入键值对
    public void put(K key, V value) {
        int segmentIndex = getSegmentIndex(key);
        segments[segmentIndex].put(key, value);
    }

    // 根据键获取值
    public V get(K key) {
        int segmentIndex = getSegmentIndex(key);
        return segments[segmentIndex].get(key);
    }

    // 内部段类
    private static class Segment<K, V> {
        private Map<K, V> map = new HashMap<>();
        private Object lock = new Object();

        // 插入键值对，需要获取对应段的锁
        public void put(K key, V value) {
```

```
        synchronized (lock) {
            map.put(key, value);
        }
    }

    // 根据键获取值, 需要获取对应段的锁
    public V get(K key) {
        synchronized (lock) {
            return map.get(key);
        }
    }
}

// 其他方法, 比如 remove()、clear() 等可以根据需要实现, 但要确保线程安全
}
```

在上述代码中, ConcurrentHashTable是一个简单的并发哈希表实现, 它使用分段锁来提供线程安全的put()和get()方法。每一个Segment实例内部都有一个HashMap(用于存储键值对), 以及一个锁对象lock。所有对Segment内部HashMap的修改都必须持有对应的lock。这样, 如果两个线程访问不同的段, 它们就可以并行地执行, 而不会相互阻塞。这个示例展示了分段锁的基本思想, 但是在实际应用中, 会采用更复杂的设计来确保性能和稳定性。

尽管分段锁在并发环境下提供了一定的性能优势, 但它存在以下一些缺点。

- 内存开销: 使用分段锁需要维护多个锁对象, 每个锁对象都需要占用内存。当并发程度较高时, 需要创建的锁对象会增加, 从而增加了内存开销。

- 锁竞争: 虽然分段锁可以细化锁的粒度, 但仍然存在锁竞争的可能性。当多个线程同时访问同一个段时, 需要竞争该段的锁, 如果竞争激烈, 可能导致线程等待锁释放, 降低并发性能。

- 数据迁移: 在分段锁的实现中, 如果需要扩容或缩容分段的数量, 可能需要进行数据迁移操作。这会引入额外的开销和复杂性, 并且在数据迁移过程中需要保持数据的一致性。

- 不支持全局操作: 由于每个段都是独立的, 分段锁无法提供对整个数据结构的全局操作。如果需要对整个数据结构进行全局操作, 可能需要采用额外的同步措施。

- 编程复杂性: 分段锁的实现相对复杂, 需要考虑锁的粒度、锁的获取和释放逻辑等。这增加了代码的编写和维护的难度, 容易引入并发bug。

综上所述，尽管分段锁可以提高并发性能，但也存在一些缺点，需要根据具体使用场景和实际需求来选择适当的并发控制机制。在某些情况下，其他并发控制技术（如读写锁、无锁算法等）可能更合适。

3.1.9 什么是可重入锁？其实现原理是什么？

可重入锁是一种互斥锁，它具备"可重入"的特性。可重入的意思是在拥有锁的线程尝试再次获取该锁时，其获取锁的请求会成功，并且不会导致线程阻塞。这种锁的设计使得同一线程可以多次获得同一把锁，对于递归函数和对同一个资源的多层次锁定非常有用，因为它防止了线程在尝试获得它已经持有的锁时阻塞自己，这在非可重入锁中会导致死锁。

在实际的开发过程中，函数之间的调用关系可能错综复杂，一不小心就可能在多个不同的函数中反复调用lock()，从而导致线程自身"卡死"。对于希望采用"傻瓜式"编程的我们来说，可重入锁就是用来解决这个问题的。可重入锁使得同一个线程可以对同一把锁，在不释放的前提下反复获取，而不会导致线程卡死。因此，如果我们使用的是重入锁，那么程序就可以正常工作。唯一需要保证的是使用unlock()的次数和使用lock()的一样多。

在Java中，synchronized关键字和ReentrantLock都是可重入锁，下面我们分别看一下两者的实现示例。

（1）synchronized可重入锁示例。

Java的synchronized关键字具有可重入锁特性，具体示例代码如下。

```java
public class ReentrantExample {

    public synchronized void outerMethod() {
        System.out.println(" 在外部方法中 ");
        innerMethod();
    }

    public synchronized void innerMethod() {
        System.out.println(" 在内部方法中 ");
        // 这里可以再次进入 outerMethod()，因为这个线程已经拥有了这个对象的锁
    }

    public static void main(String[] args) {
        ReentrantExample example = new ReentrantExample();
        example.outerMethod();
    }
}
```

在上述代码中，当线程在outerMethod()中调用synchronized修饰的innerMethod()时，不会发生阻塞，因为它已经持有了锁，而且该锁具有可重入性。

（2）ReentrantLock可重入锁示例。

在Java中，ReentrantLock类是java.util.concurrent.locks包中提供的一个可重入互斥锁，它具有与synchronized关键字类似的基本行为和语义，但它更灵活。下面是一个使用ReentrantLock的示例。

```java
import java.util.concurrent.locks.ReentrantLock;

public class ReentrantLockExample {

    private final ReentrantLock lock = new ReentrantLock();

    public void perform() {
        lock.lock();  // 获取锁
        try {
            System.out.println("Locked: " + Thread.currentThread().getName());
            doAdditionalWork();
        } finally {
            lock.unlock();  // 在 finally 块中释放锁以确保锁一定会被释放
        }
    }

    public void doAdditionalWork() {
        lock.lock();  // 再次获取锁，由于该锁是可重入的，因此这个操作是被允许的
        try {
            System.out.println("ReentrantLock: " + Thread.currentThread().getName());
        } finally {
            lock.unlock();  // 释放锁
        }
    }

    public static void main(String[] args) {
        ReentrantLockExample example = new ReentrantLockExample();
        example.perform();
    }
}
```

在上述代码中，ReentrantLock实例lock在perform()方法和doAdditionalWork()方法中实施锁定操作。当线程在perform()方法中获取锁时，它可以在doAdditionalWork()方法中再次获取相同的锁，而不会发生死锁，因为ReentrantLock允许线程进入任何已经锁定的由同一线程持有的代码块。注意，每次调用lock()时都需要在finally块中匹配一个unlock()调用，以确保锁一定会被释放，防止死锁。

141

可重入锁的实现基于每个锁关联一个请求计数器和一个持有它的线程。当线程请求一个未被持有的锁时，JVM 会记下锁的持有者，并且将请求计数器的值设置为1。如果同一个线程再次请求这个锁，请求计数器的值会递增。每当持有者线程退出同步块时，JVM 会将请求计数器的值递减。当请求计数器的值达到0时，锁被释放。以下是可重入锁的几个关键功能。

- 持有者线程：锁需要知道当前持有者是哪个线程。在可重入锁的实现中，通常会有一个关联的数据结构用来记录这个信息。
- 请求计数器：请求计数器用于记录锁被同一个线程获取的次数，这个计数器有时称为重入计数器。
- 锁获取和释放：当线程首次获取锁时，计数器的值设置为1。如果这个线程尝试再次获取这个锁，计数器的值就会增加。只有当线程释放锁，计数器的值才会减少。当计数器的值回到0时，锁被完全释放。
- 可中断性和条件变量：大多数可重入锁的实现支持可中断的锁获取（即在等待锁的时候可以响应中断）和条件变量（允许线程在特定条件下等待，比如队列为空或为满），这为线程间的协调提供了更多控制。
- 公平性：一些可重入锁的实现允许用户选择是采用公平锁（等待时间最长的线程优先获得锁）还是非公平锁（抢占式获取锁）。

Java 中的 ReentrantLock 是一个标准的可重入锁的实现，它提供了以上描述的所有功能。ReentrantLock 内部使用 AQS 作为实现同步状态管理的框架，AQS 用一个整数变量来表示锁的持有次数，并使用一个节点队列来表示线程及其等待状态。

可重入性是 Java 并发编程中一个很重要的概念，它在多线程环境下简化了锁的管理，使得编程模型更容易理解和实现，尤其是在存在复杂的锁定模式与递归锁定时。

3.1.10 什么是自旋锁？它有哪些实现方式？

自旋锁（Spinlock）是一种用于多线程同步的锁，其基本思想是，当一个线程尝试获取已经被其他线程持有的锁时，该线程不会立即进入阻塞状态，而是在循环中不断检查锁是否已经释放，即线程"自旋"等待锁的释放。

自旋锁的特点是线程在等待获取锁时不会被挂起，而是进行忙等。这种方式的优势在于避免了线程的上下文切换开销，而上下文切换会带来相对较大的性能损失。如果锁只是被短暂持有，那么自旋锁会比传统的互斥锁更高效。

自旋锁的优点有以下两个方面。

- 上下文切换减少：如果线程等待的时间非常短，自旋锁可以减少因为线程阻塞而导致的上下文切换。
- 响应更快：对于锁只被短暂持有的情况，自旋锁可以提供更短的获取锁时间，因为线程可能不需要休眠和唤醒。

当然，凡事有利就有弊，自旋锁的缺点有以下几个方面。

- CPU资源浪费：如果锁被持有的时间较长，自旋线程将占用CPU时间，这可能导致CPU资源的浪费。
- 不适合单CPU系统：在单CPU系统中，自旋锁通常不是一个好的选择，因为如果持有锁的线程没有运行（可能因为时间片用完被挂起了），自旋的线程永远无法获取锁。
- 导致饥饿问题：自旋锁不保证公平性，因此可能导致线程饥饿。

在开发中，Java并没有提供自旋锁工具类，需要开发者自己设计和实现这些类。自旋锁的工作原理包括以下几个主要过程，实现时需要考虑。

- 锁请求：线程请求锁。
- 检查锁状态：线程检查锁是否可用（即是否未被其他线程持有）。
- 忙等：如果锁不可用，线程循环等待（自旋），不断检查锁是否已经释放。
- 获取锁：如果锁可用（即无其他线程持有锁），线程获取锁并继续执行。

在Java中，自旋锁可以通过多种方式实现，以下是一些常见的自旋锁实现示例。

（1）使用原子操作类实现。

最简单的自旋锁可以使用java.util.concurrent.atomic包下的原子类（比如AtomicBoolean或AtomicReference）实现。

```java
import java.util.concurrent.atomic.AtomicBoolean;

public class SpinLock {
    private final AtomicBoolean lock = new AtomicBoolean(false);

    public void lock() {
        while (!lock.compareAndSet(false, true)) {
            // 自旋等待，直到锁被释放
        }
```

```
    }

    public void unlock() {
        lock.set(false);
    }
}
```

在上述代码中，lock() 方法会在锁状态为可用（即 lock 属性值为 false）时退出循环，并把 lock 属性值设置为 true。如果锁已经被其他线程持有，当前线程会在循环中忙等。unlock() 方法会将 lock 属性值设置为 false，表示释放锁。

（2）使用 Unsafe 类实现。

高级开发者可以使用 sun.misc.Unsafe 类中的低级别原子操作直接实现自旋锁，但是并不推荐使用 Unsafe 类，因为它是非标准的 API，且在将来的 Java 版本中可能被移除。

```
import sun.misc.Unsafe;

public class SpinLock {
    private volatile int lock = 0;
    private static final Unsafe unsafe = Unsafe.getUnsafe();
    private static final long lockOffset;

    static {
        try {
                lockOffset = unsafe.objectFieldOffset(SpinLock.class.getDeclaredField
("lock"));
        } catch (Exception ex) { throw new Error(ex); }
    }

    public void lock() {
        while (!unsafe.compareAndSwapInt(this, lockOffset, 0, 1)) {
            // 自旋等待，直到锁被释放
        }
    }

    public void unlock() {
        lock = 0;
    }
}
```

在上述代码中，unsafe.compareAndSwapInt() 是一个原子操作，用来检查当前值是否等于预期值，如果是则更新它。

（3）使用 java.util.concurrent.locks.LockSupport 实现。

使用 LockSupport 类的 park() 和 unpark() 方法也可以挂起和唤醒线程，使用 LockSupport 可以实现自旋锁，示例代码如下所示。

```
import java.util.concurrent.atomic.AtomicReference;
import java.util.concurrent.locks.LockSupport;

public class SpinLock {
    private AtomicReference<Thread> owner = new AtomicReference<>();

    public void lock() {
        Thread current = Thread.currentThread();
        while (!owner.compareAndSet(null, current)) {
            LockSupport.park(); // 当获取不到锁时挂起当前线程
        }
    }

    public void unlock() {
        Thread current = Thread.currentThread();
        if (owner.compareAndSet(current, null)) {
            LockSupport.unpark(current); // 其他线程释放锁并唤醒等待的线程
        }
    }
}
```

在上述代码中，在lock()方法中尝试循环获取锁，如果当前线程无法获取锁，就调用park()方法挂起当前线程，减少CPU消耗。当其他线程释放锁时，调用unpark()来唤醒等待的线程。这种实现方式可以看作一个自旋锁和阻塞锁的混合版本。

在Java中，java.util.concurrent包提供了丰富的并发工具，比如ReentrantLock，它可以作为替代LockSupport的方案，而且其功能通常优于我们自定义的锁的，它提供的更高级的功能包括公平性、条件变量和可中断的锁获取等。

自旋锁通常用在多CPU系统中，且仅适用于锁持有时间非常短的情况。对于自旋锁的任何实现，都必须非常小心地使用，以避免性能问题，例如，过度的自旋等待可能会导致CPU资源的浪费。

3.1.11 ▶ 常用的锁优化手段和方法有哪些？

锁优化是并发编程中非常重要的一个方面，其目的是减少锁引起的竞争，降低线程间的同步开销，提高并发性能。本小节的问题也是很多企业面试官的"终极杀招"，我们总结一些常用的锁优化手段和方法，具体如下。

（1）锁粒度细化。

- 锁分割（Lock Splitting）：将一个大锁分成几个小锁，每个小锁保护一部分资源，减少了线程竞争的可能性。
- 锁分段（Lock Stripping）：类似于锁分割，但通常应用于数据结构，其中数据被分成独立的部分（如 HashMap 中的多个桶），每个部分有自己的锁。

（2）锁分离。

比如使用 ReadWriteLock 实现读写分离。允许多个线程同时读取资源，但写入时需要独占锁，这通常用于在读多写少的场景下提高性能。

（3）无锁编程。

- 原子操作：利用原子变量（如 AtomicInteger）进行无锁的线程安全操作。

- 乐观锁：基于 CAS 操作实现乐观锁，只在数据提交时检查是否有冲突。

（4）锁消除。

采用编译器优化技术，移除那些不可能被不同线程同时访问的共享资源上的锁，比如局部变量或不可能逃逸出方法作用范围的对象。

（5）锁粗化。

在一系列的连续锁操作中，如果没有其他线程介入的可能，可以将多个锁操作合并为一次较长时间的锁定，减少锁获取和释放的次数。

（6）轻量级锁和偏向锁（JVM 层面）。

- 轻量级锁：在无竞争情况下避免使用重量级的操作系统互斥量，而应通过简单的 CAS 操作提高性能。

- 偏向锁：偏向锁只会被一个线程重复获取，线程把偏向锁设置为这个线程的 ID，避免锁的不必要竞争。

（7）超时和自旋锁。

- 超时：对锁操作设置超时时间，超时未能获取锁则放弃获取，避免死锁和活锁。

- 自旋锁：在多 CPU 系统中，线程尝试获取锁时可能会执行几次循环，以期望锁很快被释放，避免线程挂起的开销。

（8）顺序锁和条件变量。

- 顺序锁（Sequence Lock）：适用于读取远多于写入的场景，允许不使用锁读取数据，通过版本号检查来保证数据的一致性。

- 条件变量：允许线程在某些条件未满足时释放锁并等待，这样可以避免无效的锁竞争。

（9）死锁检测与预防。

- 避免嵌套锁：减少锁嵌套调用，避免出现死锁。

- 顺序获取资源：按照一定顺序获取锁，避免循环等待。

（10）始终释放锁。

编写代码时确保在操作完成后始终释放锁，最佳实践是使用try-finally块来确保锁的释放。

锁的优化需要根据应用程序的实际情况和性能瓶颈进行，不同的优化策略可能适用于不同的场景。在某些情况下，最好的锁是没有锁，也就是说应该设计无锁的并发数据结构。在其他情况下，可以通过上述锁优化手段和方法减少锁的竞争和开销。

3.2 面试官：如何预防和解决多线程死锁？

死锁会导致程序中的线程无限等待资源，浪费系统资源，降低程序效率，严重时可引起系统崩溃，在关键应用中造成的后果不堪设想。因此，预防和解决多线程死锁对于提升系统稳定性、确保服务质量以及优化用户体验至关重要。合理设计程序逻辑，使用正确的同步工具，并引入超时机制等，均可有效避免死锁，保证系统的健壮性。

面试官提出的这个问题涉及的考查点有死锁产生条件、死锁预防和解决、死锁检测、并发工具使用等。面试官的主要考查目的如下。

- 理论基础：求职者是否具备扎实的多线程和并发编程理论基础。
- 问题分析能力：求职者是否能够识别可能导致死锁的编程模式和结构。
- 实践经验：求职者是否有实际解决或避免死锁的实践经验。
- 风险意识：求职者在设计和编写代码过程中是否有预防死锁的风险意识。
- 系统设计能力：求职者是否能够在系统层面设计避免死锁的架构。

求职者在面试时，应尽量结构化、清晰地阐述问题的答案，并用具体实例来支撑理论点，这样才会给面试官留下深刻印象。如何预防和解决多线程死锁问题的相关解答点有以下几个方面。

（1）什么是线程死锁？其产生原因有哪些？

所谓线程死锁是指两个或多个线程在执行过程中争夺资源而造成的一种僵局。当线程进入死锁状态时，每个线程都持有一个资源并等待另一个线程持有的另一个资源，它们将无法继续执行，因为每个线程都在等待被另一个线程持有的资源释放。

产生死锁的主要原因通常归结为4个必要条件,分别为互斥条件、占有和等待、非剥夺条件和循环等待。

（2）如何避免和解决线程死锁?

线程死锁会浪费系统资源,降低程序效率。避免和解决死锁的方法有很多,比如控制锁定顺序、设置加锁时限、采用死锁检测、减少锁数量、使用替代锁和优先级分配等,不同方法有不同的适用场景,需要在实践中根据实际情况进行选择。

（3）如何分析和定位死锁问题源头?

分析和定位死锁问题源头的主要步骤如下。

- 检测死锁:使用 JConsole 或 VisualVM 来查看线程的堆栈跟踪,或者在代码中添加日志记录。
- 分析线程堆栈跟踪:使用 jstack 工具来获取所有线程的堆栈跟踪信息。
- 寻找循环等待:在堆栈跟踪中寻找循环等待的线程。
- 分析和定位死锁:检查代码以确定锁的获取和释放顺序。
- 解决死锁问题:通过重构代码、改变锁的顺序、使用定时锁、改进资源分配策略等手段来解决死锁问题。

（4）什么是饥饿和活锁?它们与死锁有什么区别?

饥饿发生在低优先级线程请求系统资源,但由于高优先级线程长时间占用该资源,导致低优先级线程无法运行的情况。活锁是指两个或多个执行线程不断重复相同的操作,而这些操作又互相阻止彼此前进。

饥饿vs死锁:饥饿的线程虽然是可执行的,却因无法获得资源而无法执行;死锁的线程则因彼此等待而完全停止执行。饥饿通常是由于资源分配不公导致的,因此通过调整资源分配策略或优先级规则可以解决饥饿问题,而死锁通常需要通过打破循环等待来解决。

活锁vs死锁:活锁的线程处于活动状态,但无进展;而死锁的线程处于等待状态,互相等待对方释放资源。活锁可能通过线程间的某种变化自行解决,但死锁通常需要外部干预。

（5）什么是锁的分级?如何使用它预防死锁?

锁的分级作为预防死锁的一种策略,实际上是指在多线程或多进程环境下按照事先定义好的顺序获取和释放锁。这里的"分级"通常指的是为不同的锁定义不同的级别或优先级,并规定所有参与者都必须按照这个顺序来获取锁。在实际应用中，锁的分级策略需要根据具体需求来适度设计和调整。锁的分级策略必须严格遵守，任何的违背都可能破坏死锁预防机制。

（6）Java并发API有哪些高级特性可用于避免死锁？

Java并发API提供了多种高级特性，这些高级特性可以帮助开发者避免死锁的情况，常用的并发API有ReentrantLock、Condition、ReadWriteLock、StampedLock、线程池框架和Fork/Join框架。其中，ReentrantLock具有可重入性、锁定顺序和锁定时间特性；Condition具有分离锁对象和等待队列的特性；ReadWriteLock具有分离读写操作的特性；StampedLock具有乐观锁特性；线程池框架具有线程池特性；Fork/Join框架具有并行计算特性。

为了让大家对预防和解决多线程死锁有更深入的掌握和理解，灵活应对面试细节，接下来我们对上述解答要点逐个进行详解。

3.2.1 什么是线程死锁？其产生原因有哪些？

我们先看生活中的一个实例：两个人面对面过独木桥，甲和乙都已经在桥上走了一段距离，即占用了桥的资源，甲如果想通过独木桥，乙必须退出桥面让出桥的资源，让甲通过，但是乙不同意甲先通过，于是二人僵持不下，导致谁也过不了桥，进而形成一个死局。

在计算机系统中存在类似的情况，多线程以及多进程可以改善系统资源的利用率并提高系统的处理能力。然而，并发执行带来了新的问题——死锁。所谓线程死锁是指两个或多个线程在执行过程中争夺资源而造成的一种僵局。当线程进入死锁状态时，每个线程都持有一个资源并等待另一个线程持有的另一个资源，它们将无法继续执行，因为每个线程都在等待被另一个线程持有的资源释放，如图3-1所示。

产生死锁的主要原因通常归结为以下4个必要条件，当这些条件同时满足时，死锁就可能产生。

（1）互斥条件。

资源不能被多个线程共享，只能同时由一个线程持有。如果另一个线程请求被线程持有的资源，则请求线程必须等待，直到资源被释放，类似于独木桥每次只能通过一个人。

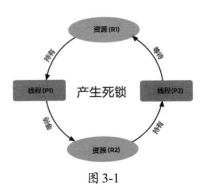

图 3-1

（2）占有和等待。

已经得到了某些资源的线程可以再请求新的资源，同时它不释放已占有的资源，类似于甲不退出桥面，乙也不退出桥面。

（3）非剥夺条件。

一旦资源被线程占有，在该线程使用完并释放之前，其他线程无法强制剥夺该资源，类似于甲不能强行让乙退出桥面，乙也不能强行让甲退出桥面。

（4）循环等待。

存在一种线程资源的循环等待关系，即线程A等待线程B持有的资源，线程B等待线程C持有的资源……线程N等待线程A持有的资源，形成一个闭合的循环等待资源链，类似于乙不退出桥面，甲不能通过；甲不退出桥面，乙不能通过。

在并发编程中，死锁的产生可能有很多具体的场景，以下是一些常见情况。

- 嵌套锁：当一个线程获取多个锁时，另一个线程以不同顺序获取锁可以导致死锁。
- 等待资源：例如，线程在持有锁的同时等待I/O操作，导致其他线程无法获取该锁。
- 不当的锁顺序：当多个线程以不同的顺序获取相同的一组锁时，可能会发生死锁。
- 信号量死锁：线程在等待信号量时可能会发生死锁，尤其是当多个信号量需要按特定顺序获取时。
- 资源分配图中的循环等待：在一个复杂的系统中，资源分配图可以用来表示资源分配的状态，该图中的循环等待的出现将直接导致死锁。

下面我们来看一个Java死锁示例，这个示例中，我们将创建两个线程，它们都试图获取相同的两个资源，但是以不同的顺序进行获取。这将导致循环等待，进而满足死锁的条件。

```
public class DeadlockDemo {
    public static void main(String[] args) {
        // 创建两个资源
        final String resource1 = "resource1";
        final String resource2 = "resource2";

        // 第一个线程试图先锁定 resource1，然后锁定 resource2
        Thread t1 = new Thread(() -> {
            synchronized (resource1) {
```

```
                System.out.println("Thread 1: Locked " + resource1);

                try {
                    Thread.sleep(100);
                } catch (Exception e) {
                }

                synchronized (resource2) {
                    System.out.println("Thread 1: Locked " + resource2);
                }
            }
        });

        // 第二个线程试图先锁定 resource2,然后锁定 resource1
        Thread t2 = new Thread(() -> {
            synchronized (resource2) {
                System.out.println("Thread 2: Locked " + resource2);

                try {
                    Thread.sleep(100);
                } catch (Exception e) {
                }

                synchronized (resource1) {
                    System.out.println("Thread 2: Locked " + resource1);
                }
            }
        });

        // 启动两个线程
        t1.start();
        t2.start();
    }
}
```

在上述代码中,如果 t1 在 t2 之前启动并锁定了 resource1,然后被操作系统挂起,t2 执行,这时 t2 将锁定 resource2。接下来,当 t1 被唤醒并试图锁定 resource2 时,它不能成功锁定,因为 resource2 已经被 t2 锁定。与此同时,t2 也会尝试锁定 resource1,同样无法成功锁定,因为 resource1 已经被 t1 锁定。这样,两个线程就陷入了死锁,都在等待对方释放锁。

在实际的多线程程序设计中,死锁的情况可能会更加复杂,需要采用仔细的设计和规划来避免。避免死锁的方法有很多,例如预分配资源,使用锁顺序、锁超时、死锁检测算法,将资源分层等。有效的并发设计和良好的编程实践是避免死锁的关键。

3.2.2 如何避免和解决线程死锁?

线程死锁会导致程序中的线程无限等待资源,浪费系统资源,降低程序效率,但有些情况下死锁是可以避免的,下面介绍几种用于避免和解决线程死锁的方法。

(1)控制锁定顺序。

控制锁定顺序,确保程序中所有线程按照一致的顺序获取多个锁,可以避免循环等待条件的发生。

当多个线程需要相同的一些锁,但是按照不同的顺序获取锁时,死锁就很容易发生。如果能确保所有的线程都按照相同的顺序获取锁,死锁就不会发生。

控制锁定顺序避免死锁的方法的原理是对所有线程需要锁定的资源进行全局排序,并强制所有线程按照这一预定义的顺序来获取锁。这样做可以有效地避免循环等待条件,而循环等待条件是死锁产生的4个必要条件之一。下面我们通过一个Java示例对这种方法进行说明。

假设有两个资源resource1和resource2,以及两个线程(它们需要分别锁定这两个资源)。为了避免死锁,我们规定所有线程必须先锁定resource1,再锁定resource2。

```java
public class AvoidDeadlockExample {

    private Object resource1 = new Object();
    private Object resource2 = new Object();

    public void method1() {
        synchronized (resource1) { // 先锁定 resource1
                System.out.println(Thread.currentThread().getName() + " locked
resource 1");

                // 模拟操作资源,如对数据进行处理
                sleep(50);

                synchronized (resource2) { // 再锁定 resource2
                        System.out.println(Thread.currentThread().getName() + "
locked resource 2");
                        // 执行任务
                }
        }
    }

    public void method2() {
        synchronized (resource1) { // 和 method1() 一样,先锁定 resource1
                System.out.println(Thread.currentThread().getName() + " locked
resource 1");
```

```
        // 模拟操作资源
        sleep(50);

        synchronized (resource2) { // 再锁定 resource2
            System.out.println(Thread.currentThread().getName() + "
locked resource 2");
            // 执行任务
        }
    }
}

private void sleep(int millis) {
    try {
        Thread.sleep(millis);
    } catch (InterruptedException e) {
        Thread.currentThread().interrupt();
    }
}

public static void main(String[] args) {
    AvoidDeadlockExample example = new AvoidDeadlockExample();

    Thread t1 = new Thread(example::method1, "Thread-1");
    Thread t2 = new Thread(example::method2, "Thread-2");

    t1.start();
    t2.start();
}
}
```

在上述示例中，method1()和method2()都需要锁定resource1和resource2。通过强制这两个方法都按照先锁定resource1、再锁定resource2的顺序执行，我们消除了循环等待条件，从而解决了死锁问题。即使这两个线程同时运行，它们也会按照相同的顺序尝试获取锁，因此不会相互阻塞。

需要注意的是，资源的排序和锁定顺序需要根据实际情况来确定，并且应做到全局一致。这意味着所有相关的代码都必须遵循这一顺序。如果获取锁的顺序在代码中部分不一致，就有可能发生死锁。

（2）设置加锁时限。

加锁时限是一种在尝试获取锁时设置一个超时时间的策略，在尝试获取锁时，给请求设定一个时间。如果线程无法在指定时间内获得所有需要的锁，则释放它已经持有的任何锁，并等待一段时间后重试。这可以防止线程无限期地等待资源。

下面我们通过Java中ReentrantLock类的示例来进行说明。

```java
import java.util.concurrent.locks.Lock;
import java.util.concurrent.locks.ReentrantLock;
import java.util.concurrent.TimeUnit;

public class TimeoutLockExample {

    private final Lock lock1 = new ReentrantLock();
    private final Lock lock2 = new ReentrantLock();

    public void process() {
        try { // 尝试获取第一个锁，最多等待 50ms
            if (lock1.tryLock(50, TimeUnit.MILLISECONDS)) {
                System.out.println(Thread.currentThread().getName() + "
acquired lock1");
                // 在这里添加额外处理，可能包括休眠以模拟长操作
                Thread.sleep(10); // 用于模拟处理内容
                try {
                    if (lock2.tryLock(50, TimeUnit.MILLISECONDS)) {
                            // 尝试获取第二个锁，最多等待 50ms
                        try {
                            System.out.println(Thread.currentThread().get
Name() + " acquired lock2");
                            // 执行与锁关联的临界区代码
                        } finally {
                            lock2.unlock(); // 确保释放第二个锁
                        }
                    } else {
                        System.out.println(Thread.currentThread().getName()
                                + " could not acquire lock2");
                    }
                } finally {
                    lock1.unlock(); // 确保释放第一个锁
                        System.out.println(Thread.currentThread().getName() + "
released lock1");
                }
            } else {
                System.out.println(Thread.currentThread().getName() + " could not
acquire lock1");
            }
        } catch (InterruptedException e) {
            Thread.currentThread().interrupt();
                System.out.println(Thread.currentThread().getName() + " was
interrupted");
        }
    }

    public static void main(String[] args) {
        TimeoutLockExample example = new TimeoutLockExample();
        Thread t1 = new Thread(example::process, "Thread-1");
        Thread t2 = new Thread(example::process, "Thread-2");
        t1.start();
        t2.start();
    }
}
```

在上述示例中，每个线程尝试先获取lock1，然后获取lock2，每次尝试获取锁时最多等待50ms。如果线程在等待期间无法获取锁，则tryLock()方法会返回false，线程不会无限期地等待这个锁，这样就保证了即使资源被另一个线程持有，线程也不会陷入死锁，它可以尝试其他操作或者重试。

使用设置加锁时限的方法需要谨慎设置合理的超时时间，确保线程有足够的时间来完成它们的任务，同时又不会因为过长的等待而导致系统效率低下。实际中，可能需要通过测试和调整来确定最适合应用的超时时间。

（3）采用死锁检测。

死锁检测是一个更好的死锁预防机制，它主要针对那些不可能实现控制锁定顺序并且设置加锁时限的方法也不可行的场景。

死锁检测是一种动态地解决死锁问题的方法，其基本思想是在运行时检测资源分配和线程等待的图形，寻找循环等待的情况。如果检测到循环等待，就意味着发生了死锁，系统就可以采用某种恢复措施，比如中断一个或多个线程，撤销并回滚其操作，以打破循环等待条件。

每当一个线程获得了锁时，系统会在线程和锁相关的数据结构中将其记下。除此之外，每当有线程请求锁时，也需要将其记录在这个数据结构中。当一个线程请求锁失败时，这个线程可以遍历锁的关系图看一看是否有死锁发生。例如，线程A请求锁1，但是锁1这个时候被线程B持有，这时线程A就可以检查线程B是否已经请求了线程A当前所持有的锁（锁2）；如果线程B确实有这样的请求，就意味着发生了死锁（线程A拥有锁2，请求锁1；线程B拥有锁1，请求锁2）。

当然，死锁一般要比两个线程互相持有对方的锁这种情况要复杂得多。例如，假设线程A等待线程B，线程B等待线程C，线程C等待线程D，线程D又等待线程A。线程A为了检测死锁，它需要递进地检测所有被B请求的锁。从线程B所请求的锁开始，线程A找到了线程C，又找到了线程D，发现线程D请求的锁被自己持有，这时它才知道发生了死锁。

最常见的死锁检测算法就是资源分配图算法。在资源分配图中，有两种类型的节点。

- 进程节点（P）：表示系统中的各个线程或进程。
- 资源节点（R）：表示系统中的资源，每个资源节点可以有多个实例。

节点之间的边有两种类型。

- 请求边（P -> R）：表示线程请求资源。
- 分配边（R -> P）：表示资源已分配给线程。

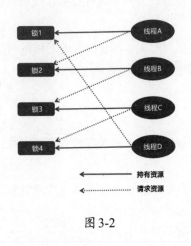

图 3-2

图3-2是一幅关于4个线程（A、B、C和D）之间锁占有和请求的关系图，我们可以基于这样的数据关系来检查是否存在死锁。

当一个线程请求一个资源但不能立即得到满足时，资源分配图中就会添加一条请求边；当一个线程得到一个资源时，资源分配图中就会添加一条分配边。然后，死锁检测算法会定期或按需运行，查找资源分配图中是否存在循环等待路径。如果存在这样的路径，就说明发生了死锁。当检测到死锁之后，系统可以使用下面一些策略。

- 线程终止：终止参与死锁的一个或多个线程。
- 资源抢夺：从已经分配到某些资源的线程中抢夺资源。
- 设置优先级：设置随机的优先级，让一个或多个线程回退。

在复杂的系统中，死锁检测和恢复可能会带来显著的性能开销，并且有时候恢复措施可能会导致较大的资源浪费或工作丢失。因此，在设计和实施这些系统时，必须仔细权衡死锁检测和恢复的成本与其带来的益处。

除了上述常用的几种避免死锁的方法外，还有减少锁数量、使用替代锁、优先级分配等其他方法，大家可以在实践中不断总结。

3.2.3 如何分析和定位死锁问题源头？

分析和定位死锁问题源头是一项具有挑战性的任务，如果我们遵循一定的步骤和方法，细心分析和查找，是有可能找到死锁问题源头的。

要成功分析和解决死锁，首先要理解产生死锁的4个必要条件，详解参考3.2.1小节，在此不赘述。在熟悉产生死锁的必要条件后，下面给大家分享笔者这些年在实战中总结出来的方法，按以下步骤即可分析和定位死锁问题源头。

（1）检测死锁：使用JConsole或VisualVM来查看线程的堆栈跟踪，或者在代码中添加适当的日志记录，跟踪资源的使用情况。

（2）分析线程堆栈跟踪：线程堆栈跟踪可以显示每个线程当前的调用堆栈，可以使用jstack工具来获取所有线程的堆栈跟踪信息，这对分析线程在何处尝试获取或释放锁是非常有用的。

（3）寻找循环等待：在堆栈跟踪中寻找循环等待的线程。循环等待通常表现为几个线程相互等待对方释放资源。

（4）分析和定位死锁：检查代码以确定锁的获取和释放顺序，分析是否有可能导致死锁的情况，发现可能的循环等待之后，回到代码中，审查涉及的线程同步部分。

（5）解决死锁问题：一旦确定了产生死锁的原因，就可以通过重构代码、改变锁的顺序、使用定时锁、改进资源分配策略等手段来解决死锁问题。

下面我们以一个Java并发程序为例，演示如何分析和定位死锁。

假设有两个线程，它们都试图获取两个共享资源的锁，但它们以不同的顺序获取。资源分别是两个对象lock1和lock2。示例代码如下。

```java
public class DeadlockDemo {

    public static void main(String[] args) {
        final Object lock1 = new Object();
        final Object lock2 = new Object();

        Thread thread1 = new Thread(() -> {
            synchronized (lock1) {
                System.out.println("Thread 1: Holding lock 1...");

                try { Thread.sleep(10); } catch (InterruptedException e) {}
                System.out.println("Thread 1: Waiting for lock 2...");

                synchronized (lock2) {
                    System.out.println("Thread 1: Holding lock 1 and 2...");
                }
            }
        });

        Thread thread2 = new Thread(() -> {
            synchronized (lock2) {
                System.out.println("Thread 2: Holding lock 2...");

                try { Thread.sleep(10); } catch (InterruptedException e) {}
                System.out.println("Thread 2: Waiting for lock 1...");

                synchronized (lock1) {
```

```
            System.out.println("Thread 2: Holding lock 1 and 2...");
            }
        }
    });

    thread1.start();
    thread2.start();
    }
}
```

在上述代码中，thread1首先获取lock1，然后尝试获取lock2；而thread2首先获取lock2，然后尝试获取lock1。如果两个线程同时运行，它们各自持有一个锁并等待另一个锁被释放，这可能导致死锁。

步骤1：检测死锁。

在示例程序运行时，我们会发现两个线程都停止输出，没有一个能够进展到获取两个锁的状态。这是死锁的一个明显迹象。由于该示例比较简单，我们通过运行状态进行判断即可。针对复杂场景，有时需要使用JConsole或VisualVM检测工具，或者通过代码中的日志记录来检测与判断。

步骤2：分析线程堆栈跟踪。

我们可以使用jstack工具来获取所有线程的堆栈跟踪信息。在命令行中运行"jstack <pid>"命令，其中，<pid>是Java进程ID。使用jps命令查看JVM中的Java进程信息，其中包含进程ID。

知晓进程ID后，使用jstack工具就可以获取所有线程的状态和它们的调用堆栈输出信息了。

步骤3：寻找循环等待。

在jstack的输出中，可以看到以下信息。

```
"Thread-1" #9 prio=5 os_prio=0 tid=0x00007f89dc001000 nid=0x11bb waiting for
monitor entry [0x00007f89daffd000]
   java.lang.Thread.State: BLOCKED (on object monitor)
        at DeadlockDemo.lambda$main$1(DeadlockDemo.java:26)
        - waiting to lock <0x00000000d62d4b90> (a java.lang.Object)
        - locked <0x00000000d62d4b80> (a java.lang.Object)

"Thread-0" #8 prio=5 os_prio=0 tid=0x00007f89dc000800 nid=0x11ba waiting for
monitor entry [0x00007f89db0fe000]
   java.lang.Thread.State: BLOCKED (on object monitor)
        at DeadlockDemo.lambda$main$0(DeadlockDemo.java:11)
```

```
- waiting to lock <0x00000000d62d4b80> (a java.lang.Object)
- locked <0x00000000d62d4b90> (a java.lang.Object)
```

从上述信息中，我们可以找到循环等待的证据：Thread-1持有lock1（地址0x00000000d62d4b80），等待lock2（地址0x00000000d62d4b90）；而Thread-0持有lock2，等待lock1。

步骤4：分析和定位死锁。

我们返回程序代码中审查这两个线程同步块的实现，就会清楚地知道，死锁发生的原因是两个线程以不同的顺序访问共享资源。想要解决这个问题，确保所有线程以相同的顺序获取锁即可。

步骤5：解决死锁问题。

修改后的代码如下。

```
// 确保锁总是以相同的顺序获取
Thread thread1 = new Thread(() -> {
    synchronized (lock1) {
        ...
        synchronized (lock2) {
            ...
        }
    }
});

Thread thread2 = new Thread(() -> {
    synchronized (lock1) { // 首先获取 lock1 对象锁
        ...
        synchronized (lock2) {
            ...
        }
    }
});
```

通过上述的代码调整，就可以保证当其中一个线程持有lock1并等待lock2时，另一个线程不会持有lock2。这样就消除了循环等待条件，从而避免了死锁。

死锁问题的定位和分析通常是迭代的过程，需要大家在实践中多次尝试和调整。

3.2.4 什么是饥饿和活锁？它们与死锁有什么区别？

饥饿和活锁是并发编程中常见的问题，它们与死锁一样，可以导致系统效率降低，但它们有各自的特点。

159

（1）饥饿（Starvation）。

饥饿发生在低优先级线程请求系统资源，但由于高优先级线程长时间占用该资源，导致低优先级线程无法运行的情况下。当一个线程准备开始执行时，它等待CPU分配所需资源。但是，由于其他线程阻塞所需的资源，该线程必须无限期地等待。

在大多数优先级调度策略中会出现饥饿问题。在优先级调度中，资源通常分配给优先级较高的线程，这有助于防止较低优先级的线程获取请求的资源。

饥饿是一个可以通过老化来解决的问题。老化可以提高等待资源时间较长的线程的优先级，还有助于防止低优先级线程无限期地等待资源。

以下是发生饥饿的一些原因。

- 如果没有足够的资源满足每个线程的需求，就可能发生饥饿。
- 如果由于错误的资源分配决策，线程从未获得其执行所需的资源，就可能发生饥饿。
- 如果较高优先级线程不断"垄断"CPU，较低优先级的线程可能必须无限期等待。

在系统中我们可以使用下面一些方法避免和解决饥饿问题。

- 资源分配优先级方案应包含老化等概念，老化可以使线程的优先级随着等待时间的增长而增加，从而防止饥饿。
- 可以使用独立的管理器来分配资源。此管理器可以正确分配资源并尽力防止饥饿。
- 应避免对资源分配或CPU分配进行随机处理，因为这会促进饥饿。

死锁和饥饿之间的区别有很多个方面，详情如表3-1所示。

表3-1

特性	死锁	饥饿
基本定义	当某个线程持有某些资源同时等待其他资源，而它等待的资源被其他线程占有时会产生死锁。如果没有外部干预，这些线程处于阻塞状态	在低优先级线程请求系统资源，但由于高优先级线程长时间占用该资源，导致低优先级线程无法运行的情况下，就会发生饥饿
线程状态	线程处于阻塞状态，没有任何进展	单个或多个线程可能无法进行必要的操作，但系统中的其他线程可能正常运行

续表

特性	死锁	饥饿
资源使用	线程不释放已占用的资源，其他线程会阻塞请求的资源	高优先级线程继续使用请求的资源
持续性	通常涉及多个资源，线程之间存在循环等待	可能只涉及单个资源，高优先级线程不断地获取该资源而导致低优先级线程无法执行
解决策略	死锁通常需要外部干预来解决，比如中断或杀死线程	通常通过调整优先级、确保公平的资源分配或者使用FIFO等调度策略来解决

（2）活锁（Livelock）。

活锁是指两个或多个执行线程不断重复相同的操作，而这些操作又互相阻止彼此前进。就像两个人在走廊上相遇并试图避开对方，但是他们重复地向同一方向移动，导致他们都无法通过。

在存在活锁的情况下，线程没有被阻塞，它们处于活动状态，但是程序却没有进行任何实际的工作。活锁通常发生在处理事件时的错误设计上，当两个线程试图响应对方的操作时，它们可能会不断重复同一系列操作而无法执行后续逻辑。

例如，两个线程按照先到先服务的原则处理队列中的任务。如果它们面临相同优先级的任务并试图彼此礼让，就可能陷入活锁，即它们可能同时推迟自己的操作，导致系统任务停滞不前。

导致活锁产生的原因有以下几方面。

（1）响应式冲突。

活锁经常出现在两个或多个线程尝试响应对方行为的系统中。每个线程试图避免与其他线程的冲突，但其尝试通常基于对方的行为，从而导致循环的交互。

（2）过度同步。

当线程为了保持系统的同步和一致性而频繁地检查和等待其他线程的状态时，可能导致活锁产生。这种过于谨慎的同步可能导致系统任务没有进展。

（3）错误的恢复策略。

在尝试从错误或冲突中恢复时，如果线程采用的策略总是以相同的方式执行处理，则可能导致系统陷入活锁。比如，两个进程试图通过相同的机制来解决冲突，导致它们始终处于对抗状态。

（4）缺乏随机化。

在冲突解决策略中缺乏随机化或足够的延迟，可能导致进程在尝试解决问题时始终按照相同的模式行动，这样也可能导致活锁产生。

在系统中，我们可以采用以下策略减小活锁的发生概率，或在活锁发生时有效地将其解决。

（1）引入随机化。

对于响应式的系统，为进程或线程的行为引入随机化可以帮助打破对称性，从而解决活锁。比如，可以随机选择等待时间或执行顺序。

（2）增加退避策略。

退避（如指数退避）策略可以在发生冲突时动态地调整等待时间，以减少未来冲突的可能性。

（3）使用更高层次的抽象。

采用消息队列或其他中间件来管理进程间的通信可以减少它们之间的直接交互，从而减小活锁的发生概率。

（4）状态检查与超时机制。

定期检查系统状态，如果检测到活锁的循环模式，可以引入超时机制来强制从活锁状态退出。

（5）优先级调整。

动态调整线程或进程的优先级可以帮助解决活锁问题，保证资源分配更加合理。

（6）设计和实施有效的通信协议。

设计和实施有效的通信协议，确保在发生错误或冲突时，系统有明确的步骤来处理这些问题，而不是简单地进行反复尝试。

死锁和活锁之间的区别有很多个方面，详情如表 3-2 所示。

表 3-2

特性	死锁	活锁
基本定义	当某个线程持有某些资源同时等待其他资源，而它等待的资源被其他线程占有时会产生死锁。如果没有外部干预，这些线程处于阻塞状态	活锁是指两个或多个执行线程无限制地重复相同的操作，而这些操作又互相阻止彼此前进
线程状态	线程处于阻塞状态，没有任何进展	线程处于运行状态

续表

特性	死锁	活锁
资源使用	线程不释放已占用的资源，其他线程会阻塞请求的资源	线程虽然占用资源，但它们尝试通过改变状态来解决问题
解决策略	死锁通常需要外部干预来解决，比如中断或杀死线程	活锁可能通过线程间的变化自行解决，如某个线程改变它的行为
系统表现	死锁的系统是静止的，涉及的线程或进程不执行任何操作	活锁的系统看起来很忙碌，但无实际进展

3.2.5 什么是锁的分级？如何使用它预防死锁？

锁的分级是指在数据库、文件系统或其他并发控制系统中对锁的粒度的划分。锁的粒度可以从细到粗，例如从行级锁（锁定单个记录）、页级锁（锁定数据块）、表级锁（锁定整个表）到数据库级锁（锁定整个数据库）。每种锁的粒度对性能和并发控制有不同的影响。

（1）细粒度锁（Fine-grained Lock）。

- 优点：提供更高的并发级别，因为它们允许多个事务同时操作不同的数据项。
- 缺点：管理开销较大，因为系统必须维护更多的锁和更复杂的锁定协议。

（2）粗粒度锁（Coarse-grained Lock）。

- 优点：管理开销较小，因为系统维护的锁较少。
- 缺点：降低并发级别，因为一个锁可能会锁定多个数据项，即使事务只需要访问其中的一小部分。

在实际应用中，锁的分级策略通常基于访问数据的模式和系统的性能要求来决定。例如，如果一个系统经常执行大量的读取操作而且对性能要求很高，使用细粒度锁可能是更好的选择。反之，如果一个系统的操作通常影响大量的数据，那么使用粗粒度锁可能更为合适，因为这样可以避免复杂的锁定逻辑和潜在的性能瓶颈。

锁的分级作为预防死锁的一种策略，实际上是指在多线程或多进程环境下按照事先定义好的顺序获取和释放锁。这里的"分级"通常指的是为不同的锁定义不同的级别或优先级，并规定所有参与者都必须按照这个顺序来获取锁。下面我们通过一个示例介绍如何使用锁的分级来预防死锁。假设有一个在线银行应用，其中包括两种类型的锁。

- 账户锁：用来在进行交易时锁定账户。
- 数据库锁：用来在进行批量操作时锁定整个数据库。

我们锁的分级策略规定所有事务必须先获取账户锁，再获取数据库锁，这样就建立了一个锁的层次结构（先账户，后数据库）。在应用中，获取锁和释放锁的操作须按以下规则执行。

（1）获取锁的顺序。

- 当事务需要对多个账户进行操作时，它必须首先以一定的顺序（例如，按账户 ID 的顺序）获取这些账户的账户锁。
- 只有当所有需要的账户锁都被成功获取后，事务才能获取数据库锁并进行更广泛的操作。

（2）释放锁的顺序。

一旦事务完成操作，它应该先释放数据库锁，再释放所有的账户锁。这样可以使得其他事务有机会先获取账户锁，从而增加系统的并发性能并避免死锁。

通过上述方式，即使有多个事务试图同时锁定多个资源，它们也必须按照预定的顺序来执行，从而避免了死锁的发生。因为死锁通常是由于多个事务以不同的顺序获取相同资源集合中的锁而导致的，所以确保所有事务都遵循相同的锁获取顺序，是预防死锁的有效手段之一。

在实际应用中，锁的分级策略需要根据具体需求来适度设计和调整。锁的分级策略必须严格遵守，任何的违背都可能破坏死锁预防机制。此外，这种策略可能需要事务等待较长时间来获取必要的锁，尤其是在高负载的系统中，因此可能导致性能降低。

3.2.6 Java 并发 API 有哪些高级特性可用于避免死锁？

Java 并发 API 提供了多种高级特性，这些高级特性可以帮助开发者避免死锁的情况。面试官提出本小节的问题通常是为了考查求职者对 Java 并发 API 的理解程度和对死锁的预防和解决能力。使用以下并发 API 可有效避免死锁发生。

（1）ReentrantLock。

ReentrantLock 是一个可重入锁，它具有与 synchronized 关键字类似的基本行为和语义，但提供的功能比synchronized关键字提供的更多。例如，它允许尝试不定时地或定时地获取锁，并且可以检查锁是否被持有。

（2）Condition。

Condition接口提供了一种分离锁对象和等待队列（条件队列）的方式。这允许一个线程等待特定条件的发生，同时允许其他线程进一步使用锁。通过分离不同的等待条件，可以降低死锁的风险。

（3）ReadWriteLock。

ReadWriteLock接口允许线程安全地以共享模式读取，而以独占模式写入。这意味着只要没有线程尝试写入，多个线程可以同时读取，从而提高并发性能并减少产生死锁的可能性。

（4）StampedLock。

StampedLock是Java 8引入的一种锁机制，是一种乐观的读锁。它允许获取一个戳记（Stamp），然后尝试不加锁地读取数据，并在处理数据后检查戳记，这样可以在不加锁的情况下读取数据，并且在数据变动发生时提供了一种回退机制。

（5）线程池框架。

使用Executors创建线程池和Future对象，可有效管理线程的生命周期和任务提交。通过线程池来控制线程的数量，可以避免创建过多的线程导致资源争用和死锁。

（6）Fork/Join框架。

Fork/Join框架是Java 7引入的一种并行计算模型。它旨在递归地将任务分解为更小的子任务，然后将每个子任务的结果合并产生整体结果。Fork/Join框架使用工作窃取算法，有助于有效利用CPU，并减少线程间的竞争。

在开发中使用并发API高级特性时，需要细心设计锁的获取和释放策略，以确保资源被有效管理。例如，仔细安排资源的获取顺序、避免嵌套锁，以及使用超时策略等，都是防止死锁的重要考虑。

第4章

并发容器和工具

4.1 面试官：谈谈你对JUC的理解

在当前软件开发中，处理并发和多线程问题是一个核心技能。JUC是Java提供的一套丰富的并发编程工具库，对JUC各种并发工具特性、应用和原理有深刻理解，更有利于设计和实现高效、稳定的高并发应用程序。

作为任职多年的企业面试官，我在面试过程中常会提出"请谈谈你对JUC的理解"这样的问题。JUC提供了一系列的并发工具，包括线程池、各种锁（ReentrantLock、ReadWriteLock等）、原子类、并发集合等。这个问题可以评估求职者是否具备深入的Java并发编程知识，他们是否熟悉这些工具的使用方法和适用场景，以及他们是否能够根据实际需求选择合适的并发工具。

作为求职者，大家在解答该问题时，应该将其分解成多个小问题点进行阐述，这样回答才更有逻辑性。关于对JUC的理解问题，可以从以下几个要点进行解答。

（1）什么是JUC？它包含哪些内容？

JUC是Java Util Concurrent的缩写，是Java提供的一套并发编程工具库，可以帮助开发者写出更高效、更易于管理的并发代码。它包括原子类、锁、同步工具、并发集合和框架、线程池等多种并发编程工具。JUC的引入显著简化了多线程程序的开发，提供了更为丰富且高级的线程控制方式，从而提高了程序的并行处理能力。

（2）什么是原子类？它有哪些作用和优点？

原子类是一组提供无锁的线程安全编程模型的类，如 AtomicInteger、Atomic Long、AtomicReference 等。它们使用 CAS 操作实现同步，而不是使用传统的锁机制实现。其优点在于减少了锁的使用，降低了死锁发生的风险，同时提高了性能，尤其是在高度竞争的环境下。

（3）Lock 框架有哪些常用的锁？它们有什么优缺点？

Lock 框架提供了比 synchronized 关键字更灵活的锁操作。常用的锁包括 ReentrantLock，它是一个互斥锁，允许递归加锁；ReentrantReadWriteLock，它提供读锁和写锁，其中读锁可以由多个读线程同时持有，而写锁是独占的；StampedLock，它支持乐观读锁机制。它们的优点在于提供了可定时的、可轮询的、可中断的锁获取操作，以及跨锁范围的条件支持。

（4）常用的并发容器有哪些？适用于哪些场景？

常用的并发容器包括 ConcurrentHashMap、ConcurrentLinkedQueue 等。它们适用于在多线程环境下对集合进行高频更新和访问的场景。这些容器优化了锁的粒度，使得并发操作可以在更细的级别上进行，显著提高了性能。

（5）同步容器与并发容器有什么区别？

同步容器（如 Vector 和 Collections.synchronizedList）是通过在每个方法上加锁来保证线程安全的，这通常会导致在多线程环境下性能的显著下降。相比之下，并发容器（如 ConcurrentHashMap 等）使用分段锁或其他技术来允许并发的读写，从而提供更高的并发性能。因此，同步容器和并发容器主要区别在于锁的粒度、性能和并发级别、内存一致性影响等方面。

（6）JUC 包含哪些同步工具？有什么作用？

JUC 包含的同步工具主要有 CountDownLatch、CyclicBarrier、Semaphore 和 Phaser 等。CountDownLatch 允许一个或多个线程等待直到在其他线程中进行的一组操作完成。CyclicBarrier 用于让一组线程到达某个屏障时被阻塞，直到组内的最后一个线程到达屏障时，屏障才会开放，所有被阻塞的线程才会继续运行。Semaphore 是一个计数信号量，它控制了同时访问某个特定资源的操作数量。Phaser 是一个可重用的同步屏障，它的功能类似于 CyclicBarrier 和 CountDownLatch 的，但更加灵活。这些工具能够协助在多线程程序中进行复杂的同步，而无须手动实现同步机制。

为了让大家对JUC有更深入的掌握和理解，灵活应对面试细节，接下来我们对上述解答要点逐个进行详解。

4.1.1 什么是JUC？它包含哪些内容？

JUC是Java Util Concurrent的缩写，是Java提供的一套并发编程工具库，包含在java.util.concurrent包中。该库涵盖的内容从基础的线程同步机制到高级的并发数据结构和并发工具类。JUC主要解决了在多线程并发编程中的同步、调度、通信等问题，极大地简化了并发程序的编写，提高了并发程序的性能和稳定性。

JUC技术体系庞大，包含很多与并发编程相关的类和接口，主要涵盖以下几个方面的内容。

（1）原子类。

JUC为实现线程安全提供了一系列的原子类，它们位于子包java.util.concurrent.atomic中，它们利用底层硬件的原子指令，为多线程环境提供了一种无锁的线程安全编程机制。原子类包括AtomicInteger、AtomicLong、AtomicReference等，它们通过执行原子操作保证多个线程尝试同时更新同一个变量的操作能够被安全地执行，不会相互干扰。

（2）锁。

JUC提供了比synchronized关键字更高级、更灵活的锁机制，它们位于子包java.util.concurrent.locks中，包括ReentrantLock、ReentrantReadWriteLock，以及StampedLock等。这些锁不仅支持公平锁和非公平锁选择，还提供了条件（Condition）变量支持，让线程间的同步和通信更加灵活和高效。

（3）同步工具。

JUC提供了一系列用于线程间协作的工具类，比如Semaphore、CountDownLatch、CyclicBarrier和Exchanger等。这些类解决了不同并发编程场景下的同步、通信问题，比如实现了多线程之间的等待与通知机制、资源的共享与交换等。它们提供了复杂的同步机制，使得多个线程之间的协作更加简单。

（4）并发集合和框架。

JUC引入了多种并发集合，比如ConcurrentHashMap、ConcurrentLinkedQueue等，这些类提高了集合在并发环境下的性能，同时保证了线程安全。另外，JUC还提供了Fork/Join框架，它是一个用于并行执行任务的框架，能够充分利用多CPU

的计算能力，提高应用程序的响应速度和性能。

（5）线程池。

JUC通过线程池框架提供了一套灵活的线程池管理机制。它不仅包括各种类型的线程池实现，比如FixedThreadPool、CachedThreadPool、ScheduledThreadPool等，还提供了任务执行的多种方式，以及对任务执行结果的处理，这让多线程程序的编程变得更加简单、高效。

总体来讲，JUC极大地提升了Java的并发编程能力，通过它提供高级的工具和框架进行并发编程，不仅降低了复杂性，提高了编写并发程序的效率，还有助于提高程序的性能和稳定性，因此它是非常重要的。但是，作为使用者需要了解JUC中各个组件的使用场景和优劣势，这样才能够帮助我们更好地选择合适的工具来解决并发编程中遇到的问题。

4.1.2 什么是原子类？它有哪些作用和优点？

原子类在Java在并发编程领域扮演了一个非常重要的角色。它们是构建在原子操作上的一组类，主要位于java.util.concurrent.atomic包中。原子操作是那些在执行过程中不会被线程调度机制中断的操作；一个原子操作一旦开始，就会一直运行到结束，中间不会被其他线程干扰。

原子类提供了一种机制，便于在没有使用synchronized关键字的情况下实现线程安全，即使在多线程环境中，使用原子类也能保证数据的完整性和准确性。该机制是通过使用底层CPU的原子性指令集来实现的，它允许在单个操作中无锁地读取、修改和写入变量。

我们通过一个简单的示例来对比一下使用原子类和使用synchronized关键字的不同。使用synchronized关键字的实现代码如下。

```java
public class SynchronizedCounter {
    private int count = 0;

    public synchronized void increment() {
        count++; // 这个操作现在是线程安全的
    }

    public synchronized int getCount() {
        return count;
    }
}
```

在上述代码中,我们使用了synchronized关键字来保证increment()方法在同一时刻只能被一个线程访问,从而保证线程安全。如果我们使用原子类实现该功能,可以选择AtomicInteger,实现代码如下。

```java
import java.util.concurrent.atomic.AtomicInteger;
public class AtomicCounter {
    private final AtomicInteger count = new AtomicInteger(0);

    public void increment() {
        count.incrementAndGet(); // 这个操作现在是线程安全的
    }

    public int getCount() {
        return count.get();
    }
}
```

通过两种实现方式的对比,我们会发现使用原子类有以下优点。

- 性能更好:使用原子类可以提供比synchronized关键字更好的性能,因为synchronized关键字会引入线程的阻塞和唤醒,这些都可能产生开销。原子类通常依赖底层的非阻塞硬件指令来实现原子性。
- 可伸缩性高:当多线程竞争锁时,使用synchronized关键字可能会导致瓶颈,尤其是在高度并发的环境下。相反,原子类通常能更好地扩展。
- 更简洁:原子类提供的方法直接且简单,使用原子类时的代码更简洁,而使用synchronized关键字则需要更多的样板代码。
- 锁的范围更具体:synchronized关键字会锁定一个方法或代码块,而原子类只在特定的变量上操作。

原子类通常是实现线程安全的单变量并发访问的首选方法,尤其是当性能和可伸缩性是关键时。原子类的主要作用有以下几点。

- 保证原子性:原子类通过底层处理机制保证了其操作在多线程环境下的原子性,即一个操作是完全独立的,不会与其他线程的操作产生冲突。
- 性能更高:相比于使用其他同步机制(比如synchronized关键字),原子类通常提供了更高的并发性能,因为它们利用的是底层硬件的支持,避免了线程阻塞和唤醒所带来的性能开销。
- 线程安全:使用原子类可以避免在并发编程中常见的线程安全问题,比如竞争条件不一致和内存不一致等。

- 锁粒度更细：相较于锁整个方法或代码块，原子类提供了更细的锁粒度，使得只有特定的变量操作是原子的，这可以减少不必要的同步开销。

JUC 包含一系列的原子类，具体类型如下。

- 基本类型：AtomicInteger、AtomicLong、AtomicBoolean。
- 数组类型：AtomicIntegerArray、AtomicLongArray、AtomicReferenceArray。
- 引用类型：AtomicReference、AtomicStampedReference、AtomicMarkableReference。
- 字段更新器：AtomicIntegerFieldUpdater、AtomicLongFieldUpdater、AtomicReferenceFieldUpdater。

在高并发情况下，使用这些原子类对共享变量进行操作，可以让程序变得更为安全和高效。

4.1.3 Lock 框架有哪些常用的锁？它们有什么优缺点？

Lock 框架是指 java.util.concurrent.locks 包中的一系列类和接口，它们是 JUC 的一部分。这些类和接口提供了在多线程程序中管理锁定的各种机制，专门用于处理线程之间的同步问题。

使用 Lock 框架可以在多线程环境下更灵活地控制锁定和解锁。Lock 接口提供了比传统的 synchronized 关键字更丰富的锁操作，包括非块结构的锁定、非阻塞地获取锁、可中断地获取锁以及在给定的最大时间范围内获取锁等多种方式。

在 java.util.concurrent.locks 包中有两个重要的接口，分别为 Lock 和 ReadWriteLock，它们代表了两种类型的锁，Lock 提供了基础的互斥锁功能，而 ReadWriteLock 针对读写操作提供了更细粒度的控制。下面我们列举几种 Lock 框架常用的锁及其优缺点。

（1）ReentrantLock。

ReentrantLock 实现了 Lock 接口的可重入锁。它具有与使用 synchronized 关键字相同的一些基本行为和语义，但与 synchronized 关键字相比，它提供了更多的高级功能。比如，它具有无条件的、可轮询的、定时的，以及可中断的锁获取操作，并且支持选择公平锁或非公平锁。

ReentrantLock 的优点如下。

- 灵活性高：与synchronized关键字相比，它提供了更多的高级功能，如尝试锁定（使用tryLock()实现）、带超时的锁定等。
- 可重入：线程可以重复获取已经持有的锁，避免死锁。
- 支持选择公平锁：可以设置为公平锁（先到先得），避免饥饿。

ReentrantLock的缺点如下。

- 性能损耗大：在高竞争环境下，管理锁的开销比较大。
- 易用性不足：需要手动释放锁，忘记释放锁可能导致死锁。

（2）ReentrantReadWriteLock。

ReentrantReadWriteLock实现了ReadWriteLock接口的读锁和写锁，它维护了一对相关的锁，一个用于只读操作，另一个用于写入操作。读锁可以由多个读线程同时持有，而写锁是独占的。

ReentrantReadWriteLock的优点如下。

- 能够提高性能：通过分离读锁和写锁，允许多个读线程同时访问，提高了并发性能。
- 灵活性高：适用于读多写少的场景。

ReentrantReadWriteLock的缺点如下。

- 锁升级问题：读锁无法直接升级为写锁。
- 开销较大：管理读锁和写锁的开销相对较大。

（3）StampedLock。

StampedLock提供了一种锁机制，用于管理对一个变量的读写访问，相比ReentrantReadWriteLock，它提供了更高的并发性。除了支持读锁和写锁，它还支持乐观读锁机制。乐观读允许在没有完全锁定的情况下进行读取，并且支持将乐观读锁转换为读锁或写锁。

StampedLock的优点如下。

- 高性能：它被设计用于解决ReentrantReadWriteLock的性能问题，并且通常表现更好。
- 支持锁升级和降级：提供了从读锁到写锁的转换方法，以及锁的降级方法。
- 支持乐观读模式：乐观读模式是一种不完全锁定的读模式，可以提高系统的整体吞吐量。

StampedLock的缺点如下。

- 不支持条件变量。

- 锁的获取方法不能被中断。

- API比较复杂，不当的使用可能导致死锁。

除上述提到的这些锁，还有LockSupport工具类，尽管LockSupport不是锁，但它是实现锁和其他同步工具的底层机制。它提供了基本的挂起和唤醒线程的功能，比如park()和unpark(Thread thread)。还有Condition，它需要与ReentrantLock配合使用，每个Condition实例都与一个锁绑定，提供对该锁进行精细控制的能力。总之，JUC中的这些锁都是基于AQS实现的，提供了比传统synchronized关键字更灵活、更强大的并发编程能力，允许我们实现更复杂的并发逻辑和数据结构。然而，这些额外的功能和灵活性带来了更高的复杂度和使用上的挑战。选择哪种锁，取决于具体的应用场景以及对性能、公平性、可重入性、读写分离等因素的需求。

4.1.4 常用的并发容器有哪些？适用于哪些场景？

并发容器在并发编程中扮演着非常重要的角色，它们提供了多线程安全的数据结构，允许多个线程同时对数据结构进行操作而不需要采用额外的同步机制。这些容器已经在内部处理了并发访问的问题，从而简化了编程模型，并提高了性能。

并发容器具有以下几个方面的优点。

- 线程安全。并发容器保证内部状态在并行访问时的一致性和完整性，无须程序员实现额外的同步。

- 提高性能。传统的同步容器（比如Vector或HashTable）通常在方法级别使用一个单一的锁来同步整个容器，这就造成了明显的性能瓶颈。并发容器使用更细粒度的锁或无锁技术来降低锁竞争，从而提高性能。

- 避免死锁。由于并发容器管理自己的内部锁，使用它们可以减少发生死锁的可能性。

- 提供新的并发操作。一些并发容器提供了传统容器中没有的新的并发操作，如BlockingQueue的阻塞操作。

我们来看一个生产者-消费者模式的示例。如果不使用并发容器实现，则代码如下。

```
public class SharedResource {
    private LinkedList<Object> list = new LinkedList<>();
    private final int LIMIT = 10;

    public synchronized void put(Object value) throws InterruptedException {
        while (list.size() == LIMIT) {
            wait();
        }
        list.add(value);
        notifyAll();
    }

    public synchronized Object take() throws InterruptedException {
        while (list.size() == 0) {
            wait();
        }
        Object value = list.removeFirst();
        notifyAll();
        return value;
    }
}
```

上面的代码使用了一个LinkedList来存储数据，其中，put()和take()方法通过synchronized关键字实现同步，使用wait()和notifyAll()方法来实现阻塞和唤醒功能。

上述示例如果使用并发容器BlockingQueue，则代码可以简化如下。

```
import java.util.concurrent.*;

public class ProducerConsumer {
    private BlockingQueue<Object> queue = new LinkedBlockingQueue<>(10);

    public void put(Object value) throws InterruptedException {
        queue.put(value);
    }

    public Object take() throws InterruptedException {
        return queue.take();
    }
}
```

在上面代码中，BlockingQueue内部使用了锁和条件队列来提供线程安全的put()和take()方法，同时还管理了队列的容量限制：当队列为满时put()方法会阻塞，当队列为空时take()方法会阻塞。

通过上述示例，我们可以得出一个结论，那就是并发容器通过内部的复杂机制为我们提供了简单的接口来进行并发编程，显著提升了开发效率和程序性能。JUC 提供了一系列的并发容器，它们可以在多线程环境中提供更高性能和线程安全的数据结构。以下是几个常用的并发容器及其适用场景。

（1）ConcurrentHashMap。

ConcurrentHashMap 是一个线程安全的 HashMap 实现，适用于存储键值对数据的场景。在有多个线程并发读写时，使用 ConcurrentHashMap 可以提供线程安全的高性能并发访问。

（2）CopyOnWriteArrayList。

CopyOnWriteArrayList 是一个线程安全的 List 实现，它通过在每次写入时复制底层数组来实现线程安全，适用于读取多写入少的并发场景，因为使用它时写入操作的开销较大，但读取操作非常快并且无锁。

（3）CopyOnWriteArraySet。

CopyOnWriteArraySet 是一个线程安全的 Set 实现，基于 CopyOnWriteArrayList，拥有和 CopyOnWriteArrayList 类似的特性和适用场景。当需要对集合进行的迭代操作远多于修改操作时，这个并发容器可以提供一种高效的线程安全方式。

（4）ConcurrentLinkedQueue。

ConcurrentLinkedQueue 是一个基于链表的、无边界的线程安全队列，适用于在高并发情况下进行插入、删除和访问操作，特别是在实现生产者 - 消费者模式时。

（5）BlockingQueue 的实现。

BlockingQueue 接口定义了一个线程安全的队列，它包括阻塞的读取和写入操作，适用于实现生产者 - 消费者模式的应用。该接口的实现类型有 ArrayBlocking-Queue、LinkedBlockingQueue、PriorityBlockingQueue、SynchronousQueue 等。

（6）ConcurrentSkipListMap 和 ConcurrentSkipListSet。

ConcurrentSkipListMap 和 ConcurrentSkipListSet 提供了一个线程安全的有序的 Map 和 Set 的实现，适用于需要保持元素的排序顺序的场景，例如实现一个范围查询或有序地遍历键值对。

这些并发容器在内部采用了特定的锁机制或无锁技术来降低同步的开销，保证了在并发环境下的高性能。实际使用时选择哪种并发容器，取决于具体的应用场景以及对性能和资源的需求。

4.1.5 同步容器与并发容器有什么区别?

在Java集合框架中,主要有List、Set、Map和Queue几大类并发容器,它们的大多数实现默认都是非线程安全的,比如ArrayList、LinkedList、HashMap等容器都是非线程安全的。在多线程环境中使用这些非线程安全的容器就会出现问题,需要我们在编写程序时手动处理,非常不方便,因此Java提供了一些同步容器供开发者使用。

同步容器是设计用来在并发环境下安全使用的数据结构,内置了多线程操作所需的同步措施。这使得开发者能够在多线程程序中直接使用这些容器,而无须担心线程安全问题。这些同步容器通常分为两种类型:普通同步类和通过Collections类包装的内部同步类。

(1)普通同步类。

普通同步类有Vector、Stack和HashTable,它们依靠给每个关键方法加上synchronized关键字来实现线程安全。比如Vector容器中的get()和set()方法的源码定义如下。

```java
public synchronized E get(int index) {
    if (index >= elementCount)
        throw new ArrayIndexOutOfBoundsException(index);

    return elementData(index);
}

public synchronized E set(int index, E element) {
    if (index >= elementCount)
        throw new ArrayIndexOutOfBoundsException(index);

    E oldValue = elementData(index);
    elementData[index] = element;
    return oldValue;
    }
```

使用synchronized关键字可以使每次只有一个线程能够执行这些同步的方法,从而保证操作的原子性。

(2)内部同步类。

内部同步类同步容器是通过Collections类创建的,通过SynchronizedList()和SynchronizedSet()方法,将原始容器包装成内部同步类SynchronizedCollection对象,并在关键代码块上利用synchronized锁定实现同步,从而创建出线程安全的容器。

SynchronizedCollection 部分源码定义如下。

```
static class SynchronizedCollection<E> implements Collection<E>, Serializable
{
    // 内部实现细节
    public boolean add(E e) {
        synchronized (mutex) {
            return c.add(e);
        }
    }
    // 其他方法
}
```

从源码中可以发现，在 SynchronizedCollection 内部同步类中，通过为操作指定一个锁对象 mutex 来保证方法的线程同步。

通过对同步容器的介绍，我们发现同步容器在性能上存在不足，由于对所有操作都添加了同步锁，对于需要多步骤的复合操作，同步容器有时候并不能保证线程安全。为了解决同步容器的这些问题，Java 提供了多种并发容器，例如 ConcurrentHashMap、CopyOnWriteArrayList 等。这些容器利用分段锁、无锁 CAS 算法等技术，将对共享资源的串行操作转换为并行操作，从而显著提升性能。

以 ConcurrentHashMap 和 HashTable 为例，虽然它们都是线程安全的 Map 集合，但是 ConcurrentHashMap 的性能比 HashTable 的性能要高，原因如下。

- HashTable 是同步容器，采用 synchronized 关键字锁定实现同步，其本质是对整张 HashTable 进行锁定，每次锁定整张表让线程独占，因此 HashTable 保证线程安全其实是以性能损耗为代价的。

- ConcurrentHashMap 是 JUC 提供的并发容器，它使用一种称为"分区锁定"或"段锁定"的技术。该技术将内部数据结构分为一定数量的段（Segment），每个段本质上是一个小的 HashMap，并且拥有自己的锁。默认情况下，这些段的数量是 16，也就是说，整个 ConcurrentHashMap 可以有 16 把锁，从而减小锁的粒度，提高并发访问的效率。

- 在较新的 Java 版本中，设计者对 ConcurrentHashMap 进行了重新设计和优化，去除了原有的段结构，改为在节点级别上使用锁，锁的粒度更小了，性能也得到了进一步提升。

同步容器和并发容器都是线程安全的，但是它们在设计和性能特征上有显著差异。以下是两者的主要区别。

①锁的粒度。

- 同步容器：通常在方法级别进行同步，这种方法简单但会导致较大的性能开销，特别是在高并发场景中。

- 并发容器：使用更精细的锁定策略（如分段锁定或无锁技术）来减少线程间的竞争。

②并发性能。

- 同步容器：由于使用了重量级的锁定机制，当多个线程频繁访问容器时，同步容器的性能可能会显著下降。

- 并发容器：通常能提供更高的并发级别和更好的性能，特别是当读取操作远多于写入操作时。

③设计目的。

- 同步容器：设计于早期的 Java 版本中，主要解决单线程容器在多线程环境中的线程安全问题。

- 并发容器：专为满足现代多核、并发编程的需求而设计，提供更强大的线程安全性能。

④内存一致性影响。

- 同步容器：保证内存一致性是通过在每个方法上使用 synchronized 关键字来实现的。

- 并发容器：使用了更复杂的机制来保证操作的原子性和内存可见性，例如使用 volatile 变量、CAS 操作和内部锁机制。

通过对比可知，同步容器在多线程环境中提供了基本的线程安全，但在高并发情况下可能会成为性能瓶颈。相反，并发容器通过锁的精细化和其他高级并发技术，提供了更好的性能和可伸缩性。在实际应用中，应根据实际场景选择合适的容器类型。

4.1.6 JUC 包含哪些同步工具类？有什么作用？

JUC 包含多种同步工具类，这些同步工具类解决了不同并发编程场景下的同步、通信问题，比如实现多线程之间的等待/通知机制、资源的共享与交换等。它们提供了复杂的同步机制，使得多个线程之间的协作更加简单。JUC 包含的同步工具类主要包括以下几种。

（1）CountDownLatch。

CountDownLatch 称为闭锁，其作用类似于加强版的 join() 方法的作用，可以让一组线程等待其他的线程完成工作以后执行。它常用于将一个大任务分割成若干个小任务并行执行，执行线程等待所有小任务都完成后，再执行后续的操作。例如，在系统启动时，可能需要加载多项服务和数据，如配置服务、数据库连接、缓存预热等，使用 CountDownLatch 可以保证在系统对外提供服务前，所有的基础服务和数据加载都已就绪。

（2）CyclicBarrier。

CyclicBarrier 称为栅栏，其作用是让一组线程到达某个屏障时被阻塞，直到组内的最后一个线程到达屏障时，屏障才会开放，所有被阻塞的线程才会继续运行。它允许一组线程相互等待，达到一个共同点后再一起继续执行。它适用于多线程计算数据，最后合并计算结果的场景。例如，在进行数据分析时，一个大型数据集可能被分割处理多个节点上的任务。为了进入下一个分析阶段，可能需要等待所有的节点完成其任务。使用 CyclicBarrier 可以协调各个节点，保证它们同步完成阶段性工作后再进入下一阶段。

（3）Semaphore。

Semaphore 称为信号量，用于控制同时访问某个特定资源的线程数量，即进行流量控制，控制对有限资源的访问。它可以控制同时访问资源的线程个数，实现资源的有效利用。例如，在限制对数据库的并发访问时，使用 Semaphore 可以限制同时访问的线程数，降低对数据库的压力，预防过多的并发操作导致的性能瓶颈或服务降级。

（4）Exchanger。

Exchanger 称为交换器，用于在线程之间交换数据，但是比较受限，因为它只能让两个线程之间交换数据。它提供一个同步点，在这个同步点处，两个线程可以交换彼此的数据。例如，在对账系统中，两个独立系统之间可能需要交换数据以核对交易记录的一致性。Exchanger 可以用于两个处理线程间的数据交换，保证数据核对的准确性。

（5）Phaser。

Phaser 称为阶段协同器，它提供了一些简便方法用于管理多个阶段的执行，即可以控制多个线程的按顺序和阶段执行。它在功能上类似于 CyclicBarrier 和 CountDownLatch，但更为灵活，它能够自适应地调整并发线程数，可动态增加和减少并发线程数。它还可以控制多阶段计算任务进行同步。Phaser的适用场景很多,具体如下。

- 多线程任务分配。Phaser可以用于将复杂的任务分配给多个线程执行,并协调线程间的合作。
- 多级任务流程。Phaser可以用于实现多级任务流程,在每一级任务完成后触发下一级任务。
- 模拟并行计算。Phaser可以用于模拟并行计算,协调多个线程间的工作。
- 阶段性任务。Phaser可以用于实现阶段性任务,在每一阶段任务完成后触发下一阶段任务。

（6）BlockingQueue。

BlockingQueue称为阻塞队列,它提供了线程安全的队列访问方式,其内部采用锁机制保证生产者和消费者使用的互斥。BlockingQueue是一个接口,实现类有多种类型,比如ArrayBlockingQueue、LinkedBlockingQueue、PriorityBlockingQueue、SynchronousQueue等。它常用于线程之间的任务传递,适用于生产者-消费者模式。例如,在实现一个订单处理队列系统时,使用BlockingQueue可以缓存待处理的消息,消费者线程可以安全地从队列中取出消息进行处理,而不会和其他线程发生冲突。

上述介绍的JUC同步工具在多线程程序设计中非常有用,它们解决了线程之间的协调和通信问题,是实现可靠并发应用程序的重要组成部分。我们可以根据需要选择合适的同步工具来简化并发程序的设计和实现。

4.2 面试官:谈谈JUC容器的实现原理

JUC容器不仅为Java并发编程提供了强有力的支持,也是高效并发应用开发的基石,它们对并发编程至关重要,体现在以下方面。

- 首先,这些容器通过内部细致的同步控制,实现了在多线程环境下的高效数据访问和修改,极大提高了程序性能。
- 其次,它们简化了并发编程的复杂度,开发者无须深入底层的同步机制,就能利用这些容器安全地处理数据,从而减少编程错误。
- 最后,JUC容器的设计采用了先进的并发控制技术,如分段锁、非阻塞算法等,进一步优化了性能和扩展性。

当面试官提出"谈谈 JUC 容器的实现原理"时，他主要是想考查求职者对 JUC 容器内部工作机制的理解程度。求职者对这个问题的应对策略如下。

- 基本工作原理介绍：介绍 JUC 容器的基本工作原理，比如 ConcurrentHashMap 是如何通过锁分段（Segmentation）技术来减少锁的粒度和竞争，从而提高并发性能的。
- 详细机制解析：如果可能的话，更详细地解释各个机制，比如 ConcurrentHashMap 存储结构、扩容机制以及线程安全保障机制等。
- 性能和限制讲解：讨论 JUC 容器在不同场景下的性能表现，以及它们的限制等。

综上所述，对于这个面试问题，我们可以按以下几方面具体、深入且条理清晰地进行回答。

（1）ConcurrentHashMap 的底层存储结构是什么？

在 Java 8 之前，ConcurrentHashMap 内部使用了分段锁机制来管理数据。它将数据分为若干段，每一段就像一个小的哈希表，拥有自己的锁。从 Java 8 开始对 ConcurrentHashMap 进行了重大改进，废弃了分段锁的设计，采用了一种更加精细的锁定机制，被称为节点锁，底层存储结构也变为了数组+链表+红黑树的复合结构。

（2）ConcurrentHashMap 如何保证线程安全？

在 Java 8 之前，ConcurrentHashMap 通过分段锁和无锁的读取操作来保证线程安全。在 Java 8 及之后，ConcurrentHashMap 去掉了分段锁，改用了一种分散数据的方法，只对数据的一部分加锁，从而在高并发的情况下提升了并发度。通过这种方式，ConcurrentHashMap 允许多个读取操作和一定数量的写入操作并发地进行。

（3）ConcurrentHashMap 如何实现扩容？

当 ConcurrentHashMap 中的元素达到一定的阈值时，会触发扩容操作。在 Java 8 及以后版本中，ConcurrentHashMap 的扩容是通过多个线程协作完成的。每个线程在扩容时负责迁移一部分桶里的节点到新的表中，这种方式被称为增量式扩容。迁移时，每个线程都能保证迁移的桶不会与其他线程产生冲突，从而避免了在扩容过程中的大面积数据锁定。

（4）在 ConcurrentHashMap 中什么情况下链表会转换为红黑树？

当链表的节点数量超过一个阈值（默认为 TREEIFY_THRESHOLD，在 Java

8中这个值为8）时，为了提高查找效率，ConcurrentHashMap会考虑将链表转换成红黑树。这样做能有效降低在高哈希冲突下的查找时间复杂度，即从$O(n)$变为$O(\log n)$。当红黑树的节点减少到一定程度时，红黑树会退化回链表。

（5）什么是Copy-on-Write？常见的CopyOnWrite容器有哪些？

Copy-on-Write是一种用于实现线程安全的策略，其字面意思是"写时复制"。其核心思想和实现细节如下。在修改容器时，不直接在原始数据上进行操作，而是先复制一份数据，然后在这份数据上进行修改，修改完成后再将原始数据指向新的数据结构。因此，读取操作总是在原始数据结构上进行，从而不需要加锁，可以提供较高的并发读取性能。常见的CopyOnWrite容器有CopyOnWriteArrayList和CopyOnWriteArraySet。

（6）CopyOnWriteArrayList是如何保证线程安全的？

CopyOnWriteArrayList通过在每次修改时复制整个底层列表来保证线程安全。这意味着任何修改操作都会在一个复制的列表上进行，而不是在原列表上进行。完成修改后，任何一个读取操作都会看到这个列表的最新的、一致的状态，因为内部的列表引用会被原子性地更新为指向新的副本。这个机制保证了读取操作无须同步，因为它们访问的是不变的列表副本。

为了让大家对JUC容器的实现原理有更深入的掌握和理解，灵活应对面试细节，接下来我们对上述解答要点逐个进行详解。

4.2.1 ConcurrentHashMap的底层存储结构是什么？

ConcurrentHashMap是Java中支持高并发、高性能的线程安全的HashMap实现，它作为java.util.concurrent并发包的一部分，与HashTable和通过Collections.synchronizedMap包装的HashMap相比，提供了更高的并发级别，同时保证了线程安全，且在多线程环境中的性能远优于前两者的性能。

ConcurrentHashMap的底层存储结构在Java 8之前和之后有所不同，这体现了不同版本间对高并发策略的优化。

（1）Java 8之前的ConcurrentHashMap的底层存储结构。

在Java 8之前，ConcurrentHashMap内部使用分段锁机制来管理数据。它将数据分为若干段，每一段就像一个小的HashMap，拥有自己的锁。当进行插入、删除等操作时，只需要锁定对应段，而不需要锁定整个HashMap。这样，在并发环境下，只要操作涉及的数据位于不同段中，这些操作就可以同时进行，大大提高了并发性能。分段结构如图4-1所示。

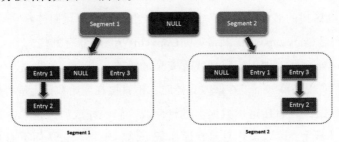

图 4-1

（2）Java 8及之后的ConcurrentHashMap的底层存储结构。

Java 8对ConcurrentHashMap进行了重大改进，废弃了分段锁的设计，采用了一种更加精细的锁定机制，这种机制被称为节点锁，底层存储结构也变为了数组+链表+红黑树的复合结构，如图4-2所示。

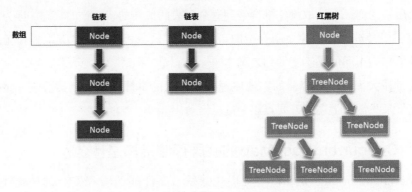

图 4-2

- 数组：ConcurrentHashMap的主干，存储数据的实际位置。
- 链表：在发生哈希冲突时，会使用链表来存储具有相同哈希值的节点。
- 红黑树：当链表的长度超过一定阈值（默认为8）时，链表会转换为红黑树，以提高查找效率。

在Java 8及之后的版本中，ConcurrentHashMap使用了一种称为锁分离的技术。例如，更新操作（如put()、remove()等）通过对节点加锁来实现，而读取操作大部分时间是完全无锁的，并且通过使用volatile变量来保证内存可见性，从而实现更高的并发性和性能。

ConcurrentHashMap是一种高效的并发HashMap，通过不断地优化和改进，其底层存储结构从最初的分段锁机制演化为更精细的节点锁机制，有效地提升了在并发环境中的操作性能，在读取多写入少的场景下表现出色。

4.2.2 ConcurrentHashMap 如何保证线程安全?

ConcurrentHashMap通过一系列精心设计的并发控制策略保证了线程安全，同时尽可能地提升并发访问性能。由于ConcurrentHashMap底层存储结构在Java 8之前和之后有所不同，因此并发控制策略也存在一些差异。

（1）Java 8之前的ConcurrentHashMap。

在Java 8之前的版本中，ConcurrentHashMap通过一个叫作"分段锁"的机制来保证线程安全。采用分段锁机制相比于同步整个HashMap显著提升了并发性能，这主要是因为它降低了锁的竞争程度。以下是Java 8之前的ConcurrentHashMap实现线程安全的关键技术。

- 分段锁。

ConcurrentHashMap被分为若干个段，每个段实际上是一个独立的HashMap，并且拥有自己的锁。每个段管理着它自己的一组桶，因此，不同段的操作是可以完全并行的。当一个线程需要访问ConcurrentHashMap中的数据时，它根据哈希键值确定应该访问哪个段，然后尝试获取那个段的锁。

当我们对某一个段添加或删除元素时，只需要锁定该段而不是整个HashMap。每个段都可以独立锁定，这提供了更高的并发性，因为不同的线程可以同时操作不同的段。默认情况下，段的数量是16，这意味着最多可以有16个线程并发地修改ConcurrentHashMap而不会发生冲突。

- 无锁的读取。

ConcurrentHashMap使用分段锁的主要目的是提高写入操作的并发性能，分段锁是保证线程安全的关键。但是，对于读取操作，在大多数情况下无须获取锁即可安全执行。这是因为在ConcurrentHashMap中，Segment数组及其一些关键变量使用volatile修饰，这保证了对于这些变量，一旦写入操作完成，对应的修改对所有读取线程都立即可见，并阻止了指令重排序。

基于volatile机制，ConcurrentHashMap让大多数读取操作可以使用无锁模式，前提是读取操作在写入操作完成后发生。

通过上述设计，Java 8 之前的 ConcurrentHashMap 实现了比同步 HashMap 更好的并发性和线程安全。然而，这种设计的缺点是内存占用增加，以及与细粒度锁相比其并发性能仍有改进空间，这也是 Java 8 中对 ConcurrentHashMap 内部进行重写，采用基于节点的细粒度同步策略的原因。

（2）Java 8 及之后的 ConcurrentHashMap。

在 Java 8 及之后的版本中，ConcurrentHashMap 改进了其线程安全的保障措施，摒弃了原有的分段锁机制，转而使用了一种更为精细的锁定机制。以下是 Java 8 及之后的 ConcurrentHashMap 实现线程安全的关键技术。

• CAS 操作。

Java 8 及之后的 ConcurrentHashMap 在内部使用原子操作（比如 CAS）来控制单个桶中的链表或红黑树节点的变化。当更新操作发生时，CAS 操作会比较当前值与预期值，如果二者一致，则将当前值更新为新值。这种机制避免了使用锁，减少了并发下的竞争，从而提高了性能。

• 锁分离。

尽管摒弃了分段锁机制，ConcurrentHashMap 仍然在内部使用锁来保护数据结构，但使用的是针对每个桶的细粒度锁。当多个线程访问不同桶的时候，这些操作可以完全并行进行。

• synchronized 关键字。

ConcurrentHashMap 使用了 synchronized 关键字来保护链表的头节点或红黑树节点。在 Java 8 及之后的版本中对 synchronized 关键字也进行了优化，执行性能得到了很大的提升。

• 节点的同步。

ConcurrentHashMap 在链表转换为红黑树时或者在多个线程同时尝试更新同一个桶时，会使用锁来同步节点的更新。这保证了即使多个线程试图同时访问和修改同一个桶，数据结构的完整性也不会受到破坏。

• 延迟初始化和树化。

为了提高内存利用率和减少初始化开销，ConcurrentHashMap 使用了延迟初始化技术，使得只有在第一次插入时才创建桶数组。此外，为了提高长链表的查找效率，当链表元素达到一定阈值时，ConcurrentHashMap 会将链表转换为红黑树，这样即使在有很多哈希冲突的情况下，查找效率也能得到显著提升。

通过这些改进，Java 8及之后的ConcurrentHashMap不仅保证了在并发环境下的线程安全，还在性能和内存占用方面相比之前的版本有了很多优化。

4.2.3 ConcurrentHashMap 如何实现扩容？

ConcurrentHashMap的扩容机制设计得非常精巧，它考虑到了高并发环境下的效率和线程安全性。在Java 8及之后版本中，ConcurrentHashMap的扩容主要跟以下操作和因素有关。

- 插入操作：当插入新元素时，如果当前表的大小不足以容纳更多元素，就可能触发扩容。扩容的一个常见原因是当前元素的数量超过了负载因子和当前容量的乘积。负载因子的默认值是0.75，这意味着当表中75%的桶被占用时，就可能会进行扩容。

- 初始化和构建：在初始化实例时，如果指定了一个初始容量（Initial-Capacity），并且预见到会有大量元素被插入，可能会预先触发一次扩容来避免后续多次的扩容操作；此外，在构建过程中如果发现默认容量不足，也会进行扩容。

- 并发级别：如果在高并发环境下，实际运行环境中线程数超过预期，并且当前容量已经无法高效支持这样的并发级别，也可能会触发扩容。这种情况下的扩容旨在通过增加内部存储结构的容量，来维持高效的并发访问性能。

- 负载因子：ConcurrentHashMap使用负载因子来评估何时需要扩容。负载因子与当前表的容量相乘的结果，定义了表在其容量自动增加之前可以达到的满度。当表中元素数量超过了该因子的值时，就会触发扩容。在ConcurrentHashMap中，默认的负载因子是0.75，这是一个在时间和空间成本之间的折中选择。

- 链表转红黑树：在Java 8及之后版本的ConcurrentHashMap的实现中，如果一个桶中的链表长度大于某个阈值（默认为8），并且当前表的容量大于或等于最小树化容量（默认为64），那么这个桶中的链表会被转换为红黑树以提高查找效率。如果当前容量小于最小树化容量，那么会先尝试扩容而不是将链表转换为红黑树。

综上所述，ConcurrentHashMap的扩容主要是为了优化性能和提高存储能力，以适应不断变化的数据量和并发需求。ConcurrentHashMap实现扩容的大致过程如下。

（1）初始化扩容。

当检测到某个桶太长或者整个 HashMap 中的元素总数超过了某个阈值时，会触发扩容。扩容的第一步是创建一个新的桶数组，其容量是原数组的 2 倍。

（2）分配转移任务。

为了避免单个线程占用太多时间和资源进行扩容，ConcurrentHashMap 将整个表分割成多个段，每个段可以独立地进行转移。线程会尝试获取对应段的锁来执行转移任务。如果转移任务被一个线程锁定，其他线程会寻找其他未锁定的段来帮助扩容，或者进行其他非阻塞操作。

（3）节点转移。

当一个线程锁定了一个段，它会遍历旧数组的这个段，并将每个桶中的节点转移到新表中。由于表的容量扩大了一倍，每个节点可能要么留在原来的索引位置，要么移动到原索引位置加上旧容量大小的位置。节点在新表中的位置可以通过它的哈希值与新表的长度进行位运算得到。

（4）转移完成。

当一个段内的节点都被成功转移后，线程会将这个段标记为已转移。如果所有段都被转移了，扩容任务就完成了。

（5）让其他线程知道扩容完成。

一旦扩容完成，所有插入、删除、更新等操作都会生成新表，并开始使用它。为了达到这个目的，ConcurrentHashMap 使用了一个转移完成标记，这个标记会在扩容完成后设置，并对所有线程可见。

在 ConcurrentHashMap 源码中，扩容主要涉及下面这几个关键方法。

- helpTransfer()。当一个线程发现哈希表正在进行扩容时，它会调用 helpTransfer() 方法来帮助进行数据迁移和扩容。putVal()、merge()、replace()、remove() 和 clear() 等方法都会触发 helpTransfer() 的调用。helpTransfer() 方法源码处理逻辑如下。

```
final Node<K,V>[] helpTransfer(Node<K,V>[] tab, Node<K,V> f) {
    Node<K,V>[] nextTab; // 新表的引用
    int sc; // 当前 sc 的值
    // 如果当前表不为空, 且 f 节点的类型是 ForwardingNode 类型 (表示正在迁移)
    //同时 f 节点包含的下一张表不为空
    if (tab != null && (f instanceof ForwardingNode) &&
        (nextTab = ((ForwardingNode<K,V>)f).nextTable) != null) {
```

```
        int rs = resizeStamp(tab.length); // 计算扩容标记
        // 如果下一张表就是nextTable，且当前表没有变化，同时sizeCtl为负值（表示正在扩容）
        while (nextTab == nextTable && table == tab &&
               (sc = sizeCtl) < 0) {
            // 如果扩容标记变化，或者已达到最大扩容线程数
            // 或者已经迁移完毕，则退出循环
            if ((sc >>> RESIZE_STAMP_SHIFT) != rs || sc == rs + 1 ||
                sc == rs + MAX_RESIZERS || transferIndex <= 0)
                break;
            // 原子地增加sc的值，尝试承担迁移任务
            if (U.compareAndSetInt(this, SIZECTL, sc, sc + 1)) {
                transfer(tab, nextTab); // 进行扩容和数据迁移
                break; // 迁移启动后退出循环
            }
        }
        return nextTab; // 返回新表的引用
    }
    return table; // 如果不满足迁移条件，返回原表
}
```

- tryPresize()。它用于尝试根据给定的目标容量进行扩容，putAll()和 treeifyBin()方法会触发 tryPresize()的调用。tryPresize()方法源码处理逻辑如下。

```
// 尝试根据给定的目标容量进行扩容
private final void tryPresize(int size) {
    // 如果要求的大小大于最大容量的一半，则直接设置为最大容量
    // 否则需要找到一个合适的大小（2的幂），该大小是第一个大于或等于目标容量1.5倍的数
    int c = (size >= (MAXIMUM_CAPACITY >>> 1)) ? MAXIMUM_CAPACITY :
        tableSizeFor(size + (size >>> 1) + 1);
    int sc;
    // 只要sizeCtl的值非负，就表示可以进行扩容操作
    while ((sc = sizeCtl) >= 0) {
        Node<K,V>[] tab = table; int n; // 当前表及其大小
        // 如果表为空或大小为0，初始化表
        if (tab == null || (n = tab.length) == 0) {
            n = (sc > c) ? sc : c; // 选取更大的值作为表的大小
            // 如果成功将sc设置为-1，表示锁定表的初始化过程
            if (U.compareAndSetInt(this, SIZECTL, sc, -1)) {
                try {
                    // 再次检查表是否未被初始化
                    if (table == tab) {
                        Node<K,V>[] nt = (Node<K,V>[])new Node<?,?>[n]; // 创建新表
                        table = nt; // 将新表设置为当前表
                        sc = n - (n >>> 2); // 更新sc为新表大小减去其四分之一，即
新表大小的0.75倍
                    }
                } finally {
                    sizeCtl = sc; // 最后设置sizeCtl的值，解锁初始化过程
                }
            }
        }
```

```
        }
        // 如果当前计算的大小小于或等于 sizeCtl 或当前大小已经是最大容量，则退出循环
        else if (c <= sc || n >= MAXIMUM_CAPACITY)
            break;
        // 如果当前表没有变化
        else if (tab == table) {
            int rs = resizeStamp(n); // 计算扩容标记
            // 如果成功将 sizeCtl 设置为扩容标记 +2，表示锁定扩容过程
            if (U.compareAndSetInt(this, SIZECTL, sc,
                                    (rs << RESIZE_STAMP_SHIFT) + 2))
                transfer(tab, null); // 进行扩容和数据迁移
        }
    }
}
```

- transfer()。transfer()在 HashMap 需要扩容时，负责将现有表中的键值对数据
  迁移到一个新的、容量更大的表中。tryPresize()、helpTransfer()、addCount()
  等方法都会触发 transfer() 的调用。transfer() 方法源码处理逻辑如下。

```
private final void transfer(Node<K,V>[] tab, Node<K,V>[] nextTab) {
    //n 为表长度；stride（步长）为每个线程一次性迁移到新表的数据的数量
    int n = tab.length, stride;
    // 基于 CPU 内核数来计算，每个线程一次性迁移多少数据最合理
    // 例如，NCPU=4，则 stride 为 1024>>>3/4=32
    if ((stride = (NCPU > 1) ? (n >>> 3) / NCPU : n) < MIN_TRANSFER_STRIDE)
        // stride 至少为 MIN_TRANSFER_STRIDE=16，才能保证效率
        stride = MIN_TRANSFER_STRIDE;
    // nextTab 为空，表示初始化新表
    if (nextTab == null) {                      // 检查新表是否为空
        try {
            Node<K,V>[] nt = (Node<K,V>[])new Node<?,?>[n << 1];
            nextTab = nt;                       // 初始化新表的大小为当前表大小的 2 倍
        } catch (Throwable ex) {                // 捕获异常，如 OutOfMemoryError
            sizeCtl = Integer.MAX_VALUE;        // 扩容失败，设置 sizeCtl 为最大值
            return;                             // 直接返回，不再扩容
        }
        nextTable = nextTab;                    // 更新 nextTable 为新表
        transferIndex = n;                      // 设置迁移索引
    }
    int nextn = nextTab.length;
    // 创建前向节点，标记节点已处理
    ForwardingNode<K,V> fwd = new ForwardingNode<K,V>(nextTab);
    boolean advance = true;                     // 控制迁移线程，确认是否继续处理下一个节点
    boolean finishing = false;                  // 确认是否完成迁移
    for (int i = 0, bound = 0;;) {              // 无限循环，直到迁移完成
        Node<K,V> f; int fh;
        while (advance) {                       // 当需要继续处理时
            int nextIndex, nextBound;
            if (--i >= bound || finishing)      // 如果达到边界或完成迁移, 则停止线程
```

```
            advance = false;                // 停止迁移线程
        else if ((nextIndex = transferIndex) <= 0) { // 如果迁移索引小于或等于0
            i = -1;                          // 设置i为-1，表示结束迁移
            advance = false;                // 停止迁移
        }
        // 在CAS操作成功地更新transferIndex后，设置bound和i，并将advance设
置为false以进行迁移
        else if (U.compareAndSwapInt(this, TRANSFERINDEX, nextIndex,
                                     nextBound = (nextIndex > stride ?
                                              nextIndex-stride:0))) {
            bound = nextBound;
            i = nextIndex - 1;
            advance = false;
        }
    }
    if (i < 0 || i >= n || i + n >= nextn) { // 如果索引无效或已处理完毕
        if (finishing) {                    // 如果完成所有迁移
            nextTable = null;               // 清理nextTable
            table = nextTab;                // 设置新的table为nextTab
            sizeCtl = (n << 1) - (n >>> 1); // 更新sizeCtl，设置新的扩容阈值
            return;                         // 返回，结束方法
        }
        // 使用CAS操作更新sizeCtl，准备完成迁移
        if (U.compareAndSwapInt(this, SIZECTL, sc, sc - 1)) {
            // 检查是否有其他线程已经开始了新一轮的扩容
            if ((sc - 2) != resizeStamp(n) << RESIZE_STAMP_SHIFT)
                return;                     // 如果是，则直接返回
            finishing = advance = true;     // 否则，设置finishing为true，准备结束
迁移
            i = n;                          // 从表的尾部开始
        }
    }
    else if ((f = tabAt(tab, i)) == null)   // 如果当前桶为空
        advance = casTabAt(tab, i, null, fwd); // 用CAS操作设置当前桶为前向
节点，标记迁移完成
    // 如果当前桶中第一个节点的hash值为MOVED，表示当前桶已迁移
    else if ((fh = f.hash) == MOVED)
        advance = true;                     // 继续处理下一个节点
    else {                                  // 否则，锁定当前桶，准备迁移其中的节点
        synchronized (f) {                  // 锁定当前桶的第一个节点
            if (tabAt(tab, i) == f) {       // 再次检查当前节点是否未被迁移
                Node<K,V> ln, hn;
                if (fh >= 0) {              // 如果是普通节点
                    // 确定表中最后一个节点的hash值
                    int runBit = fh & n;
                    Node<K,V> lastRun = f;
                    for (Node<K,V> p = f.next; p != null; p = p.next) {
                        // 计算节点的hash值，与runBit比较
                        int b = p.hash & n;
                        if (b != runBit) {
                            runBit = b;
```

191

```
                                    lastRun = p;
                            }
                    }
                    if (runBit == 0) { // 分离所有节点, 低位节点保持不变
                            ln = lastRun;
                            hn = null;
                    }
                    else {                    // 高位节点直接移动到新的位置
                            hn = lastRun;
                            ln = null;
                    }
                    // 分离表中的节点, 准备迁移
                    for (Node<K,V> p = f; p != lastRun; p = p.next) {
                            int ph = p.hash; K pk = p.key; V pv = p.val;
                            if ((ph & n) == 0)
                                    ln = new Node<K,V>(ph, pk, pv, ln);
                            else
                                    hn = new Node<K,V>(ph, pk, pv, hn);
                    }
                    setTabAt(nextTab, i, ln);     // 将低位节点放置在新表的相同节点
位置
                    setTabAt(nextTab, i + n, hn);     // 将高位节点放置在新表的下
一个节点位置
                    setTabAt(tab, i, fwd);                // 在原表中放置前向节点, 表
示迁移完成
                    advance = true;                      // 继续处理下一个节点
            }
        else if (f instanceof TreeBin) {     // 如果是 TreeBin(红黑树)
            TreeBin<K,V> t = (TreeBin<K,V>)f;
            TreeNode<K,V> lo = null, loTail = null;
            TreeNode<K,V> hi = null, hiTail = null;
            int lc = 0, hc = 0;
            // 分离红黑树中的节点, 准备迁移
            for (Node<K,V> e = t.first; e != null; e = e.next) {
                    int h = e.hash;
                    TreeNode<K,V> p = (TreeNode<K,V>)e;
                    if ((h & n) == 0) {
                            if ((p.prev = loTail) == null)
                                    lo = p;
                            else
                                    loTail.next = p;
                            loTail = p;
                            ++lc;
                    }
                    else {
                            if ((p.prev = hiTail) == null)
                                    hi = p;
                            else
                                    hiTail.next = p;
                            hiTail = p;
                            ++hc;
```

```
                          }
                      }
                   ln = (lc <= UNTREEIFY _ THRESHOLD) ? untreeify(lo) :
                         (hc != 0) ? new TreeBin<K,V>(lo) : t;
                   hn = (hc <= UNTREEIFY _ THRESHOLD) ? untreeify(hi) :
                         (lc != 0) ? new TreeBin<K,V>(hi) : t;
                   // 将低位节点放置在新表的相同节点位置
                   setTabAt(nextTab, i, ln);
                   // 将高位节点放置在新表的下一个节点位置
                   setTabAt(nextTab, i + n, hn);
                   // 在原表中放置前向节点，标记迁移完成
                   setTabAt(tab, i, fwd);
                   advance = true; // 继续处理下一个节点
               }
           }
        }
     }
   }
}
```

ConcurrentHashMap通过CAS操作将扩容操作的并发性能实现最大化，在扩容过程中，就算有线程调用get()方法查询，也可以安全地查询数据；若有线程调用put()方法插入，还会协助扩容，利用sizeCtl标记位和各种volatile变量进行CAS操作达到多线程之间的通信、协助，在迁移过程中只锁定了一个Node类型的节点，既保证了线程安全，又提高了并发性能。

4.2.4 在ConcurrentHashMap中什么情况下链表会转换为红黑树?

在Java 8及之后的版本中，ConcurrentHashMap在其内部结构上做了很大的调整。其中一个显著的改进是引入了红黑树来替换过长的链表。这样的设计可以在链表变得非常长时，改善其搜索性能，使时间复杂度从$O(n)$降低到$O(\log n)$。

在ConcurrentHashMap中，链表转换为红黑树需要满足以下两个条件。

- 首先，当某个桶中链表的节点数量超过一个阈值（默认为 TREEIFY_THRES HOLD，在Java 8中这个值为8）时，为了提高查找效率，ConcurrentHash-Map会考虑将该链表转换成红黑树。

- 其次，整个ConcurrentHashMap的容量（即桶的数量）必须达到一个最小的阈值（默认为MIN_TREEIFY_CAPACITY，在Java 8中这个值为64）。这是为了避免在表容量太小的情况下进行树化，因为如果桶的数量太少，即便采用红黑树，查找效率也不会提升多少。在这种情况下，会优先进行链表扩容。

链表转换为红黑树这一过程是在插入节点后的检查中进行的。当调用 put() 方法插入一个新节点后，会调用 addCount() 方法来检查是否需要进行扩容。如果链表的长度超过阈值并且容量也足够大，就会调用 treeifyBin() 方法来进行树化。

treeifyBin() 方法的实现源码如下。

```
/**
 * 将指定桶中的链表结构转换为红黑树结构
 * 只有当桶中链表不为空，并且长度达到树化的最小阈值时，才会执行树化操作
 * 如果桶中链表太小，则优先尝试进行扩容操作
 * @param tab   表示整个 ConcurrentHashMap 的桶中链表
 * @param index 要树化的桶的索引
 */
private final void treeifyBin(Node<K,V>[] tab, int index) {
    Node<K,V> b;  // 用于存储桶中链表的第一个节点
    int n;  // 用于存储桶中链表的长度
    // 首先保证桶中链表不为空
    if (tab != null) {
        // 如果链表长度小于树化要求的最小容量阈值，则尝试进行扩容
        if ((n = tab.length) < MIN_TREEIFY_CAPACITY)
            tryPresize(n << 1);  // 将链表长度翻倍
            // 否则从桶中链表获取指定索引处的头节点
// 并且头节点的哈希值不为负数（该值为负数代表正在进行移动操作）
        else if ((b = tabAt(tab, index)) != null && b.hash >= 0) {
            // 锁定整个链表，防止并发修改
            synchronized (b) {
                // 再次检查当前节点是否仍然是该索引处的头节点
                if (tabAt(tab, index) == b) {
                    // hd 和 tl 分别用来保存转换后的红黑树的头部和尾部
                    TreeNode<K,V> hd = null, tl = null;
                    // 遍历整个链表，并将链表节点转换为红黑树节点
                    for (Node<K,V> e = b; e != null; e = e.next) {
                        TreeNode<K,V> p = new TreeNode<K,V>(e.hash, e.key,
e.val, null, null);
                        // 如果尾节点为空，则当前节点为头节点
                        if ((p.prev = tl) == null)
                            hd = p;
                        else
                            tl.next = p;  // 将当前节点连接到树中
                        tl = p;  // 更新尾节点为当前节点
                    }
                    // 使用树化后将转换得到的红黑树结构放回原来的桶位置
                    setTabAt(tab, index, new TreeBin<K,V>(hd));
                }
            }
        }
    }
}
```

上述代码的作用就是将 ConcurrentHashMap 中某个桶中链表结构转换成红黑树

结构，如果转换条件满足，会锁定链表的第一个节点，然后遍历链表，并将链表节点转换成红黑树节点，最后将转换得到的红黑树结构放回原来的桶位置。

通过这种转换策略，ConcurrentHashMap保证了即使在有大量哈希冲突的情况下，它的性能也不会显著退化。这是一个非常有效的优化，特别是在高并发场景中，可以大幅度提高查找操作的效率。

4.2.5 什么是Copy-on-Write？常见的CopyOnWrite容器有哪些？

"Copy-on-Write"（COW）是一种优化策略，用于减少数组、列表等数据结构在并发修改时获取锁的需求，同时减少修改操作对读取操作的影响。这种策略适用于读取操作远多于写入操作的场景。Copy-on-Write的字面意思是"写时复制"，即仅在数据结构需要修改时进行复制操作。这种策略的核心思想和实现细节如下。

在修改容器时，不直接在原始数据上进行操作，而是复制一份数据，然后在这份数据上进行修改，修改完成后再将原始数据指向新的数据结构。修改后原始数据结构的引用会切换到已修改的副本，这样，任何时刻对这个数据结构的读取操作都不会受到写入操作的干扰。

使用Copy-on-Write策略有以下优点。

- 线程安全：读写操作分离，写入操作通过创建副本来避免直接修改原始数据，从而保证了线程安全。
- 高性能的读取操作：由于读取操作不需要获取锁，因此读取性能很高，特别适用于读取多写入少的场景。
- 避免并发修改异常：迭代器遍历的是一个固定快照，因此不会因为其他线程的写入操作而抛出ConcurrentModificationException。

凡事有利就有弊，使用Copy-on-Write策略有以下缺点。

- 内存占用：每次执行写入操作都需要复制整个数据结构，这可能导致较高的内存占用。
- 写入操作成本高：复制数据结构、执行修改操作以及更新引用都增加了写入操作的时间和资源成本。

总体来讲，Copy-on-Write是一种优雅的解决方案，适用于高并发且读取远多于写入的场景。它通过牺牲写入操作的性能和一定程度的内存使用，来获得无锁的读取操作和高并发性。在JUC中提供了两个常见的实现：CopyOnWriteArrayList和

CopyOnWriteArraySet。以下是这两种容器的主要特点和用途。

（1）CopyOnWriteArrayList。

CopyOnWriteArrayList是java.util.concurrent包提供的一个线程安全的List实现，采用了Copy-on-Write策略来最小化并发冲突，从而提高性能。当对CopyOnWriteArrayList进行添加、删除或更新操作时，它首先会将当前列表的内容复制到一个新的列表中，然后在这个副本上执行修改操作。修改完成后，CopyOnWriteArrayList会将内部的列表引用切换到这个新的列表上。因此，任何未修改的迭代器仍然可以安全地访问旧列表，而不会看到这些修改。使用Copy-on-Write策略也保证了线程安全性。

CopyOnWriteArrayList写入操作会比标准的ArrayList慢，因为它涉及复制整个底层列表的操作。但是，CopyOnWriteArrayList读取操作可以非常快且不需要获取锁，因为它们只是简单地访问列表的引用。因此，CopyOnWriteArrayList特别适用于读取操作远多于写入操作的场景，例如事件监听器的列表管理、缓存信息的存储等场景（其中的读取操作可能远远多于写入操作）。

由于写入操作涉及复制整个底层列表的操作，因此在元素数量较多时，写入操作可能会变得昂贵，在时间和空间上的代价比较大。对于小到中等规模的数据集，CopyOnWriteArrayList可以提供优异的并发性能；而对于写入操作较为频繁或数据集规模较大的情况，可能需要考虑采用其他替代方案，因为每次写入操作都需要复制整个数组，可能导致性能下降和内存使用增加。

（2）CopyOnWriteArraySet。

CopyOnWriteArraySet是java.util.concurrent包提供的一个线程安全的Set实现，它基于CopyOnWriteArrayList实现。这意味着它采用了Copy-on-Write策略，从而提高并发读取操作的性能，适用于读取操作远远多于写入操作的场景。

CopyOnWriteArraySet通过在内部使用CopyOnWriteArrayList来存储元素，并通过Copy-on-Write策略来保证线程安全。它能有效地避免ConcurrentModificationException异常，即在遍历集合时不会因为其他线程的写入操作而抛出异常。由于CopyOnWriteArraySet是基于List实现的Set，它在每次添加元素时都会检查该元素是否已存在，这样保证了集合中的元素唯一性，这也是它与CopyOnWriteArrayList的差异之一。

总之，CopyOnWrite容器非常适合在读取操作远多于写入操作的场景（例如缓存、监听器列表）中应用。由于写入操作的成本较高，它们不适合在写入操作频繁或内存资源受限的场景中应用。

4.2.6 CopyOnWriteArrayList是如何保证线程安全的？

CopyOnWriteArrayList通过Copy-on-Write策略保证线程安全，使用这种策略意味着每当列表需要修改（如添加、移除或更新元素）时，它都会先复制当前列表的内容到一个新的列表中，然后在这个副本上执行修改。修改完成后，它再将原来的列表引用指向这个新的、已修改的列表。这样，任何读取操作都只能访问到修改操作发生前的列表快照，从而避免了线程间的冲突。

下面我们通过CopyOnWriteArrayList的关键操作源码，深入理解它的线程安全机制。

* 添加操作。

add()方法用于添加一个元素，源码实现如下。

```
public boolean add(E e) {
    // 对 lock 对象加锁，确保以下操作是线程安全的
    synchronized (lock) {
        // 获取当前列表的快照
        Object[] es = getArray();
        // 计算当前列表的长度
        int len = es.length;
        // 复制出一个新的列表，其长度是原列表长度+1，这样做是为了加入新的元素
        es = Arrays.copyOf(es, len + 1);
        // 在新列表的最后一个位置设置新元素
        es[len] = e;
        // 将类的内部列表引用更新为新列表，完成元素添加
        setArray(es);
        // 返回 true 表示添加元素成功
        return true;
    }
}
```

上述add()方法是Copy-on-Write策略的具体实现之一，用于在多线程环境下安全地向列表添加新元素。它通过锁定一个对象来同步操作，保证了在添加元素时，不会由于并发操作而导致数据不一致的问题。此外，它通过先复制列表再添加元素的方式，保证了写入操作对读取操作的影响降到最低，从而提高了并发读操作的效率。

* 更新操作。

set()方法用于更新指定索引位置的元素值，源码实现如下。

```
public E set(int index, E element) {
    // 对 lock 对象加锁，保证以下操作是线程安全的
    synchronized (lock) {
        // 获取当前列表的快照
        Object[] es = getArray();
        // 获取并保存指定索引位置上的旧值
        E oldValue = elementAt(es, index);

        // 如果指定位置的旧值与要设置的新值不同，则进行替换操作
        if (oldValue != element) {
            // 复制当前列表，以便进行修改操作
            es = es.clone();
            // 在复制的列表上，将指定索引位置的元素替换为新元素
            es[index] = element;
            // 更新当前对象的列表引用，指向修改后的新列表
            setArray(es);
        }
        // 返回操作前索引位置上的旧值
        return oldValue;
    }
}
```

上述set()方法代码体现了Copy-on-Write策略，它在需要修改列表时不直接对当前列表进行操作，而是先复制一份当前列表的副本，然后在这个副本上进行修改。修改完成后，再将引用从原始列表指向修改后的列表。

- 移除操作。

remove()方法用于移除指定索引位置的元素，并返回被移除的元素，源码实现如下。

```
public E remove(int index){
    // 对 lock 对象加锁，保证以下操作是线程安全的
    synchronized (lock) {
        // 获取当前列表的快照
        Object[] es = getArray();
        // 获取列表的长度
        int len = es.length;
        // 获取并保存要移除的元素，即旧值
        E oldValue = elementAt(es, index);
        // 计算需要移动的元素数量，即指定索引之后的元素数量
        int numMoved = len - index - 1;
        // 创建新的列表存储结果
        Object[] newElements;
        // 如果移除的是最后一个元素，则直接复制除最后一个元素外的所有元素
        if (numMoved == 0)
            newElements = Arrays.copyOf(es, len - 1);
        else {
```

```
            // 如果移除的不是最后一个元素, 则创建一个新列表
            newElements = new Object[len - 1];
            // 将指定索引之前的元素复制到新列表中
            System.arraycopy(es, 0, newElements, 0, index);
            // 将指定索引之后的元素移动到新列表的指定位置, 以覆盖被移除的元素位置
            System.arraycopy(es, index + 1, newElements, index, numMoved);
        }
        // 更新当前对象的列表引用, 指向新修改后的列表
        setArray(newElements);
        // 返回被移除的元素
        return oldValue;
    }
}
```

上述代码同样使用了Copy-on-Write策略——先创建一个新的列表来进行移除操作, 然后更新列表引用。

- 读取操作。

get()方法用于根据索引读取元素, 它的操作很简单。由于访问的是列表的一个不变快照, 因此, 读取操作可以并发地进行而不需要获取锁, 这也是高效读取的关键所在。

```
// 根据给定索引获取元素
public E get(int index) {
    // 直接使用elementAt()方法从当前列表快照中获取指定索引的元素
    return elementAt(getArray(), index);
}

// 泛型方法, 从列表中获取指定索引位置的元素, 需要进行类型转换
static <E> E elementAt(Object[] a, int index) {
    // 进行强制类型转换, 并返回指定索引的元素
    return (E) a[index];
}

// 获取当前对象的列表快照
final Object[] getArray() {
    // 直接返回内部的列表引用
    return array;
}
```

通过上述源码可知, 添加、更新和移除属于修改操作, 都采用了Copy-on-Write策略, 在原列表副本上执行相应操作。而读取操作没有使用Copy-on-Write策略, 直接在当前列表的快照上进行读取, 无须获取锁, 因为即使有其他线程在进行写入操作, 它们操作的是列表的一个副本, 不会影响到当前的读取操作。这种机制在读取多写入少的并发场景下表现出色, 但在写入操作较多的场景下会因为频繁复制列表而导致性能下降。

4.3 面试官：谈谈你对并发队列的理解

JUC提供了多种并发队列，这些队列的特点各不相同，选择正确的并发队列类型对于保证应用程序的性能和资源利用率至关重要。

面试官提出"谈谈你对并发队列的理解"这个问题的考查目的包括以下几个方面。

- 基础知识：考查求职者是否了解并发队列的基本概念，包括并发队列是什么，以及它与普通队列有何不同。
- 并发控制机制：了解求职者是否熟悉并发队列背后的线程安全机制，比如锁（互斥锁、读写锁等）、无锁编程（CAS操作等）、阻塞算法和非阻塞算法等。
- 实现细节理解：考查求职者是否知道常见的并发队列实现，如ArrayBlockingQueue、LinkedBlockingQueue、ConcurrentLinkedQueue、PriorityBlockingQueue等，并了解它们的内部工作原理和适用场景。
- 性能考量：评估求职者是否能够根据不同应用场景选择合适的并发队列，并理解不同并发队列在性能（如吞吐量、响应时间等）和资源消耗（如CPU、内存消耗等）方面的权衡。
- 问题解决能力：考查求职者对并发队列可能出现的问题（如死锁、饥饿、活锁等）的理解和解决能力。

对于这个问题，我们可以针对面试官的考查目的进行拆解，分多个要点进行解答，具体逻辑如下。

（1）BlockingQueue和BlockingDeque有什么区别？

BlockingQueue是一个队列，它的插入和移除操作分别针对队列的尾部和头部进行。而BlockingDeque是BlockingQueue的扩展，它支持从队列的双端进行插入和移除操作。这意味着BlockingDeque可以当作队列、栈或双端队列使用。

（2）BlockingQueue阻塞队列的实现原理是什么？

阻塞队列的实现原理主要是利用锁和条件变量来控制线程的阻塞和唤醒。当队列为空时，移除操作的线程会在一个条件下等待；当队列为满时，添加操作的线程同样会等待。当有其他线程向队列中插入或移除元素时，相关线程会被唤醒并执行操作。

（3）ArrayBlockingQueue和LinkedBlockingQueue有什么区别？

ArrayBlockingQueue是基于数组结构的有界阻塞队列，这意味着它的容量在初始化时就被确定，不可更改。而LinkedBlockingQueue是基于链表结构的阻塞队列，它可以是有界的，也可以是无界的。从性能角度看，LinkedBlockingQueue通常能提供比ArrayBlockingQueue更高的吞吐量，但在有大量插入和移除操作时，ArrayBlockingQueue通常拥有更好的CPU缓存利用率。

（4）SynchronousQueue底层有几种数据结构？有什么区别？

SynchronousQueue内部实际上没有用于存储元素的数据结构。它支持两种不同的队列访问模式：一种是基于链表节点的非公平模式，另一种是基于堆栈的公平模式。非公平模式倾向于让最后一个插入或移除的线程有可能会优先得到处理；而公平模式则按照线程到达的顺序进行匹配，保证先到达的线程先得到服务。

（5）ConcurrentLinkedQueue是如何保证线程安全的？

ConcurrentLinkedQueue是一个基于链表节点的无界非阻塞队列。它通过使用CAS操作来保证线程安全，这是一种基于冲突检测的非阻塞算法，用以管理对共享数据的并发访问。当多个线程尝试更新同一个节点时，CAS操作只允许一个线程成功，其余线程会重试直到成功为止，这样保证了节点的安全更新，无须使用锁。

为了让大家对各种并发队列的工作原理内容有更深入的掌握和理解，灵活应对面试细节，接下来我们对上述解答要点逐个进行详解。

4.3.1 BlockingQueue和BlockingDeque有什么区别？

BlockingQueue和BlockingDeque都是JUC中的接口，用于在多线程环境中处理元素的集合，允许线程安全地从队列中添加和移除元素。它们在功能上有很多相似之处，主要的区别在于它们的数据结构特性和操作方法。

（1）BlockingQueue。

BlockingQueue代表一个支持阻塞操作的线程安全队列，它扩展了Queue接口，增加了能够阻塞或等待队列变为非空时取出元素，以及等待空间变得可用时存入元素的操作。

BlockingQueue支持的操作如表4-1所示。

表 4-1

方法	描述
add(e)	在队列的尾部插入指定的元素，成功时返回 true；如果没有可用空间，则抛出 IllegalStateException
offer(e)	在队列的尾部插入指定的元素，成功时返回 true；如果没有可用空间，则返回 false
offer(e, time, unit)	将元素插入队列的尾部，等待指定的时间以让空间变得可用；时间单位由第三个参数指定
put(e)	将元素插入队列的尾部，如果队列满，则等待空间变得可用
remove()	移除队列的头部元素，如果队列为空，则抛出 NoSuchElementException
poll()	移除并返回队列头部的元素，如果队列为空，则返回 null
poll(time, unit)	移除并返回队列头部的元素，如果队列为空，等待指定的时间以让元素变得可用，时间单位由第二个参数指定
take()	移除并返回队列头部的元素，如果队列为空，则等待直到有元素可用
element()	返回队列头部的元素，如果队列为空，则抛出 NoSuchElementException
peek()	返回队列头部的元素，如果队列为空，则返回 null

BlockingQueue 常用于生产者-消费者场景，其中，生产者和消费者可能运行在不同的线程中。生产者将对象放入队列，消费者则从队列中取出对象。当队列为空时，消费者线程会被阻塞，直到有元素可以取出。同样，如果队列是有界的，生产者线程在队列满时会被阻塞，直到队列中有空间可用以插入新元素。

BlockingQueue 只是一个接口，JUC 提供了多种具体实现，常用的几种如下。

- ArrayBlockingQueue：一个数组结构的有界队列。
- LinkedBlockingQueue：一个链表结构的可选有界队列。
- PriorityBlockingQueue：一个支持优先级排序的无界阻塞队列。
- DelayQueue：一个使用优先级队列实现的无界阻塞队列，其中的元素只有在其指定的延迟到期时才能取出。
- SynchronousQueue：一个不存储元素的阻塞队列，每个插入操作必须等待一个相应的移除操作，反之亦然。
- LinkedTransferQueue：一个链表结构的无界阻塞队列，实现了 TransferQueue 接口。

（2）BlockingDeque。

BlockingDeque代表了一个双端队列（Deque，即 Double-Ended Queue），同时支持阻塞操作。BlockingDeque继承自BlockingQueue，在BlockingQueue的基础上，增加了能够从队列的双端插入和移除元素的能力。这种双端队列支持同时作为标准队列（FIFO）和栈[LIFO（Last In First Out，后进先出）]使用。

BlockingDeque的主要特点和功能如下。

- 双端操作：提供了在队列的头部和尾部进行插入、移除和检查元素的操作。
- 阻塞操作：当队列为空时，获取操作会阻塞直到队列中有元素；在有界队列中，当队列为满时，插入操作会阻塞直到队列中有可用空间。
- 线程安全：所有的插入、移除和检查操作都是线程安全的，可以在多线程程序中使用而不需要额外的同步措施。
- 可选的固定容量：BlockingDeque可以是有界的，也可以是无界的。有界的BlockingDeque有一个最大容量限制。

BlockingDeque提供的主要方法如表4-2所示。

表4-2

方法	描述
addFirst(e) / offerFirst(e)	将指定元素插入双端队列的头部，队列已满时，直接抛出异常
addLast(e) / offerLast(e)	将指定元素插入双端队列的尾部，队列已满时，直接抛出异常
putFirst(e) / offerFirst(e, time, unit)	将指定元素插入双端队列的头部，队列已满时，进行阻塞等待
putLast(e) / offerLast(e, time, unit)	将指定元素插入双端队列的尾部，队列已满时，进行阻塞等待
removeFirst() / pollFirst()	移除并返回双端队列的第一个元素，队列为空时，直接抛出异常
removeLast() / pollLast()	移除并返回双端队列的最后一个元素，队列为空时，直接抛出异常
takeFirst() / pollFirst(time, unit)	移除并返回双端队列的第一个元素，队列为空时，进行阻塞等待
takeLast() / pollLast(time, unit)	移除并返回双端队列的最后一个元素，队列为空时，进行阻塞等待
getFirst() / peekFirst()	返回双端队列的第一个元素
getLast() / peekLast()	返回双端队列的最后一个元素

BlockingDeque扩展了BlockingQueue，它继承了BlockingQueue的所有功能，同时增加了对双端操作的支持，这种结构非常适用于需要双端访问的场景，如工作窃取算法和某些并发编程模式。JUC也提供了BlockingDeque的具体实现，例如LinkedBlockingDeque（它是一个基于链表结构的可选有界BlockingDeque）。

（3）两者的区别。

BlockingDeque 和 BlockingQueue 的区别主要有以下几个方面。

- 数据结构：BlockingDeque 是双端队列；而 BlockingQueue 是单向队列。
- 操作方法：BlockingDeque 提供了更多元的操作接口，支持从双端添加或移除元素；而 BlockingQueue 的操作相对受限。
- 用途和灵活性：BlockingDeque 由于其双向特性，适用于更复杂或需要双向操作的场景；而 BlockingQueue 通常用于简单的生产者-消费者场景。

在并发编程中，我们选择哪一种队列取决于具体的需求，例如需要单向队列还是双端队列、大小限制要求、插入和移除操作的公平性要求、排序要求等。

4.3.2 BlockingQueue 阻塞队列的实现原理是什么？

阻塞队列是一种常用的并发编程工具，它能够在多线程环境下提供一种安全而高效的数据传输机制，主要用于处理生产者-消费者问题，以实现数据的安全交互和传输速度协调。它具有以下特点。

- 阻塞特性。阻塞队列具有等待唤醒机制，使得当队列为空时，尝试从中取出元素的操作会被暂停、阻塞，直到队列中加入新元素。反之，当队列为满时，尝试向其中添加元素的操作也会被阻塞，直到队列中出现空位。
- 线程安全。为了保证在多线程环境下的数据一致性，阻塞队列内部采用锁或其他同步机制进行保护。
- 有界性。阻塞队列可以设置容量上限，当容量达到上限后，无法再向队列中添加新的元素，直到队列中部分元素被移除。
- 公平性。阻塞队列有公平和非公平策略以供选择，这两个策略将影响线程获取元素的顺序。公平队列按照线程请求的先后顺序分配元素，保证"先来后到"，而非公平队列允许某些线程优先获取元素，可能导致插队情形。

阻塞队列的底层数据结构主要通过数组或链表实现，具体情况如下。

- 数组实现：如 ArrayBlockingQueue 和 PriorityBlockingQueue，其中 ArrayBlockingQueue 要求指定容量且不可扩容，而 PriorityBlockingQueue 支持动态扩容，但扩容上限为 Integer.MAX_VALUE。
- 链表实现：LinkedBlockingQueue 使用链表结构，理论上是无界的，但实际上界限为 Integer.MAX_VALUE。

阻塞队列的主要通过ReentrantLock和条件变量来实现线程之间的同步与通信，并保证数据一致性和线程安全。ReentrantLock是实现线程互斥的一种机制，它基于AQS框架构建，而AQS是构建锁和同步器的框架。ReentrantLock支持重入，这意味着同一个线程可以多次获得已经持有的锁。

ArrayBlockingQueue、LinkedBlockingQueue和PriorityBlockingQueue等常见阻塞队列都采用ReentrantLock来实现线程间的同步控制。这些队列的插入和移除元素操作利用锁的条件变量来实现阻塞和唤醒机制。当遇到队列为空或为满时，操作无法立即执行，线程将在条件变量上等待。当插入或移除操作变得可行时，相关线程将被唤醒以继续其操作。线程的阻塞与唤醒则通过LockSupport类实现，线程的阻塞调用park()方法，而线程的唤醒调用unpark()方法。

比如ArrayBlockingQueue阻塞队列，put()和take()方法主要依赖于ReentrantLock和条件变量，实现源码如下。

- put()方法插入。

put()方法首先会检查队列是否已满，如果队列已满，则线程将在notFull条件下等待，直到空间变得可用。

```
public void put(E e) throws InterruptedException {
    Objects.requireNonNull(e); // 保证要插入的元素不为null
    final ReentrantLock lock = this.lock; // 与队列关联的重入锁
    lock.lockInterruptibly(); // 可中断地加锁，如果当前线程被中断则放弃加锁
    try {
        while (count == items.length) // 如果队列已满，则等待
            notFull.await(); // 等待队列不满的条件
        enqueue(e); // 将元素插入队列中
    } finally {
        lock.unlock(); // 保证在返回前释放锁
    }
}

/**
 * 将元素加入队列末尾的具体实现
 * @param e 表示要加入队列的元素
 */
private void enqueue(E e) {
    final Object[] items = this.items; // 队列的元素数组
    items[putIndex] = e; // 将新元素放入数组的指定位置
    if (++putIndex == items.length) putIndex = 0; // 如果到达数组末尾，循环回到数组开头
    count++; // 队列元素数量增加
    notEmpty.signal(); // 通知等待在notEmpty条件下的线程，队列中已添加了新元素
}
```

- take()方法移除。

take()方法首先会检查队列是否为空，如果是，则线程将在notEmpty条件下等待，直到有元素可用。

```
public E take() throws InterruptedException {
    final ReentrantLock lock = this.lock; // 与队列关联的重入锁
    lock.lockInterruptibly(); // 可中断地加锁，如果当前线程被中断则放弃加锁
    try {
        while (count == 0) // 当队列为空时等待，处理虚假唤醒
            notEmpty.await(); // 等待队列变为非空
        return dequeue(); // 从队列中移除并返回头元素
    } finally {
        lock.unlock(); // 保证在返回前释放锁
    }
}

/**
 * 从队列中实际移除元素的方法
 * @return 表示被移除的元素
 */
private E dequeue() {
    final Object[] items = this.items; // 队列的元素数组
    @SuppressWarnings("unchecked")
    E e = (E) items[takeIndex]; // 强制类型转换并取出元素
    items[takeIndex] = null; // 将取出元素位置置空
    if (++takeIndex == items.length) takeIndex = 0; // 循环队列索引增加
    count--; // 队列大小减 1
    if (itrs != null)
        itrs.elementDequeued(); // 如果迭代器非空，则通知元素已被移除
    notFull.signal(); // 通知等待在 notFull 条件下的线程
    return e; // 返回被移除的元素
}
```

以上就是阻塞队列的基本原理，ReentrantLock和条件变量保证了在多线程环境中队列的操作是安全的，并且当队列状态改变时能够正确地管理线程的阻塞和唤醒。

4.3.3 ArrayBlockingQueue和LinkedBlockingQueue有什么区别？

ArrayBlockingQueue和LinkedBlockingQueue都是JUC中的阻塞队列实现，它们在多线程环境下，尤其是在生产者-消费者场景中非常有用。尽管它们都实现了BlockingQueue接口，但两者在底层结构、性能、公平性和使用场景上有着明显的区别，具体如表4-3所示。

表4–3

阻塞队列	底层结构	性能	公平性	使用场景
ArrayBlockingQueue	基于数组结构实现，它是一个有界阻塞队列，初始化时必须指定容量	基于数组结构，在插入和移除元素时可能会涉及更多的元素移动操作，会稍微影响性能	在使用构造函数时可以指定是否公平的参数。如果设置为公平策略，那么等待时间最长的线程将优先得到处理	适用于固定大小的队列场景，例如在多线程环境下的固定数目的缓存
LinkedBlockingQueue	基于链表结构实现，它既可以是有界的，也可以是无界的。如果初始化时未指定容量，则默认为Integer.MAX_VALUE	基于链表结构，每次插入或移除操作都是直接对节点进行的，因此在并发场景下，特别是元素数量较多时会提供更高的吞吐量	默认情况下是非公平的，但它的性能通常优于公平模式的，因为后者需要维护一个等待线程队列	由于其几乎无界的特性，更适用于生产与消费速率差异较大的场景

总之，选择ArrayBlockingQueue还是LinkedBlockingQueue主要取决于具体应用的需求，包括容量限制、性能要求以及是否需要公平性等因素。

4.3.4 SynchronousQueue底层有几种数据结构？有什么区别？

SynchronousQueue是一个不存储元素的阻塞队列，它的作用不是存储元素，而是在线程间传递元素。每个插入操作必须等待一个移除操作，反之亦然，因此它内部实际上没有用于存储元素的数据结构。然而，SynchronousQueue支持两种不同的队列访问模式：公平模式和非公平模式。这两种模式在内部使用了不同的数据结构来管理等待的生产者和消费者线程。

（1）公平模式。

在公平模式下，SynchronousQueue使用TransferQueue类作为其底层的数据结构。TransferQueue是一个基于链表节点的等待队列，它保证了线程访问的公平性。在公平模式下，等待最久的线程会优先得到处理。这种方式通过维护线程的FIFO顺序，保证了每个线程都能按到达的顺序进行数据交换。

（2）非公平模式。

在非公平模式下，SynchronousQueue使用TransferStack类作为其底层的数据结构。TransferStack是基于LIFO策略的栈结构。这意味着最后一个尝试插入或移除的线程有可能会优先得到处理。这可以在某些情况下提高性能，因为它减少了线程之间的上下文切换。

SynchronousQueue 的队列访问模式是通过在构造函数中传递一个布尔值来选择的，构造函数代码如下。

```
public SynchronousQueue(boolean fair) {
    transferer = fair ? new TransferQueue<E>() : new TransferStack<E>();
}
```

如果 fair 参数为 true 则选择公平模式，SynchronousQueue 会使用 TransferQueue 类来管理线程。如果 fair 为 false 则选择非公平模式，SynchronousQueue 会使用 TransferStack 类来管理线程。无论选择哪种模式，SynchronousQueue 的核心功能都是允许一个线程向另一个线程直接传递数据，这是通过 transferer 对象的 transfer() 方法实现的，该方法的行为会根据使用 TransferQueue 和 TransferStack 而有所不同。

SynchronousQueue 的两种数据结构为我们提供了在公平性和性能之间做权衡并选择的机会。公平模式通过 TransferQueue 提供了一种保证线程公平竞争的方式，而非公平模式则通过 TransferStack 在某些场景下提供更好的吞吐量。选择哪种模式取决于应用场景的具体需求。

4.3.5 ConcurrentLinkedQueue 是如何保证线程安全的？

JUC 提供了阻塞和非阻塞两套并发队列工具，不同工具的线程安全机制不同，阻塞队列采用锁机制实现同步，非阻塞队列采用 CAS 机制实现同步。ConcurrentLinkedQueue 是一个基于链表结构的无界非阻塞队列，提供了非阻塞的并发访问队列的能力。

要深入了解 ConcurrentLinkedQueue 是如何保证线程安全的，我们需要从几个关键点入手：底层数据结构、线程安全保障机制，以及 ConcurrentLinkedQueue 的主要操作的实现原理。

（1）底层数据结构。

ConcurrentLinkedQueue 底层采用链表结构存储，这种链表是单向的，从头节点 head 开始一直连接到尾节点 tail。链表主要由 Node 类型的节点组成，每个节点包含两个主要的元素：存储的数据项和指向下一个节点的引用。ConcurrentLinkedQueue 类相关的实现源码如下。

```
public class ConcurrentLinkedQueue<E> extends AbstractQueue<E>
        implements Queue<E>, java.io.Serializable {
    // 静态内部类 Node, 用于存储数据项和指向下一个节点的引用
    static final class Node<E> {
        volatile E item; // 节点存储的数据项, 使用 volatile 关键字保证内存可见性和原
子性
        volatile Node<E> next; // 指向下一个节点的引用, 使用 volatile 关键字保证内存
可见性和原子性

        /**
         * 构造一个包含数据项的节点
         * 这个数据项只有通过 CAS 发布之后才能被看见
         * @param item 表示节点存储的数据项
         */
        Node(E item) {
            ITEM.set(this, item);
        }

        /** 构造一个空的哑元节点 */
        Node() {}

        /**
         * 以 relaxed 方式追加一个节点到当前节点之后
         * 这个方式不保证追加的节点立即对其他线程可见
         *
         * @param next 表示要追加的节点
         */
        void appendRelaxed(Node<E> next) {
            // 假设 next 不为空, 并且当前节点的 next 引用还没有指向其他节点
            NEXT.set(this, next); // 通过 Unsafe 或 VarHandle 实现节点追加
        }

        /**
         * 使用 CAS 操作更新节点存储的数据项
         * @param cmp 表示预期的数据项值
         * @param val 表示新的数据项值
         * @return 如果成功更新, 则返回 true, 否则返回 false
         */
        boolean casItem(E cmp, E val) {
            // 假设当前 item 的值要么等于 cmp, 要么为 null; cmp 不为 null; val 要设
置为 null
            return ITEM.compareAndSet(this, cmp, val); // CAS 操作
        }
    }

    // 队列头节点, 使用 transient 和 volatile 修饰, 不参与序列化, 保证内存可见性
    transient volatile Node<E> head;

    // 队列尾节点, 使用 transient 和 volatile 修饰, 不参与序列化, 保证内存可见性
    private transient volatile Node<E> tail;

    // 类的其他部分省略
}
```

代码中的 Node 静态内部类是 ConcurrentLinkedQueue 队列的基本组成单位，每个节点包含一个数据项（item）和一个指向下一个节点的引用（next），由于只有 next 节点，因此 ConcurrentLinkedQueue 是一个单向链表，同时 item 和 next 字段使用 volatile 关键字保证多线程环境下节点的内存可见性和原子性操作。通过 casItem() 方法中的 CAS 操作，ConcurrentLinkedQueue 实现了无锁的线程安全，从而实现了并发安全的数据更新。

（2）线程安全保障机制。

通过上述代码中的 casItem() 方法可以看出，ConcurrentLinkedQueue 使用了一种基于 CAS 操作的非阻塞算法保证线程安全，避免了在并发操作时使用锁产生阻塞。CAS 是一种基础的原子操作，它涉及 3 个操作数：内存位置（V）、预期值（A）和新值（B）。CAS 操作会仅当内存位置的值与预期值相匹配时，才将内存位置的值更新为新值。这保证了更新操作的原子性，即这一系列操作要么完全执行，要么完全不执行，不会被其他线程的操作中断。由于采用了 CAS 操作，ConcurrentLinkedQueue 实现了无锁设计。这种设计降低了线程竞争的开销，提高了并发性能，尤其是在高度并发的环境下。

（3）ConcurrentLinkedQueue 的主要操作的实现原理。

- 入队操作。offer() 方法的功能是将新的节点插入队列的尾部，具体过程如下。

```
public boolean offer(E e) {
    // 创建一个新节点，节点的值不能为空
    final Node<E> newNode = new Node<E>(Objects.requireNonNull(e));

    // 使用无限循环来尝试在队列尾部添加新节点
    for (Node<E> t = tail, p = t;;) {
        Node<E> q = p.next;
        if (q == null) {
            // p 是最后一个节点
            if (NEXT.compareAndSet(p, null, newNode)) {
                // CAS 操作成功使该元素成为队列节点
                // 并且使得 newNode 成为 "活跃" 的节点
                if (p != t) // 尝试每次跳过两个节点；操作失败也没关系
                    TAIL.weakCompareAndSet(this, t, newNode);
                return true;
            }
            // 如果 CAS 操作失败了，意味着其他线程在竞争中胜出；重新读取 next
        } else if (p == q) {
            // 如果 tail 未改变，它将不在列表上，在这种情况下我们需要跳到 head
            // 从 head 开始所有存活的节点都是可达的。如果 tail 改变，新的 tail 是一个更
好的尝试点
```

```
                p = (t != (t = tail)) ? t : head;
        } else {
            // 在两次跳跃后检查 tail 更新
            p = (p != t && t != (t = tail)) ? t : q;
        }
    }
}
```

在上述代码中，入队操作首先使用CAS操作尝试更新当前尾节点的next，如果成功，则通过CAS操作将tail更新到新插入的节点。如果在此过程中tail已经被其他线程更新，则重新尝试操作，直到成功为止。

- 出队操作。poll()方法的功能是将节点从头部移除，具体过程如下。

```
public E poll() {
    // 使用无限循环尝试从队列头部移除节点
    restartFromHead: for (;;) {
        for (Node<E> h = head, p = h, q;; p = q) {
            final E item;
            if ((item = p.item) != null && p.casItem(item, null)) {
                // 通过 CAS 操作使该节点从队列中移除
                if (p != h) // 尝试每次跳过两个节点
                    updateHead(h, ((q = p.next) != null) ? q : p);
                return item;
            } else if ((q = p.next) == null) {
                // 如果没有更多元素可移除，则更新 head 并返回 null
                updateHead(h, p);
                return null;
            } else if (p == q)
                // 如果 p == q，则继续从 head 开始新的循环
                continue restartFromHead;
        }
    }
}
```

在上述代码中，出队操作首先会获取head的后继节点，然后通过CAS操作尝试将head更新到该后继节点。如果在这个过程中head发生了变化，比如被其他线程更新，则重新尝试操作，直到成功为止。

通过上述源码实现可知，ConcurrentLinkedQueue利用了CAS操作来保证在多线程环境下的线程安全，同时尽量减少锁的使用以提高性能。这种无锁的设计和基于CAS操作的并发更新策略，实现了高效的线程安全队列，避免了传统锁机制可能引入的性能瓶颈，尤其适用于高并发场景。

4.4 面试官：介绍JUC同步工具的使用及实现原理

在多CPU日益普及的背景下，JUC同步工具提供了一系列机制来帮助开发者控制和管理多线程环境中的并发，保证线程之间的正确通信以及共享资源的合理使用。通过合理运用这些同步工具，可以降低并发程序设计的复杂性，使得开发者可以更容易地编写并发代码。

当面试官提出"介绍JUC同步工具的使用及实现原理"时，他主要想考查以下几个方面。

- 对JUC框架的理解：面试官希望了解求职者是否熟悉Java并发编程包及其提供的同步工具，这些工具包括CountDownLatch、CyclicBarrier、Semaphore、Exchanger等。这展示了求职者对Java并发库的掌握程度以及求职者如何在实际开发中利用这些工具来解决并发问题。

- 同步工具的适用场景：简单地了解这些工具是不够的，更重要的是要知道它们各自适用于什么样的场景。比如，CountDownLatch用于等待一组操作完成，CyclicBarrier用于让一组线程到达一个同步点再一起继续执行，等等。面试官通过这个问题可以评估求职者是否能够根据不同的需求选择合适的同步工具。

- 原理和内部实现：除了简单地了解这些工具及其适用场景之外，面试官还想知道求职者是否理解这些同步工具背后的原理和它们的内部实现是怎样的。比如，Semaphore底层如何实现，CountDownLatch的实现原理，Exchanger的实现机制等。

知己知彼，百战不殆，我们可以针对面试官的考查目的对该问题进行拆解，分成多个要点逐步展开解答，具体逻辑如下。

（1）CountDownLatch如何使用？其实现原理是什么？

CountDownLatch是一个同步工具类，用于延迟线程的进展直到其他线程的操作全部完成。在使用CountDownLatch时，首先需要指定一个计数器的初始值，该值表示必须等待的先行操作的数量；在某个事件完成时，可以调用countDown()方法将计数器的值减1；当计数器的值变为0时，等待的线程会被唤醒并继续执行。

CountDownLatch的内部实现利用了AQS框架，它提供了一个基于FIFO队列的等待/通知机制。AQS维护了一个计数器的值，CountDownLatch通过AQS来改变这个状态值。

（2）CyclicBarrier和CountDownLatch有什么区别？

CyclicBarrier与CountDownLatch的区别主要体现在功能和可重用性上。CountDownLatch主要用于使一个线程等待其他线程完成各自的工作后继续执行。而CyclicBarrier则用于多个线程间的相互等待，直到所有线程都到达一个共同的同步点后再一起继续执行。CyclicBarrier可以在到达同步点后重置，因此它可以用于重复的事件。CountDownLatch无法被重置，一旦计数器的值降至0，它就不能再次使用了。

（3）使用Semaphore需注意哪些问题？其底层如何实现？

在使用Semaphore时，可以选择公平模式或者非公平模式。公平模式下，线程获得许可的顺序与申请许可的顺序一致，这可能会影响性能；非公平模式无此保证，但一般会有更好的性能。在资源释放时，每个获得许可的线程都必须在finally块中释放许可，以保证所有的许可最终被释放。

Semaphore内部是使用AQS来实现的。它维护了一个许可集合，线程通过调用acquire()方法请求许可，如果没有可用的许可，线程将会被加入AQS维护的等待队列中。当其他线程调用release()方法时，会增加许可数量，并且有可能会唤醒等待队列中的线程。

（4）Exchanger主要解决什么问题？实现机制是什么？

Exchanger可以在两个线程之间建立一个同步点，在这个点上，两个线程可以交换彼此的数据对象。每个线程在到达同步点时提供一些数据给对方线程并接收对方线程的数据。Exchanger在遗传算法和管道设计等需要成对线程之间交换数据的应用场景中非常有用。

Exchanger内部使用了一种称为"CAS+等待/通知机制"的方式来实现线程之间的配对与数据交换，保证线程安全和数据的一致性。CAS机制保证两个线程之间交换数据安全性；而等待/通知机制实现当一个线程到达同步点而另一个线程未到达时，该线程进入等待状态。当另一个线程到达时，通过通知机制唤醒等待的线程，完成数据交换，并让两个线程继续执行。

为了让大家对JUC同步工具的使用及实现原理有更深入的掌握和理解，灵活应对面试细节，接下来我们对上述解答要点逐个进行详解。

4.4.1 CountDownLatch 如何使用？其实现原理是什么？

CountDownLatch 是 JUC 中的一个同步工具类，用来协调多个线程之间的同步，它允许一个或多个线程等待，直到在其他线程中执行的一组操作完成之后，再继续执行。CountDownLatch 利用一个计数器进行实现，计数器的初始值就是线程的数量，当每个被计数的线程完成任务后，计数器的值减 1，当计数器的值为 0 时，表示所有线程都已经完成了任务，然后等待的线程就可以恢复执行。

下面是使用 CountDownLatch 的主要步骤。

（1）初始化一个 CountDownLatch 的实例，指定计数器的初始值。

（2）当需要等待事件完成时，可以调用 await() 方法阻塞当前线程，直到计数器的值变为 0。

（3）当某个事件完成时，可以调用 countDown() 方法将计数器的值减 1。

（4）当计数器的值变为 0 时，所有在 await() 方法上等待的线程将会被唤醒并继续执行。

下面是一个 CountDownLatch 使用示例，示例代码如下。

```java
import java.util.concurrent.CountDownLatch;

public class Main {
    public static void main(String[] args) {
        // 假设我们需要等待 3 个并行线程任务
        final CountDownLatch latch = new CountDownLatch(3);

        // 创建任务并启动线程
        for (int i = 1; i <= 3; i++) {
            final int taskId = i;
            new Thread(() -> {
                try {
                    // 模拟任务执行
                    System.out.println("任务 " + taskId + " 正在执行 ");
                    Thread.sleep((long) (Math.random() * 1000 + 500));
                    System.out.println("任务 " + taskId + " 执行完毕 ");
                } catch (InterruptedException e) {
                    Thread.currentThread().interrupt();
                } finally {
                    // 任务完成后，计数减少
                    latch.countDown();
                }
            }).start();
        }

        try {
```

```
            // 主线程等待所有任务完成
            System.out.println(" 主线程等待任务完成…… ");
            latch.await();
            System.out.println(" 所有任务已完成, 主线程继续执行…… ");
        } catch (InterruptedException e) {
            Thread.currentThread().interrupt();
        }
    }
}
```

在上述示例中, 我们创建了3个并行线程任务, 每个任务完成后都会调
用countDown()方法。主线程在调用await()后会等待, 直到3个任务都调用了
countDown()方法, 计数器的值变为0后, 主线程才继续执行。这个机制在许多企
业级应用中非常有用, 例如, 在初始化过程中, 主线程需要等待多个服务启动完成
后才能继续执行。通过使用CountDownLatch可以简化线程之间的协调。

CountDownLatch主要通过一个计数器实现。此外, CountDownLatch还使用了
AQS作为同步控制的基础框架。AQS 是用来实现锁或其他同步器的一个基础类,
提供了一个FIFO队列, 可以用来管理等待的线程。

下面我们看一下CountDownLatch的实现源码, 核心实现如下。

```java
import java.util.concurrent.locks.AbstractQueuedSynchronizer;

public class CountDownLatch {
    // 继承 AQS 提供的同步器
    private static final class Sync extends AbstractQueuedSynchronizer {
        Sync(int count) {
            setState(count);
        }

        int getCount() {
            return getState();
        }

        // 减少计数器的值, 当计数器的值变为 0 时释放所有等待的线程
        public boolean tryReleaseShared(int releases) {
            // 无限循环, 使用 CAS 操作保证状态的正确设置
            for (;;) {
                int c = getState();
                if (c == 0) // 如果计数器的值已经为 0, 返回 false
                    return false;
                int nextc = c - 1;
                if (compareAndSetState(c, nextc)) // 如果 CAS 操作成功, 则递减计数器的值
                    return nextc == 0; // 如果计数器的下一个值是 0, 表示可以释放共享锁
            }
        }
```

```
    // 当计数器的值为 0 时，获取共享锁
    protected int tryAcquireShared(int acquires) {
        return (getState() == 0) ? 1 : -1;
    }
}

private final Sync sync;

// 初始化 CountDownLatch
public CountDownLatch(int count) {
    if (count < 0) throw new IllegalArgumentException("count < 0");
    this.sync = new Sync(count);
}

// 减少计数器的值
public void countDown() {
    sync.releaseShared(1);
}

// 等待计数器的值变为 0
public void await() throws InterruptedException {
    sync.acquireSharedInterruptibly(1);
}
}
```

在上述代码中，Sync 是 CountDownLatch 的一个静态内部类，它扩展了 Abstract-QueuedSynchronizer 类，维护着 state 同步状态值（state 表示剩余需要等待的事件数量）。

CountDownLatch 为我们提供了 countDown() 和 await() 两个公有方法，内部调用了 Sync 的 tryReleaseShared() 和 tryAcquireShared()，它们分别负责让计数器的值减 1 和等待计数器的值变为 0。tryReleaseShared() 是当事件发生时需要使用的方法，它会尝试通过 CAS 操作减少状态值，当状态值为 0 时允许释放锁。tryAcquireShared() 是线程尝试获取共享锁时调用的方法，它判断状态值是否为 0，如果为 0 表示锁可以被获取，否则获取失败。

总之，CountDownLatch 提供了清晰的等待/通知机制，易于理解和使用，能够简洁、高效地协调多个线程的执行顺序，保证一组线程都完成后才触发其他线程的执行，适用于资源加载、任务初始化等场景，是提升多线程程序性能和可靠性的重要工具。

4.4.2 CyclicBarrier 和 CountDownLatch 有什么区别？

CyclicBarrier 与 CountDownLatch 一样，也是 JUC 中的同步工具类，它允许一组

线程相互等待，直到所有线程都到达一个同步点（Barrier）后，这些线程才会继续执行。

在使用CyclicBarrier时，我们需要创建一个CyclicBarrier实例并指定一个整数，这个整数表示需要相互等待的线程数量。某个线程在到达同步点时会调用await()方法，该方法会阻塞线程直到所有参与的线程都到达了同步点。一旦最后一个线程到达同步点，即所有线程都到达了同步点，CyclicBarrier会执行一个可选的处理操作，比如合并结果数据等。执行完处理操作后，所有被await()方法阻塞的线程会被释放，并可以继续执行。

CyclicBarrier常用于处理并行编程中多个线程互相等待，需要保证所有线程都能够一起继续执行的场景。它的常见的应用场景包括并行计算中的大型计算任务分割、游戏开发中的多玩家游戏同步等。下面我们看一个CyclicBarrier的使用示例，代码如下。

```java
import java.util.concurrent.CyclicBarrier;

public class CyclicBarrierExample {
    // 创建一个 CyclicBarrier 实例
    // 指定 3 个线程任务在执行完任务后需要在同步点互相等待
    private static CyclicBarrier barrier = new CyclicBarrier(3);

    public static void main(String[] args) {
        // 创建并启动线程
        for (int i = 0; i < 3; i++) {
            Thread worker = new Thread(new Worker(i));
            worker.start();
        }
    }

    static class Worker implements Runnable {
        private int id;

        public Worker(int id) {
            this.id = id;
        }

        @Override
        public void run() {
            try {
                System.out.println("Thread " + id + " 正在执行任务 ");
                // 模拟任务执行时间
                Thread.sleep((long) (Math.random() * 1000));
                System.out.println("Thread " + id + " 到达同步点, 正在等待其他线程 ");
                // 调用 await() 方法等待其他线程
```

```
        barrier.await();
        System.out.println("Thread " + id + " 继续执行任务 ");
    } catch (Exception e) {
        e.printStackTrace();
    }
    }
    }
}
```

在上述示例中，我们创建了 3 个线程任务，它们在执行完任务后需要在同步点互相等待，直到所有线程都到达同步点，然后继续执行剩余的任务。

前面我们了解了 CyclicBarrier 的功能和使用，接下来了解 CyclicBarrier 和 CountDownLatch 之间的不同，它们在使用和功能上有明显的区别，主要如下。

（1）功能和工作方式。

- CountDownLatch：实现一个或多个线程等待其他线程完成操作，然后继续执行。它使用一个计数器，该计数器的值在初始化时设置，随后每调用一次 countDown() 方法，计数器的值就减 1；当计数器的值变为 0 时，所有调用 await() 方法而被阻塞的线程将被唤醒并继续执行。

- CyclicBarrier：实现一组线程互相等待，到达一个公共同步点后，这些线程再继续执行。CyclicBarrier 在初始化时需指定一个线程数量，当这些线程都到达了同步点时，可以执行一个可选的运行一次的处理动作，例如合并结果，然后这些线程继续执行。

（2）可重用性。

- CountDownLatch：不能重置，一旦计数器的值变为 0，就不能再次使用了。如果需要再次使用，需要创建新的 CountDownLatch 实例。

- CyclicBarrier：可以重用，一旦所有等待的线程都到达了同步点，同步点就会被重置，然后可以再次使用。

（3）功能操作。

- CountDownLatch：只涉及一个操作，即 countDown()，它用来减少计数器的值。所有等待的线程通过 await() 方法等待计数器的值变为 0。

- CyclicBarrier：主要操作是等待所有线程到达，通过调用 await() 方法实现。使用 CyclicBarrier 时还可以通过构造函数设置一个处理操作，即编写一段处理代码，当所有线程都到达同步点时自动执行。

（4）应用场景。

- CountDownLatch：通常被用于一组操作中，主线程需要等待其他线程完成任务后才能继续执行。例如，主线程需要等待服务的初始化。
- CyclicBarrier：适用于并行计算，多个线程必须互相等待直到所有线程都完成它们各自的任务，然后合并结果，进行下一步的操作。

简单来讲，CountDownLatch是一次性的，CyclicBarrier是可循环利用的。CountDownLatch用于一个线程等待其他线程，而CyclicBarrier用于多个线程相互等待。

4.4.3 使用Semaphore需注意哪些问题？其底层如何实现？

JUC中的Semaphore可以控制对共享资源的访问数量，主要用于实现对有限资源的访问控制。它可以用来控制同时访问某些数量有限的资源的线程数量，例如数据库连接或网络连接等。

Semaphore内部维护了一个许可集合，其在本质上是一个计数器，该计数器代表可用许可的数量。线程通过调用acquire()方法请求许可，如果Semaphore包含可用的许可，则Semaphore将授予许可并减少一个可用许可的数量；如果没有可用的许可，acquire()方法将阻塞，直到其他线程释放许可。线程在使用完资源后，通过调用release()方法将许可返回给Semaphore，增加可用许可的数量。

下面是一个使用Semaphore的简单示例，它演示如何控制对某项资源的访问，示例代码如下。

```
import java.util.concurrent.Semaphore;

public class SemaphoreExample {
    // 创建一个 Semaphore 实例，允许 5 个许可
    private static final Semaphore semaphore = new Semaphore(5);

    public static void main(String[] args) {
        // 创建并启动线程
        for (int i = 0; i < 10; i++) {
            Thread worker = new Thread(new Worker(i));
            worker.start();
        }
    }

    static class Worker implements Runnable {
        private int id;
```

```
    public Worker(int id) {
        this.id = id;
    }

    @Override
    public void run() {
        try {
            // 请求许可
            semaphore.acquire();
            System.out.println("Thread " + id + " 获取许可, 执行任务 ");
            // 模拟任务执行时间
            Thread.sleep((long) (Math.random() * 1000));
        } catch (InterruptedException e) {
            e.printStackTrace();
        } finally {
            // 释放许可
            semaphore.release();
            System.out.println("Thread " + id + " 完成任务, 释放许可 ");
        }
    }
}
```

在上述示例中, 有 10 个线程试图访问只有 5 个许可的资源, 每个线程在获取许可后执行任务, 任务完成后释放许可。使用 Semaphore 保证了任何时候都不会有超过 5 个线程同时执行任务。

在使用 Semaphore 时, 需要注意以下几个关键问题, 避免常见的编程错误和潜在问题。

（1）正确管理许可的获取和释放。

如果线程在获取到许可后因为异常没有释放许可, 这个许可就会永久丢失, 进而导致其他线程可能无法获取到许可, 最终可能导致系统吞吐量下降或产生死锁。我们可以在 finally 块中释放许可, 这样无论操作成功还是遇到异常, 都能保证所有的许可被正确释放。

（2）避免非公平许可分配导致的饥饿问题。

在默认情况下, Semaphore 是非公平的, 这意味着没有任何机制能保证线程按照请求许可的顺序获得许可。在高负载的情况下, 这可能导致某些线程饥饿, 它们需要等待很长时间才能获取许可或永远不能获取许可。我们可以通过在使用 Semaphore 构造方法时设置 fair 参数为 true 来启用公平模式, 保证线程按照请求许可的顺序获得许可。

（3）避免死锁。

如果线程在持有其他锁的同时请求许可，且许可暂时不可用，可能会导致死锁，特别是当两个或多个线程以不同的顺序请求相同的一组锁时更容易发生死锁。我们需要保证所有线程按相同的顺序请求锁，或者使用tryAcquire()方法尝试锁定的方法来避免阻塞。

（4）控制许可总量。

在动态调整应用程序的行为时，错误地增加或减少许可总量可能会导致系统表现出不稳定或不符合预期的行为。我们需要谨慎管理许可的总量，保证许可的增加和减少符合业务逻辑和预期。

在使用Semaphore时，只有遵循上述注意事项，我们才可以有效地避免可能遇到的问题，保证应用程序的稳定和性能。

在Semaphore实现类中，有FairSync（公平模式）和NonfairSync（非公平模式）两个内部类，它们都继承自AQS，为Semaphore提供加锁、释放等同步支持。我们在创建Semaphore对象时，可以使用构造方法选择公平模式，相关实现源码如下。

```
public Semaphore(int permits) {
    // 默认使用非公平模式
    sync = new NonfairSync(permits);
}
public Semaphore(int permits, boolean fair) {
    //fair 为 true 使用公平模式; fair 为 false 使用非公平模式
    sync = fair ? new FairSync(permits) : new NonfairSync(permits);
}
```

当一个线程请求许可时，需要使用acquire()方法，该方法的执行流程如下。

（1）Semaphore的acquire()方法会调用AQS的acquireSharedInterruptibly()方法。

（2）acquireSharedInterruptibly()方法会继续调用FairSync或NonfairSync的tryAcquireShared()方法返回许可的数量，如果该数量小于0就调用doAcquireSharedInterruptibly()方法阻塞线程。

（3）tryAcquireShared()方法负责维护许可数量，将获取的许可数量减去，返回剩余的许可数量。

acquire()方法相关的实现源码如下。

```
//Semaphore 的 acquire() 方法实现
public void acquire() throws InterruptedException {
```

```java
    // 请求以中断模式获取一个共享资源
    sync.acquireSharedInterruptibly(1);
}
//AQS 的 acquireSharedInterruptibly() 方法实现
public final void acquireSharedInterruptibly(int arg)
        throws InterruptedException {
    // 如果当前线程已经被中断，则直接抛出 InterruptedException
    // 不再继续尝试获取资源
    if (Thread.interrupted())
        throw new InterruptedException();
    // 尝试获取资源，arg 表示尝试获取资源的数量或获取操作的某种参数
    // 如果 tryAcquireShared() 的返回值小于 0，表示获取失败，需要排队等待
    if (tryAcquireShared(arg) < 0)
        // 真正地进入等待队列，等待获取共享资源，直到获取成功或者线程被中断
        doAcquireSharedInterruptibly(arg);
}


// 以非公平模式获取资源
protected int tryAcquireShared(int acquires) {
    // 直接调用以非公平模式获取资源
    return nonfairTryAcquireShared(acquires);
}


// 尝试以非公平模式获取共享资源的方法的实现
final int nonfairTryAcquireShared(int acquires) {
    // 无限循环，尝试获取资源，直到成功或者不再可能获取资源（例如资源不足）
    for (;;) {
        // 获取当前可用的资源数量
        int available = getState();
        // 计算在尝试获取指定数量的资源后剩余的资源数量
        int remaining = available - acquires;
        // 如果剩余资源数量小于 0，表示资源不足，或者成功使用 CAS 操作更新状态值
        // 则返回剩余资源数量
        if (remaining < 0 ||
            compareAndSetState(available, remaining))
            return remaining;
    }
}


// 以公平模式获取资源
protected int tryAcquireShared(int acquires) {
    // 无限循环，尝试获取资源，直到成功或者不再可能获取资源（例如资源不足）
    for (;;) {
        // 检查当前线程是否应该排队等待，而不是尝试获取资源
        // 如果有线程排在当前线程之前，则返回 -1，表示当前线程应该排队等待
        if (hasQueuedPredecessors())
            return -1;
        // 获取当前可用的资源数量
        int available = getState();
        // 计算在尝试获取指定数量的资源后剩余的资源数量
        int remaining = available - acquires;
```

```
        // 如果剩余资源数量小于 0
        // 或者成功使用 CAS 操作更新状态值，则返回剩余资源数量
        if (remaining < 0 ||
            compareAndSetState(available, remaining))
            return remaining;
    }
}
```

在非公平模式下，tryAcquireShared()方法通过一个无限循环来不断尝试获取资源。该方法内部首先获取当前可用的资源数量，然后计算在尝试获取指定数量的资源后剩余的资源数量，如果资源数量足够，它会减去请求的资源数并使用CAS操作更新状态值。如果剩余资源数量小于0或CAS操作成功，则会终止循环，返回剩余资源数量。

而在公平模式下，tryAcquireShared()方法则加入了对等待队列的检查。使用hasQueuedPredecessors()方法检查是否有线程排在当前线程之前，如果有，则当前线程应该排队等待，该方法返回-1。该流程实现了一种更公平的资源获取方式，即遵循先到先得的原则。如果没有线程排在当前线程之前，并且资源足够，则通过CAS操作来获取资源。

当一个线程释放许可时，需要使用release()方法，该方法执行流程如下。

（1）Semaphore的release()方法会调用AQS的releaseShared()方法。

（2）releaseShared()方法会继续调用Semaphore的tryReleaseShared()方法释放许可，如果释放成功，就调用doReleaseShared()方法唤醒队列中的线程。

（3）tryReleaseShared()方法负责尝试释放许可，并将释放的许可数量加上，然后通过CAS操作更新状态值。

release()方法相关的实现源码如下。

```
// 释放指定数量的许可，参数 permits 表示要释放的许可数量
public void release(int permits) {
    // 如果尝试释放的许可数量小于 0，则抛出 IllegalArgumentException 异常
    // 因为许可数量不能是负数，这是非法的操作
    if (permits < 0) throw new IllegalArgumentException();
    // 调用 sync 对象的 releaseShared() 方法来释放指定数量的共享许可
    // sync 是 AQS 的一个实例，用于控制对共享资源的访问
    sync.releaseShared(permits);
}

// 尝试以共享模式释放资源，参数 arg 表示要释放资源的数量
// 如果成功释放资源，则返回 true，否则返回 false
```

```
public final boolean releaseShared(int arg) {
    // 尝试释放指定数量的资源，这是一个受保护的方法
    // 如果释放操作成功，即 tryReleaseShared() 方法返回 true，则继续执行释放操作
    if (tryReleaseShared(arg)) {
        // 完成释放资源后的一些额外操作，例如唤醒等待中的线程等
        doReleaseShared();
        // 释放成功，返回 true
        return true;
    }
    // 释放失败，返回 false
    return false;
}

// 尝试释放指定数量的共享资源，参数 releases 表示要释放的资源数量
protected final boolean tryReleaseShared(int releases) {
    // 使用无限循环尝试更新共享资源的状态
    for (;;) {
        // 获取当前的共享资源状态
        int current = getState();
        // 计算释放资源后的新状态
        int next = current + releases;
        // 检查是否存在溢出的情况，即释放后的资源数量超过了允许的最大值
        if (next < current) // 溢出
            throw new Error("Maximum permit count exceeded");
        // 使用 CAS 操作尝试更新状态值，如果成功，则退出循环并返回 true
        if (compareAndSetState(current, next))
            return true;
    }
}
```

上述代码用于实现共享资源的释放逻辑，通过 CAS 操作保证了状态更新的原子性和线程安全性。共享模式下释放资源可能会影响多个等待获取资源的线程，因此在成功释放资源后，会调用 doReleaseShared() 方法来进行必要的后续操作，比如唤醒那些因资源不足而等待的线程。

4.4.4 Exchanger 主要解决什么问题？实现机制是什么？

Exchanger 是 JUC 提供的一个用于线程间协作的工具类，可以在两个线程之间建立一个同步点，在这个点上，两个线程可以交换彼此的数据对象。Exchanger 可以被视为双向的 SynchronousQueue，适用于两个线程需要交换数据的场景，可保证数据交换的安全性。

下面是一个使用 Exchanger 类的简单示例，它实现了两个线程之间的数据交换。

```
import java.util.concurrent.Exchanger;
```

```
public class ExchangerExample {

    // 创建 Exchanger 对象, 用于交换 String 类型的数据
    static Exchanger<String> exchanger = new Exchanger<>();

    public static void main(String[] args) {
        // 创建生产者线程
        Thread producerThread = new Thread(() -> {
            try {
                String producedElement = "Data from producer"; // 生产者生产数据
                // 等待交换数据, 并接收来自消费者的数据
                String consumerData = exchanger.exchange(producedElement);
                System.out.println("Producer received: " + consumerData);
            } catch (InterruptedException e) {
                Thread.currentThread().interrupt();
            }
        });

        // 创建消费者线程
        Thread consumerThread = new Thread(() -> {
            try {
                String consumedElement = "Data from consumer"; // 消费者准备交换
的数据
                // 等待交换数据, 并接收来自生产者的数据
                String producerData = exchanger.exchange(consumedElement);
                System.out.println("Consumer received: " + producerData);
            } catch (InterruptedException e) {
                Thread.currentThread().interrupt();
            }
        });

        // 启动两个线程
        producerThread.start();
        consumerThread.start();
    }
}
```

在上述示例中, producerThread 和 consumerThread 线程都会调用 exchange() 方法, 该方法会阻塞调用它的线程直到另外一个线程也到达同步点。当两个线程都到达同步点后, Exchanger 会自动交换线程调用 exchange() 方法时提供的数据, 然后这两个线程会继续执行, 输出它们接收到的数据。

在具体的应用场景中, Exchanger 可用于解决以下很多业务问题。

- 数据交换: 两个线程可以通过 Exchanger 交换数据。比如, 在遗传算法中, 可能需要使用 Exchanger 交换两个线程计算的信息; 在管道设计中, 可以使用 Exchanger 传递数据块; 在游戏中, 可以使用 Exchanger 实现玩家之间的

装备物品交易等。

- 生产者-消费者：在某些情况下，生产者-消费者模式可以通过 Exchanger 实现，生产者生产的数据可以直接传递给消费者。
- 资源或对象重用：Exchanger 可用于重用资源或对象。例如，在缓冲区填充和清空操作中交换缓冲区，从而避免缓冲区的创建和销毁开销。
- 流水线设计：在处理流水线设计时，Exchanger 可以作为一个同步点，让流水线的不同阶段可以交换处理好的中间物料。

Exchanger 的内部实现基于两个线程之间的配对，即每个交换操作都由两个线程参与。当一个线程到达同步点时，它会阻塞，等待另一个线程也到达这一同步点。一旦两个线程都到达同步点，Exchanger 会处理这两个线程之间的数据交换，然后两个线程会继续执行各自的剩余操作。

Exchanger 内部使用了一种称为"CAS+等待/通知机制"的方式来实现线程之间的配对与数据交换，保证线程安全和数据的一致性。

- CAS 机制：Exchanger 内部有一个用于配对的交换对象，当一个线程到达时，它会尝试通过 CAS 操作占有这个交换对象，从而实现线程之间的快速配对。
- 等待/通知机制：当一个线程到达同步点而另一个线程未到达时，该线程会进入等待状态；当另一个线程到达时，通过通知机制唤醒等待的线程，完成数据交换，并让两个线程继续执行。

Exchanger 类的核心定义源码如下。

```
public class Exchanger<V> {
    static final class Node {
        int index;                 // arena 的索引
        int bound;                 // 记录 bound 的最后一个值
        int collides;              // 当前 bound 处数据交换操作的失败次数
        int hash;                  // 用于自旋的伪随机数
        Object item;               // 该线程当前的元素
        volatile Object match;     // 由释放线程提供的元素
        volatile Thread parked;    // 当线程停止时设置为此线程，否则为 null
    }

    /**
     * 高并发下使用，保存待交换的线程信息
     */
    private volatile Node[] arena;

    /**
```

```
 *  存放用于等待交换的线程信息
 */
private volatile Node slot;

// 其他代码省略
}
```

在上述代码中，Exchanger定义了一个静态内部类Node和两个volatile类型的字段arena与slot。Node类用于处理线程间的交换逻辑信息。arena是一个数组，用于存储并发状态的多个线程信息；而slot在没有并发时使用，只存储当前待交换的线程信息。

Exchanger类的exchange()方法是实现两个线程之间数据交换的核心逻辑，实现源码如下。

```
public V exchange(V x) throws InterruptedException {
    Object v;
    Node[] a;
    // 如果 x 是 null，则将其替换为 NULL_ITEM，这是为了处理 null 值的情况
    Object item = (x == null) ? NULL_ITEM : x;
    // 尝试通过 slotExchange() 方法进行交换
    if (((a = arena) != null ||
        (v = slotExchange(item, false, 0L)) == null) &&
        ((Thread.interrupted() || // 用于区分返回 null 是因为线程被中断还是因为交换尝
试失败
        (v = arenaExchange(item, false, 0L)) == null)))
        throw new InterruptedException();
    // 如果交换成功，则返回交换得到的值; 如果交换得到的是特殊的 NULL _ ITEM 标识符, 则返回 null
    return (v == NULL_ITEM) ? null : (V)v;
}
```

在上述代码中，exchange()方法用于实现线程之间的数据交换，该方法首先处理传入参数为null值的情况，然后在没有并发的情况下尝试通过slotExchange()方法进行交换，如果有并发或slotExchange()方法未成功交换，则通过一个更复杂的机制arenaExchange()方法进行交换。如果在交换过程中线程被中断或者交换尝试失败，则exchange()方法会抛出InterruptedException。最后，exchange()方法会返回交换得到的值，如果交换得到的是特殊的NULL_ITEM标识符，则返回null。

slotExchange()方法的实现源码如下。

```
private final Object slotExchange(Object item, boolean timed, long ns) {
    // 获取当前参与交换的节点
    Node p = participant.get();
```

```
// 获取当前执行的线程
Thread t = Thread.currentThread();
// 如果当前线程被中断，为了保留中断状态以便调用者可以重新检查，返回 null
if (t.isInterrupted())
    return null;

// 无限循环，尝试在 slot 中进行交换
for (Node q;;) {
    // 如果 slot 不为 null，尝试进行交换
    if ((q = slot) != null) {
        // 利用 CAS 操作保证线程安全地将 slot 设置为 null
        if (SLOT.compareAndSet(this, q, null)) {
            // 成功获取 slot 中的项目
            Object v = q.item;
            // 设置与该项目交换的项目
            q.match = item;
            // 如果有其他线程在等待，则唤醒该线程
            Thread w = q.parked;
            if (w != null)
                LockSupport.unpark(w);
            // 返回交换得到的值
            return v;
        }
        // 如果出现并发，且满足创建 arena 的条件，则初始化 arena
        if (NCPU > 1 && bound == 0 &&
            BOUND.compareAndSet(this, 0, SEQ))
            arena = new Node[(FULL + 2) << ASHIFT];
    }
    // 如果 arena 已经被创建，那么不能在 slot 上进行交换，直接返回 null
    else if (arena != null)
        return null; // 调用者必须重新路由到 arenaExchange()
    else {
        // 尝试在 slot 上放置 item 进行交换
        p.item = item;
        if (SLOT.compareAndSet(this, null, p))
            break; // 成功放置后退出循环
        // 如果放置失败，清除 item
        p.item = null;
    }
}

// 等待交换完成
int h = p.hash;
// 如果设置了超时，则计算超时时间点
long end = timed ? System.nanoTime() + ns : 0L;
// 根据 CPU 数量设置自旋次数
int spins = (NCPU > 1) ? SPINS : 1;
Object v;
// 如果还没有匹配的项目，则继续循环
while ((v = p.match) == null) {
    // 如果自旋次数大于 0，则进行自旋
    if (spins > 0) {
```

```
        // 在自旋过程中改变 h 的值
        h ^= h << 1; h ^= h >>> 3; h ^= h << 10;
        if (h == 0)
            h = SPINS | (int)t.getId();
        else if (h < 0 && (--spins & ((SPINS >>> 1) - 1)) == 0)
            Thread.yield(); // 减少自旋次数, 如果需要则让出 CPU
    }
    // 如果 slot 不再指向当前节点, 重置自旋次数
    else if (slot != p)
        spins = SPINS;
    // 如果当前线程未中断, arena 为 null, 且未超时, 阻塞当前线程直到被唤醒或超时
    else if (!t.isInterrupted() && arena == null &&
            (!timed || (ns = end - System.nanoTime()) > 0L)) {
        p.parked = t;
        if (slot == p) {
            if (ns == 0L)
                LockSupport.park(this); // 无限期等待
            else
                LockSupport.parkNanos(this, ns); // 等待特定的纳秒数
        }
        p.parked = null;
    }
    // 如果上述条件不满足, 尝试通过 CAS 操作将 slot 设置为 null, 退出循环
    else if (SLOT.compareAndSet(this, p, null)) {
        // 如果超时或线程未中断, 设置返回值为 TIMED_OUT, 否则为 null
        v = timed && ns <= 0L && !t.isInterrupted() ? TIMED_OUT : null;
        break;
    }
}
// 使用 Release 模式清除 match 的值, 保证其他线程能够看到最新的值
MATCH.setRelease(p, null);
// 清理节点状态, 以便下一次使用
p.item = null;
p.hash = h;
// 返回交换得到的或超时的结果
return v;
}
```

在上述代码中, slotExchange()方法是基于slot属性来完成交换的。当调用slotExchange()方法时, 如果slot属性不为null, 则当前线程会尝试将其修改null。如果利用CAS操作修改成功, 表示当前线程与slot属性对应的线程匹配成功, 会获取slot属性对应Node的item属性, 将当前线程交换的对象保存到slot属性对应的Node的match属性中, 然后获取slot属性对应Node的waiter属性, 即唤醒处于休眠状态的线程, 至此交换完成。同样地, 在返回前需要将item、match等属性置为null, 保存之前自旋时计算的hash值, 方便下一次调用slotExchange()方法。如果利用CAS操作修改slot属性失败, 说明有其他线程在抢占slot, 则初始化arena属性,

下一次 for 循环因为 arena 属性不为 null，直接返回 null，从而通过 arenaExchange() 方法完成交换。

Exchanger 实现源码比较复杂，在实现中还处理了线程中断和超时等情况，这使得其功能更加灵活和健壮。通过上述源码片段，可以观察到 Exchanger 的相关实现机制，因此其他功能源码细节不展开讲解。

4.5 面试官：谈谈你对 ThreadLocal 的理解

ThreadLocal 是并发编程中一个重要的工具，它在处理多线程环境下的局部状态管理方面具有独特的价值。ThreadLocal 可以保证每个使用该变量的线程都有自己独立初始化的变量副本，这样每个线程可以修改自己的副本而不会影响到其他线程的副本，从而保证了线程安全。而且，由于每个线程都有自己的变量副本，所以不需要通过锁来保护变量的线程安全，从而减少同步的需求。

面试官提出"谈谈你对 ThreadLocal 的理解"这类问题，往往是为了评估求职者在以下几个方面的能力水平。

- 线程安全的认识：通过确认求职者对 ThreadLocal 的理解水平，面试官可以评估求职者在并发编程环境中处理线程安全问题的能力。ThreadLocal 是一种实现线程安全的机制，面试官想了解求职者是否知道如何使用它来避免线程间的数据冲突。

- 应用场景：面试官想要了解求职者是否知道在什么场景下应该使用 ThreadLocal，以及是否有实际使用它解决问题的经验。这可以帮助面试官判断求职者是否能将理论知识应用于实践。

- 资源管理：使用 ThreadLocal 可能会导致内存泄漏，特别是在使用线程池的情况下。面试官通过这个问题来评估求职者是否了解这些潜在问题，以及是否知道如何避免它们。

- 问题解决能力：面试官可能会进一步探究求职者是如何在特定的问题中使用 ThreadLocal 的，通过这种方式，可以了解求职者解决问题的具体方法和创新性。

- 最佳实践：面试官想确认求职者是否熟悉 ThreadLocal 的最佳实践，包括何时以及如何正确地使用和管理 ThreadLocal 变量。

我们可以针对面试官的考查目的对该问题进行拆解，将其拆成多个子问题进行解答，具体逻辑如下。

（1）工作中遇到过哪些 ThreadLocal 的使用场景？

在实际工作中，ThreadLocal 的使用场景很多，其中最常见的是用户会话信息管理和数据库连接管理。

- 用户会话信息管理：在 Web 应用中，可以使用 ThreadLocal 来存储用户信息，保证在一次请求处理过程中，用户信息可以在不同的模块间安全传递。

- 数据库连接管理：在使用数据库的情况下，可以利用 ThreadLocal 存储每个线程的数据库连接对象。这样可以保证在同一事务中的多个数据库操作都使用相同的连接，便于事务管理并能够减少连接创建、销毁的开销。

（2）ThreadLocal 底层是如何实现线程隔离的？

ThreadLocal 在底层使用了一个名为 ThreadLocalMap 的内部类，该类用于实现线程局部存储。

这个机制保证了每个线程只能访问自己的 ThreadLocalMap，因此每个线程都有自己独立的变量副本，从而实现了线程隔离。

（3）为什么 ThreadLocal 会导致内存泄漏？如何解决？

ThreadLocal 会导致内存泄漏的原因在于其内部使用的 ThreadLocalMap 的生命周期与它所属的线程一样长。如果线程一直运行，而 ThreadLocal 变量在使用完后没有被移除，那么由于 ThreadLocalMap 的生命周期很长，这些变量不会被回收，从而可能导致内存泄漏。解决方法有显式清理、使用弱引用等，通过这些方法，可以有效地减少或防止因 ThreadLocal 使用不当而导致的内存泄漏问题。

为了让大家对 ThreadLocal 的内容有更深入的掌握和理解，灵活应对面试细节，接下来我们对上述解答要点逐个进行详解。

4.5.1 工作中遇到过哪些 ThreadLocal 的使用场景？

在并发编程中，我们经常会遇到需要在不同线程中共享数据的情况，为了保证线程安全，可以使用锁或其他同步机制。然而，在有些情况下，我们希望在每个线程中都有一份独立的变量副本，这时候就可以使用 ThreadLocal。ThreadLocal 的中文含义是线程本地，也就是本地线程变量，意思是 ThreadLocal 中填充的变量属于当前线程，该变量对其他线程而言是隔离的。

ThreadLocal可以为使用同一变量的每个线程都创建一个独立的变量副本。简单来讲，ThreadLocal可以用来维护变量的线程隔离性，让每个线程都有一个自己的变量副本，各个线程之间的变量互不干扰。

在日常开发中，ThreadLocal被广泛应用于多种场景解决特定的问题。以下是一些常见的使用场景。

- 用户会话信息管理：在Web应用或服务端应用中，经常需要跟踪当前处理请求的用户信息。将用户信息存储在ThreadLocal中可以保证在处理整个请求的过程中，任何时候都能轻松访问当前用户信息，而不需要将用户信息作为参数传递到每一个方法中。

- 数据库连接管理：在使用数据库的情况下，可以利用ThreadLocal存储每个线程的数据库连接对象。这样可以保证在同一事务中的多个数据库操作都使用相同的连接，便于事务管理并能够减少连接创建、销毁的开销。

- 权限上下文传递：在实现安全认证框架时，可以通过ThreadLocal存储当前线程的上下文或认证信息，使得在处理请求的不同阶段都能方便地进行权限检查和身份认证。

- 日志记录：ThreadLocal可以存储每个请求的唯一标识（如请求ID），然后在整个处理流程的日志记录中包含这个请求ID。这样做有助于将日志中相关的条目关联起来，便于问题追踪和调试。

- 性能优化：对需要频繁创建和销毁的对象，比如日期格式化工具DateFormat、数据库连接等，使用ThreadLocal可以避免每次操作都创建新的实例，从而减少对象创建的开销，进而优化性能。

- 避免参数传递的复杂性：在一个复杂的处理流程中，如果某些数据在多个方法之间频繁传递，可以考虑使用ThreadLocal来避免这种参数传递的复杂性，使得代码更加清晰。

下面我们以数据库连接管理为例，演示如何使用ThreadLocal存储数据库连接，保证线程安全，实现同一个线程中的多个方法或对象在操作数据库时使用同一个连接。具体代码如下。

```
public class DatabaseConnectionManager {
    // 数据库连接池的模拟
```

```
    private static class DummyConnectionPool {
        // 模拟获取数据库连接的方法
        public static Connection getConnection() {
            // 在实际应用中，这里可能是从一个连接池中获取一个连接
            // 为了演示，这里仅返回一个模拟的连接对象
            return DriverManager.getConnection();
        }
    }

    // 用 ThreadLocal 封装数据库连接
     private static final ThreadLocal<Connection> connectionHolder = new
ThreadLocal<Connection>() {
        @Override
        protected Connection initialValue() {
            // 从连接池获取连接
            return DummyConnectionPool.getConnection();
        }
    };

    public static Connection getConnection() {
        return connectionHolder.get();
    }

    public static void closeConnection() {
        Connection conn = connectionHolder.get();
        if (conn != null) {
            conn.close();
            connectionHolder.remove();
        }
    }
}
```

在上述示例中，我们创建了一个DatabaseConnectionManager类，该类有一个私有的静态内部类DummyConnectionPool，这个类用于模拟获取数据库连接。ThreadLocal被用来保证每个线程都有自己的数据库连接。当任何线程第一次调用getConnection()方法时，ThreadLocal都会为这个线程调用它的initialValue()方法来初始化连接。当线程不再需要这个连接时，该线程应该调用closeConnection()方法关闭这个连接并从ThreadLocal中移除它，以避免潜在的内存泄漏。注意：这仅是一个简化示例，用于展示ThreadLocal使用，在真实的生产环境中，数据库连接池可能会有更复杂的实现，并且需要处理异常情况。

使用ThreadLocal时需要注意的是，虽然它为线程间数据隔离提供了方便，但可能导致内存泄漏等问题，特别是在使用线程池的情况下。因此，在使用完ThreadLocal存储的数据后，应该及时调用remove()方法来避免泄漏的发生。

4.5.2 ThreadLocal 底层是如何实现线程隔离的？

ThreadLocal 在底层使用了一个名为 ThreadLocalMap 的内部类，该类用于实现线程局部存储。ThreadLocalMap 是一个专门为 ThreadLocal 类定制的内部类，只有 ThreadLocal 可以访问它。ThreadLocalMap 内部类的核心源码如下。

```
static class ThreadLocalMap {
    // 内部类 Entry 继承了 WeakReference, 用于指向 ThreadLocal 对象
    static class Entry extends WeakReference<ThreadLocal<?>> {
        Object value;
        Entry(ThreadLocal<?> k, Object v) {
            super(k);
            value = v;
        }
    }

    // 初始容量（小于哈希表实际大小）是 2 的幂
    private static final int INITIAL_CAPACITY = 16;

    // Entry 数组, 大小总是 2 的幂
    private Entry[] table;

    // 省略其他细节
}
```

每个线程对象都会有一个 ThreadLocalMap 对象，这个对象存储每个线程的变量副本。ThreadLocalMap 对象由 ThreadLocal 类管理，并且每个线程都只能访问自己的 ThreadLocalMap 对象。ThreadLocal 的初始化源码如下。

```
// 创建 ThreadLocalMap 的方法
protected T initialValue() {
    return null;
}

// 将 ThreadLocal 的初始值设置到当前线程的 ThreadLocalMap 中
private T setInitialValue() {
    T value = initialValue();
    Thread t = Thread.currentThread();
    ThreadLocalMap map = getMap(t);
    if (map != null)
        map.set(this, value);
    else
        createMap(t, value);
    return value;
}

// 创建当前线程的 ThreadLocalMap 并设置值
```

```
void createMap(Thread t, T firstValue) {
    t.threadLocals = new ThreadLocalMap(this, firstValue);
}

// 获取当前线程的 ThreadLocalMap
ThreadLocalMap getMap(Thread t) {
    return t.threadLocals;
}
```

当我们使用ThreadLocal的get()或set()方法时,会先调用Thread类的current-Thread()方法来获取当前线程对象t,然后再利用t对象的threadLocals属性获取当前线程的ThreadLocalMap对象进行读取和设置操作,从而保证了每个线程只能访问自己的ThreadLocalMap对象,实现了线程间数据的隔离。

```
// 获取当前线程的 ThreadLocalMap, 如果没有则创建一个
  public T get() {
      Thread t = Thread.currentThread();
      ThreadLocalMap map = getMap(t);
      if (map != null) {
          ThreadLocalMap.Entry e = map.getEntry(this);
          if (e != null) {
              @SuppressWarnings("unchecked")
              T result = (T)e.value;
              return result;
          }
      }
      return setInitialValue();
  }
// 设置当前线程的 ThreadLocalMap 的值
public void set(T value) {
    Thread t = Thread.currentThread();
    ThreadLocalMap map = getMap(t);
    if (map != null)
        map.set(this, value);
    else
        createMap(t, value);
}
// 获取当前线程的 ThreadLocalMap
ThreadLocalMap getMap(Thread t) {
    return t.threadLocals;
}
```

4.5.3 为什么ThreadLocal会导致内存泄漏?如何解决?

ThreadLocal可能导致内存泄漏的主要原因在于它的使用方式。具体来讲,ThreadLocal在Thread的ThreadLocalMap对象中保存数据,其中使用ThreadLocal对

象的弱引用作为键值，而数据值本身是强引用。这就意味着，如果 ThreadLocal 对象被回收了，其对应的键值会变成 null，但是数据值仍然被 ThreadLocalMap 强引用，导致部分内存无法被垃圾回收器释放，尽管这些内存已经无法被访问了。

内存泄漏通常发生在使用线程池的情况下，因为线程池中的线程是会被重用的，这意味着它们的生命周期会很长，甚至和应用程序的一样长。

为了避免因 ThreadLocal 导致的内存泄漏，我们可以采取以下解决方法。

（1）显式清理。

最直接的方法是在不再需要存储在 ThreadLocal 中的数据时，显式调用 ThreadLocal 的 remove() 方法。这个操作会从当前线程的 ThreadLocalMap 中移除键值对。

```
try {
    // 使用 ThreadLocal 变量
} finally {
    threadLocal.remove();
}
```

（2）使用 try-finally 块。

使用 try-finally 块保证即使在发生异常的情况下，也能够清理 ThreadLocal 变量。

（3）小心使用线程池。

如果使用线程池，需要保证在任务运行结束时清理 ThreadLocal 变量，这样可以防止一个线程结束任务后被再次使用时带着上一个任务的数据。

（4）减少 ThreadLocal 的使用。

只在必要时使用 ThreadLocal，并且始终保持对其使用的审慎态度。如果可以找到替代方案，尽量避免使用 ThreadLocal。

（5）使用弱引用。

如果能够确定 ThreadLocal 应该在没有其他强引用指向它时被回收，则可以考虑将值包装在 WeakReference 中。这样，一旦键被回收，值会很快被回收。

（6）监控和分析。

使用内存分析工具定期监控和分析内存使用情况，以便及时发现由 ThreadLocal 导致的内存泄漏问题，并对其进行优化。

正常使用 ThreadLocal 并不会直接导致内存泄漏，因此避免 ThreadLocal 导致内存泄漏的关键在于如何管理和使用它。上面介绍的解决方法可以帮助我们更安全地使用 ThreadLocal，以避免可能的内存泄漏问题。

第5章

并发线程池

5.1 面试官：说说线程池的设计思想和实现原理

在软件开发领域中，"高效"和"节约资源"是每位工程师都力求达到的目标。线程池正是基于这样的目标产生的。线程池是并发编程领域中一项杰出的创新。当我们提到线程池时，不禁会想到Tom Cargill（汤姆·卡吉尔）的名言："最初90%的代码占去了最初90%的开发时间……剩下10%的代码，再占去另外90%的开发时间。"这句话揭示了编程工作中的一个常见现象：架构设计、优化和细节处理往往需要巨大的努力。线程池正是优化程序中线程管理这一细节的强大工具，它不仅提升了程序性能，还大大增加了代码的优雅性和可维护性。

面试官提出"说说线程池的设计思想和实现原理"主要是为了考查求职者在以下几项技术上的能力。

- 并发控制理论：线程池如何管理并发执行，减少线程创建和销毁的开销，并提高系统响应速度。

- 资源利用：如何通过线程复用，减少内存占用和CPU的上下文切换，从而优化应用性能。

- 系统架构设计：线程池在系统架构中如何设计才能实现任务调度、执行和结果处理的高效协作。

- 异常处理和稳定性：线程池如何处理运行中的异常，保证系统的稳定性和健壮性。

- 性能优化：对线程池参数（如核心线程数、最大线程数、存活时间、工作队列）的调整在实际应用中是如何影响性能的。

面试官的考查目的不仅在于确认求职者是否掌握了线程池的基础概念，更在于评估求职者能否结合实际应用场景深入理解线程池的工作原理，并有效地使用它来解决复杂的并发问题。这能够直接反映出求职者在软件性能优化和资源管理方面的实战经验，以及其编写高效、健壮且可维护代码的能力。

作为求职者，当面对有关线程池的设计思想和实现原理的问题时，我们可以从以下几个方面进行解答。

（1）什么是线程池？它有哪些适用场景？

线程池（Thread Pool）是一种基于池化技术的线程使用和管理机制。它事先创建并维护一定数量的线程，并将这些线程统一管理与调度。当有新的任务时，线程池会尝试复用已存在的线程来执行这些任务，而不是每次执行任务时都创建新线程。

线程池主要适用于后台服务、并发任务、批量任务、实时任务、长时间任务、I/O 密集型任务、网络通信等场景。

（2）线程池有哪些状态？这些状态如何转换？

线程池有 RUNNING（运行状态）、SHUTDOWN（关闭状态）、STOP（停止状态）、TIDYING（整理状态）和 TERMINATED（终止状态）5 种状态。

线程池的状态转换有以下两条路径。

- 当调用 shutdown() 方法时，线程池的状态会从 RUNNING 转换到 SHUTDOWN，再转换到 TIDYING，最后转换到 TERMINATED。
- 当调用 shutdownNow() 方法时，线程池的状态会从 RUNNING 转换到 STOP，再转换到 TIDYING，最后转换到 TERMINATED。

（3）线程池主要有哪些参数？它们有什么作用？

在 Java 中，线程池的创建和管理主要依赖于 ThreadPoolExecutor 类，主要的线程池参数以及它们的作用如下。

- 核心线程数（corePoolSize）：表示线程池中的核心线程数。
- 最大线程数（maximumPoolSize）：表示线程池中允许的最大线程数。
- 保持活动时间（keepAliveTime）：当线程池中线程数超过核心线程数时，这个参数就会起作用。

- 时间单位（TimeUnit）：keepAliveTime参数的时间单位。常用的时间单位有毫秒（MILLISECONDS）、秒（SECONDS）、分钟（MINUTES）等。
- 工作等待队列（workQueue）：用于在任务执行之前保存任务的队列。
- 线程工厂（threadFactory）：用于生产一组相同任务的线程。
- 拒绝策略（handler）：当任务超过workQueue上限的时候，可以通过该策略处理请求。

这些参数共同作用于线程池的创建和管理，正确配置这些参数至关重要，因为不恰当的配置可能会导致资源浪费或出现性能瓶颈。

（4）核心线程和非核心线程有什么区别？

核心线程指的是线程池中的一种线程，其数量定义为线程池维护的最小线程数。这些线程即使处于空闲状态，也不会因为空闲而被销毁；即使线程池中没有任务需要执行，线程池通常也会保持这些线程的存活。核心线程的数量在ThreadPoolExecutor创建时通过corePoolSize参数进行设定。

非核心线程指的是那些超出核心线程数（通过corePoolSize参数设定）配置的线程。在Java的ThreadPoolExecutor中，当所有的核心线程都在忙于执行任务，并且工作队列已满时，如果还有新任务提交，线程池就会创建更多的线程来处理这些任务，直到线程数达到最大线程数（通过maximumPoolSize参数设定）。

（5）Java线程池的线程复用原理是什么？

线程池的线程复用原理基于池化技术，即线程池中创建的线程在执行完任务后并不会立即销毁，而会保留在池中等待下一次任务。Java线程池通过队列的take()方法来阻塞核心线程Worker的run()方法，保证核心线程不会因执行完run()方法而被系统终止，从而实现的线程复用。

（6）线程池是如何进行任务调度的？

线程池接收到新的任务后，首先判断是否达到核心线程数，未达到则创建新线程来执行任务；如果核心线程数已达到，再判断工作等待队列是否已满，未满则将新任务放入工作等待队列；如果工作等待队列已满，再判断是否达到最大线程数，未达到则创建线程来执行任务；如果最大线程数已达到，则执行拒绝策略。

（7）线程池为什么要使用阻塞队列？

在线程池中活跃线程数达到核心线程数时，线程池会将后续的任务提交到BlockingQueue中，该队列为阻塞队列。此处的设计采用阻塞队列而不是非阻塞队列，主要原因在于阻塞队列具有线程协调、简化生产者—消费者模式、优化资源等待、简化并发控制、背压机制、优雅地处理高负载等作用，后面小节我们详细介绍。

总而言之，阻塞队列在线程池中起到了非常关键的作用，它是多线程并发控制和任务管理的重要工具，有助于提升程序的并发性能和稳定性。

（8）Java线程池的底层实现原理是什么？

Java线程池将原始线程封装成Worker工作线程，ThreadPoolExecutor内部使用AtomicInteger()来维护线程池的状态和控制线程数。线程池通过内部的线程集合来管理工作线程，它使用一个阻塞队列来存放待执行的任务，对于非核心线程，线程池通过设置存活时间来控制超时空闲线程的回收，当队列已满且线程数已达到最大线程数时，线程池无法处理更多新的任务，这时它会使用拒绝策略（通过RejectedExecutionHandler执行）来处理新提交的任务。

为了让大家对Java线程池的设计思想和实现原理有更深入的掌握和理解，灵活应对面试细节，接下来我们对上述解答要点逐个进行详解。

5.1.1 什么是线程池？它有哪些适用场景？

在面向对象编程中，创建和销毁对象是很费时间的，因为创建一个对象要获取内存资源或其他更多资源。在Java中更是如此，虚拟机将试图跟踪每一个对象，以便能够在对象销毁后进行垃圾回收。所以提高服务程序效率的一个手段就是尽可能减少创建和销毁对象的次数，特别是一些消耗资源的对象的创建和销毁。如何利用已有对象来服务是一个需要解决的关键问题，其实这就是一些"池化资源"技术产生的原因。线程池和数据库连接池都是基于池化思想而产生的管理工具。

在并发编程中，当有一个任务需要执行时，我们会创建一个线程执行此任务，当任务执行完时，线程就销毁了。如果有多个任务就需要创建和销毁多个线程，重复创建和销毁线程是一件很耗时且耗资源的事，如果线程能复用，就会减少很多不必要的消耗，在这种情况下，线程池就应运而生了。

线程池（Thread Pool）是一种基于池化技术的线程使用和管理机制。它事先创建并维护一定数量的线程，并将这些线程统一管理与调度。当有新的任务时，线程池会尝试复用已存在的线程来执行这些任务，而不是每次执行任务时都创建新线程。一旦任务执行完毕，线程并不会被销毁，而是可以被再次用来执行新的任务。当所有任务都执行完成时，我们再选择是否关闭线程池。

在Java应用中，使用线程池能够带来以下几方面的好处。

- 降低资源消耗：重复利用已创建的线程，减少了线程创建和销毁的开销。
- 提高响应速度：任务到达时，不需要等待线程创建即可立即执行。
- 提高线程的可管理性：线程是稀缺资源，通过线程池可以统一分配、优化和监控线程，避免了创建无限多线程导致的资源耗尽。
- 提供更多灵活的线程管理功能：如线程数的限制、定时任务的执行、线程中断、定期线程回收等。

线程池可以帮助我们避免在系统中创建大量线程，从而减少内存消耗、节省时间开销和CPU开销。线程池的主要适用场景如下。

（1）后台服务。

后台服务通常会执行长时间的任务，这些任务可能需要运行几小时或几天，线程池可以很好地处理这类任务，因为它可以缓存线程，从而减少对系统资源的占用。

（2）并发任务。

使用线程池可以有效地处理大量并发请求，如在Web应用程序中处理HTTP（Hypertext Transfer Protocol，超文本传送协议）请求，线程池可以更快地处理这些请求，并且可以更好地控制系统资源的分配。

（3）批量任务。

当需要处理大量相似的任务时，可以使用线程池来提高处理效率，比如在数据库中批量处理数据时，使用线程池可以加快处理速度。

（4）实时任务。

如果有一系列的实时任务，可以使用线程池来处理，比如在游戏中可以使用线程池来处理实时的玩家操作，这样可以更好地分配系统资源，提高性能。

（5）长时间任务。

线程池可以用来处理长时间任务，例如爬虫任务，它可以帮助我们更好地控制系统资源的分配，减少系统负载。

（6）I/O密集型任务。

I/O密集型任务可以使用线程池来加速处理，这类任务包括从数据库或文件系统中读取数据。线程池在处理并发任务时尤其有用，特别是在需要处理大量短生命周期任务的服务器应用程序时，线程池是不可或缺的组件。

（7）网络通信。

网络通信中的任务可以使用线程池来处理，线程池可以帮助我们更好地分配系统资源，提高网络通信的性能。

总而言之，线程池可以帮助我们更好地管理和分配系统资源，提高程序的性能，有效地处理大量请求和长时间任务，因此它在多种场景下都很有用。虽然线程池是构建多线程应用程序的强大机制，但使用它不是没有风险的。与其他多线程应用程序一样，用线程池构建的应用程序容易遭受同步错误和死锁等并发风险。此外，线程池还容易遭受特定的风险，如与线程池有关的死锁、资源不足和线程泄漏。因此，在使用线程池时，需要特别注意线程安全和资源管理等问题，以充分发挥其优势，避免遭受风险。

5.1.2 线程池有哪些状态？这些状态如何转换？

在 Java 中，线程池的状态和线程的状态是完全不同的，线程有6种状态：新建状态、可运行状态、阻塞状态、等待状态、超时等待状态和终止状态。而线程池的状态有以下5种。

- RUNNING：运行状态，线程池可以接收新任务，也可以处理阻塞队列中的任务。
- SHUTDOWN：关闭状态，线程池不可以接收新任务，但是可以处理阻塞队列中的任务。
- STOP：停止状态，线程池不接收新任务，不处理阻塞队列中的任务，并且会中断正在处理的任务。
- TIDYING：整理状态，所有任务都已终止，工作线程数为0，线程池即将进入终止状态。在转换到TIDYING状态时，会执行terminated()钩子方法。
- TERMINATED：终止状态，当 terminated()钩子方法执行完毕后，线程池的状态将会被设置为这个状态。

上述的5种状态在ThreadPoolExecutor类的内部使用一个原子整数来控制，通过位运算处理并存储两种信息：线程池的运行状态和线程池中有效线程的数量。这两种信息可以在 ThreadPoolExecutor 源码中找到，如图5-1所示。

线程池的状态转换有以下两条路径。

图 5-1

- 当调用shutdown()方法时，线程池的状态会从RUNNING转换到SHUTDOWN，再转换到TIDYING，最后转换到TERMINATED。

- 当调用shutdownNow()方法时，线程池的状态会从RUNNING转换到STOP，再转换到TIDYING，最后转换到TERMINATED。

线程池的状态转换的流程如图5-2所示。

图 5-2

线程池中的terminated()方法，也就是线程池从TIDYING转换到TERMINATED时调用的方法，默认是空的，定义源码如下。

```
protected void terminated() {  }
```

我们可以在创建线程池的时候重写terminated()方法，具体实现代码如下。

```java
import java.util.concurrent.LinkedBlockingQueue;
import java.util.concurrent.ThreadPoolExecutor;
import java.util.concurrent.TimeUnit;
public class ThreadPoolStateTransition {
    public static void main(String[] args) throws InterruptedException {
        // 创建线程池
        ThreadPoolExecutor threadPool = new ThreadPoolExecutor(10, 10, 0L,
                TimeUnit.SECONDS, new LinkedBlockingQueue<>(100)) {
            @Override
            protected void terminated() {
                super.terminated();
                System.out.println(" 执行 terminated() 方法 ");
            }
        };
        // 关闭线程池
```

```
        threadPool.shutdown();
        // 等待线程池执行完再退出
        while (!threadPool.awaitTermination(1, TimeUnit.SECONDS)) {
            System.out.println("线程池正在运行中 ");
        }
    }
}
```

在默认情况下，如果线程池不调用关闭方法，它会一直处于 RUNNING 状态，调用 shutdown() 或 shutdownNow() 方法后才会进入 TIDYING 状态。最终，在执行 terminated() 方法后，会进入 TERMINATED 状态。

5.1.3 线程池主要有哪些参数？它们有什么作用？

在 java.util.concurrent 包下的 ThreadPoolExecutor 类定义了线程池对象的几个构造方法，其中最全面也最常用的构造方法的定义如下。

```
public ThreadPoolExecutor(
    int corePoolSize,              // 核心线程数
    int maximumPoolSize,           // 最大线程数
    long keepAliveTime,            // 保持活动时间
    TimeUnit unit,                 // 时间单位
    BlockingQueue<Runnable> workQueue, // 工作等待队列
    ThreadFactory threadFactory,   // 线程工厂
    RejectedExecutionHandler handler // 拒绝策略
) { ... }
```

上述构造方法涵盖创建一个 ThreadPoolExecutor 线程池对象的所有必要参数，一共有 7 个必要参数，它们的具体含义和作用如下。

（1）corePoolSize 表示线程池中的核心线程数。线程池中维护的最小线程数，即使这些线程处于空闲状态，它们也不会被销毁，除非设置了 allowCoreThreadTimeOut。这里的最小线程数即 corePoolSize。这个参数设置非常关键，设置过大会浪费资源，设置过小会导致线程频繁创建或销毁。

（2）maximumPoolSize 表示线程池中允许的最大线程数。当线程池中的核心线程都处于执行状态时，一旦有新请求的任务，则会按下面的规则处理。

- 工作队列未满：新请求的任务加入工作队列。
- 工作队列已满：线程池会创建新线程来执行这个任务。当然，创建新线程不是无限制的，会受到 maximumPoolSize 的限制。

（3）keepAliveTime表示线程池中线程的保持活动时间，当活动时间达到keepAliveTime值时，线程会被销毁，直到只剩下corePoolSize个线程为止，从而避免浪费内存和句柄资源。

（4）TimeUnit表示时间单位。keepAliveTime的时间单位通常是TimeUnit.SECONDS。枚举类型TimeUnit。

（5）workQueue表示工作等待队列，当请求的线程数大于corePoolSize时，线程进入工作等待队列。工作等待队列有以下4种类型。

- ArrayBlockingQueue：基于数组的有界阻塞队列，特点是FIFO。在线程池中已经存在最大数量的线程时，请求新的任务，这时就会将任务加入工作等待队列的队尾，一旦有空闲线程，就会取出队头执行任务。

- LinkedBlockingQueue：基于链表的无界阻塞队列，默认最大容量（Integer.MAX_VALUE）为2^32-1，可认为是无限队列，特点是FIFO。

- PriorityBlockingQueue：优先级无界阻塞队列，前面两种工作等待队列的特点都是FIFO，而优先级无界阻塞队列可以通过参数Comparator实现对任务进行排序，不按照FIFO的原则执行。

- SynchronousQueue：不缓存任务的阻塞队列，它实际上不是真正的队列，因为它没有提供存储任务的空间。生产者的一个任务请求一旦到来，就会直接执行，也就是说这种队列更适用于消费者充足的情况。

以上4种workQueue跟线程池结合起来可构成生产者-消费者设计模式。生产者把新任务加入工作等待队列，消费者从工作等待队列取出任务消费，实现了解耦。

（6）threadFactory表示线程工厂，用来生产一组相同任务的线程。线程的命名会使用 Factory提供的一个相同的前缀，这样通过线程名字就可以知道该线程是由哪个线程工厂生产的。官方使用默认的线程工厂，源码如下。

```
// 定义一个静态内部类 DefaultThreadFactory, 实现 ThreadFactory 接口
static class DefaultThreadFactory implements ThreadFactory {
    // 使用原子整数 poolNumber 来记录线程池的数量, 其初始值为 1
    private static final AtomicInteger poolNumber = new AtomicInteger(1);
    // 线程组变量, 用于存放线程所在的线程组
    private final ThreadGroup group;
    // 使用原子整数 threadNumber 记录线程编号, 其初始值为 1
```

```
    private final AtomicInteger threadNumber = new AtomicInteger(1);
    // 线程名前缀
    private final String namePrefix;

    // DefaultThreadFactory 的构造方法
    DefaultThreadFactory() {
        // 获取系统的安全管理器
        SecurityManager s = System.getSecurityManager();
        // 如果安全管理器不为空, 则获取当前安全管理器的线程组, 否则获取当前线程的线程组
          group = (s != null) ? s.getThreadGroup() : Thread.currentThread().
getThreadGroup();
        // 初始化线程名前缀, 包含当前线程池编号和线程编号
        namePrefix = "pool-" + poolNumber.getAndIncrement() + "-thread-";
    }

    // 实现 ThreadFactory 接口的 newThread() 方法, 它用于创建新线程
    public Thread newThread(Runnable r) {
        // 创建新线程, 属于 group 线程组, 任务为 r, 线程名为 namePrefix 加上当前线程编号
          Thread t = new Thread(group, r, namePrefix + threadNumber.
getAndIncrement(), 0);
        // 如果新线程默认是守护线程, 则将其设置为非守护线程
        if (t.isDaemon())
            t.setDaemon(false);
        // 如果新线程的优先级不是正常优先级, 则将其设置为正常优先级
        if (t.getPriority() != Thread.NORM_PRIORITY)
            t.setPriority(Thread.NORM_PRIORITY);
        // 返回创建的线程
        return t;
    }
}
```

DefaultThreadFactory 用于按照一定规则创建新线程。每个线程都将属于一个线程组, 并有统一的命名前缀, 便于管理和调试。线程的创建遵循线程池和线程编号递增的规则, 并确保所有线程都不是守护线程且具有默认的线程优先级。

（7）handler 表示拒绝策略, 使用了策略设计模式。当任务超过 workQueue 上限的时候, 可以通过该策略处理请求, 这是一种简单的限流保护。ThreadPoolExecutor 对于无法立即执行处理的任务提供了 4 种预定义的拒绝策略, 分别为直接拒绝（AbortPolicy）、抛弃队列中最早的未处理的任务（DiscardOldestPolicy）、丢弃无法处理的任务（DiscardPolicy）、由提交任务的线程自己执行任务（CallerRunsPolicy）。

除了上述 4 种拒绝策略外, 开发者还可以根据实际需求基于 RejectExecutionHandler 接口, 创建自定义的拒绝策略。通过自定义拒绝策略, 可以更精细地控制任务被拒绝时的行为, 例如记录日志、通知开发者或按其他某种逻辑进行任务调度。

5.1.4 核心线程和非核心线程有什么区别?

核心线程和非核心线程在Java的ThreadPoolExecutor类中是两个不同的概念,它们的主要区别在于线程的生命周期和管理方式上。

(1)核心线程。

核心线程指的是线程池中的一种线程,其数量定义为线程池中维护的最小线程数。核心线程的数量在ThreadPoolExecutor创建时通过corePoolSize参数进行设定。

以下是核心线程的一些关键特点。

- 持续存活:默认情况下,一旦创建,核心线程会一直存活在线程池中,即使它们处于空闲状态也不会被销毁。不过,如果设置allowCoreThreadTimeOut为true,那么核心线程在空闲一定时间后会被销毁。

- 快速响应:保留核心线程的目的是让线程池能更快地响应新任务。如果任务到来时有空闲的核心线程,可以立即执行,无须先创建线程。

- 持久资源占用:因为核心线程默认不会因为空闲而终止,所以它们会一直占用一定的系统资源,比如内存。对于需要长时间运行且任务到来频率较高的应用,这样的设计是合适的。

- 配置灵活:开发者可以根据应用程序的需要设置合适数量的核心线程。对于不同的应用场景,如CPU密集型或I/O密集型任务,核心线程数的最佳值可能会有所不同。

核心线程的主要作用是提升线程池的效率和响应速度,而合理地配置核心线程数对于确保线程池性能和资源消耗之间的平衡至关重要。

(2)非核心线程。

非核心线程指的是那些超出核心线程数(通过corePoolSize参数设定)配置的线程。在Java的ThreadPoolExecutor中,当所有的核心线程都在忙于执行任务,并且工作队列已满时,如果还有新任务提交,线程池就会创建更多的线程来处理这些任务,直到线程数达到最大线程数(通过maximumPoolSize参数设定)。这些新增的线程就是所谓的非核心线程。

以下是非核心线程的一些关键特点。

- 有存活时间:非核心线程与核心线程不同,它们通常都会有一个设置的保持活动时间(通过keepAliveTime参数设定),在这段时间内,如果非核心线程没有执行任务，则会被终止以释放资源。

- 数量可变：非核心线程的数量不是固定的，它会根据工作队列中的任务数量动态调整，但总数不会超过最大线程数。
- 节约资源：通过合理地设置非核心线程的存活时间，可以在保证线程池灵活性的同时，减少不必要的资源占用。

非核心线程在处理短暂的任务量峰值时特别有用。它们可以在任务量增加时迅速增加线程池的处理能力，一旦任务完成或线程池中的其他线程变得可用，非核心线程就会被回收。它们的生命周期与具体的任务相关联，一旦任务结束，非核心线程就不再存在。非核心线程的执行时间可以通过 keepAliveTime 参数设定来决定，超过设定的超时时间未完成的任务会被视为失败并抛出异常。

（3）核心线程和非核心线程的区别。

在 Java 的 ThreadPoolExecutor 线程池中，核心线程和非核心线程主要有以下区别。

- 创建时机。

核心线程：在线程池创建或任务到来时就可以创建，并且可以一直存活在线程池中，直到线程池被关闭。在线程池启动时，可以选择预先启动所有核心线程（通过调用 prestartAllCoreThreads() 方法）。

非核心线程：只有在工作队列满了并且当前运行的线程数小于最大线程数时，才会创建非核心线程。

- 存活时间。

核心线程：默认情况下，不会因为空闲而终止，除非设置了 allowCoreThread-TimeOut(true)，允许核心线程在空闲时超时终止。

非核心线程：可以有超时限制，即当线程空闲（没有任务执行）超过一定时间（通过 keepAliveTime 参数设定）后，非核心线程会被终止。这个超时时间可以通过线程池的 keepAliveTime 和 TimeUnit 参数设置。

- 作用与优化。

核心线程：通常根据系统资源和任务类型进行配置，是线程池为了优化执行效率而保持的活跃线程。

非核心线程：在任务突然增多时，为了应对工作队列溢满的情况，可以创建以处理增加的任务负载。

- 系统资源的占用。

核心线程：因为它们通常不会超时终止，所以即使在空闲时也会占用一定的系统资源。

非核心线程：超时机制可以有效释放不再需要的线程所占用的系统资源。

适当地配置核心线程和非核心线程的数量对于优化线程池的性能非常重要。核心线程数应该足够多，以处理正常的工作负载并保持系统的响应性；而非核心线程数与最大线程数的设置则用来应对工作负载的突然增加。通过调整keepAliveTime参数，可以控制非核心线程在空闲时被回收的速度。

5.1.5 Java线程池的线程复用原理是什么？

此问题的答案与"线程池如何保证核心线程不被销毁？"的答案相同，面试官提出这两个问题都是为了考查求职者对线程池的线程复用原理是否掌握。保证线程池中核心线程不被销毁其实就是为了实现核心线程的复用，能够快速响应新提交的任务。核心线程可以无限期地等待新的工作，而不会因为超时而终止。

如果希望核心线程在空闲一定时间后被终止，可以通过调用ThreadPoolExecutor的allowCoreThreadTimeOut(boolean value)方法来改变这一默认行为。当参数设置为true时，核心线程在超过指定的空闲时间（通过keepAliveTime参数设定）后会被销毁。

下面我们通过ThreadPoolExecutor核心代码，了解一下线程池如何保证核心线程不被销毁，具体如下。

```
ThreadPoolExecutor executor = new ThreadPoolExecutor(
    corePoolSize, // 核心线程数
    maximumPoolSize, // 最大线程数
    keepAliveTime, // 保持活动时间
    unit, // 时间单位
    workQueue // 工作等待队列
);

// 允许核心线程超时退出
executor.allowCoreThreadTimeOut(true);
```

在上述代码中，如果allowCoreThreadTimeOut()被设置为true，那么线程池中的所有线程（包括核心线程）在空闲时间超过keepAliveTime指定的时间后都会被销毁，从而减少资源的占用；反之，如果它被设置为false（默认值），则核心线程

不会因为空闲超时而被销毁。

线程池并不是对 Thread 直接进行存储，而是对 Thread 进行了一层包装，包装类叫作 Worker。线程在线程池中的存储结构如下。

```
private final HashSet<Worker> workers = new HashSet<Worker>();
```

先看一下 Worker 类中的变量及方法，如下所示。

```
private final class Worker
        extends AbstractQueuedSynchronizer
        implements Runnable {

    /**
     * 此线程为线程池中的工作线程
     */
    final Thread thread;

    /**
     * 指定线程运行的第一项任务
     */
    Worker(Runnable firstTask) {
        ...
        this.firstTask = firstTask;
        this.thread = getThreadFactory().newThread(this);
    }

    /**
     * 运行传入的 Runnable 任务
     */
    @Override
    public void run() {
        runWorker(this);
    }
}
```

通过 Worker 的构造方法和重写的 run() 方法可知，线程池提交的任务会由 Worker 创建一个 thread 线程对象，然后调用 runWorker() 方法处理。

下面我们看一下线程池的执行流程代码。

```
public void execute(Runnable command) {
    int c = ctl.get();
    if (workerCountOf(c) < corePoolSize) {
        // 重点关注的方法
        if (addWorker(command, true))
            return;
        c = ctl.get();
    }
```

```
        if (isRunning(c) && workQueue.offer(command)) {
            int recheck = ctl.get();
            if (!isRunning(recheck) && remove(command))
                reject(command);
            else if (workerCountOf(recheck) == 0)
                addWorker(null, false);
        } else if (!addWorker(command, false))
            reject(command);
    }

    private boolean addWorker(Runnable firstTask, boolean core) {
        // Worker 运行标识
        boolean workerStarted = false;
        // Worker 添加标识
        boolean workerAdded = false;
        Worker w = null;
        try {
            // 调用 Worker 构造方法
            w = new Worker(firstTask);
            // 获取 Worker 中的工作线程
            final Thread t = w.thread;
            if (t != null) {
                final ReentrantLock mainLock = this.mainLock;
                mainLock.lock();
                try {
                    int rs = runStateOf(ctl.get());

                    if (rs < SHUTDOWN ||
                            (rs == SHUTDOWN && firstTask == null)) {
                        if (t.isAlive())
                            throw new IllegalThreadStateException();
                        // 如无异常, 将 w 添加至 workers
                        workers.add(w);
                        int s = workers.size();
                        if (s > largestPoolSize)
                            // 更新池内最大线程
                            largestPoolSize = s;
                        workerAdded = true;
                    }
                } finally {
                    mainLock.unlock();
                }
                if (workerAdded) {
                    // 启动 Worker 中的 thread 工作线程
                    t.start();
                    // 设置启动成功标识
                    workerStarted = true;
                }
            }
        } finally {
            // 如果启动失败则抛出异常且终止, 将 Worker 从 workers 中移除
            if (!workerStarted)
```

```
            addWorkerFailed(w);
    }
    return workerStarted;
}
```

在上述代码中，t.start()代码中的t是Worker中的工作线程，Worker实现了Runnable接口，并重写了run()方法，所以t.start()最终会调用Worker中的run()方法，具体代码如下。

```
@Overridepublic void run() {
    runWorker(this);
}
```

ThreadPoolExecutor.runWorker()是具体执行线程池提交任务的方法，其处理逻辑如下。

- 获取Worker中的第一个任务。
- 如果第一个任务不为空则执行具体流程。
- 第一个任务为空则从阻塞队列中获取任务，这也是核心线程不被回收的关键原因。

runWorker()中有两个扩展方法，分别为beforeExecute()和afterExecute()，它们在任务执行前后输出一些重要信息，可用于实现监控等功能。runWorker()方法的源码如下。

```
final void runWorker(Worker w) {
    Thread wt = Thread.currentThread();
    Runnable task = w.firstTask;
    w.firstTask = null;
    w.unlock();
    boolean completedAbruptly = true;
    try {
        // getTask() 是核心线程不被回收的精髓
        while (task != null || (task = getTask()) != null) {
            w.lock();
            try {
                beforeExecute(wt, task);
                Throwable thrown = null;
                try {
                    task.run();
                } finally {
                    afterExecute(task, thrown);
                }
```

```
            } finally {
                // 执行完任务后将 task 设置为 null
                task = null;
                w.completedTasks++;
                w.unlock();
            }
        }
        completedAbruptly = false;
    } finally {
        // 退出 Worker
        processWorkerExit(w, completedAbruptly);
    }
}
```

在上述代码中，while循环内部会将task置空，然后跳出循环。当调用getTask()方法获取不到工作等待队列任务时，才会执行finally语句块，执行processWorkerExit()方法退出Worker。

getTask()方法从线程池的工作等待队列中获取任务返回，下面我们继续看一下getTask()方法获取任务的逻辑。

```
private Runnable getTask() {
    boolean timedOut = false;

    for (; ; ) {
        int c = ctl.get();
        int rs = runStateOf(c);

        // 检查工作等待队列是否为空
        if (rs >= SHUTDOWN && (rs >= STOP || workQueue.isEmpty())) {
            decrementWorkerCount();
            return null;
        }

        int wc = workerCountOf(c);

        boolean timed = allowCoreThreadTimeOut || wc > corePoolSize;

        if ((wc > maximumPoolSize || (timed && timedOut))
                && (wc > 1 || workQueue.isEmpty())) {
            if (compareAndDecrementWorkerCount(c))
                return null;
            continue;
        }
        try {
            Runnable r = timed ?
                    workQueue.poll(keepAliveTime, TimeUnit.NANOSECONDS) :
                    workQueue.take();
```

```
        if (r != null)
            return r;
        timedOut = true;
    } catch (InterruptedException retry) {
        timedOut = false;
    }
  }
}
```

上述代码中，首先根据timed变量判断是否需要获取工作等待队列任务时在规定时间内返回，然后根据timed变量按不同方式获取任务，关键代码如下。

```
boolean timed = allowCoreThreadTimeOut || wc > corePoolSize;
/**
 *（1）如果为true，表示线程会根据规定时间调用阻塞队列任务
 *（2）如果为false，表示线程会进行阻塞调用
 */
Runnable r = timed ?
        workQueue.poll(keepAliveTime, TimeUnit.NANOSECONDS) :
        workQueue.take();
```

看到这部分代码，我们应该比较清楚了，如果timed为true，线程在经过非核心线程过期时间后还没有获取到任务，则方法结束，然后将Worker进行回收。

如果allowCoreThreadTimeOut未设置为true，并且当前线程池内线程数小于核心线程数，那么会调用工作等待队列的take()方法，take()方法会一直阻塞，等待任务添加才返回，这样也就实现了线程数不达到核心线程数线程不会被回收的效果。

上述代码核心逻辑如图5-3所示。

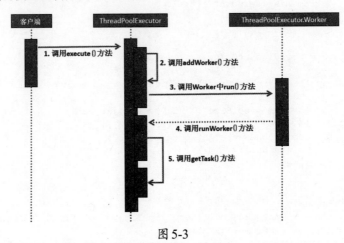

图 5-3

图5-3对应的详细处理流程如下。

（1）客户端创建线程池对象后，调用execute()方法提交一个Runnable任务。

（2）execute()方法内会调用addWorker()方法创建一个Worker对象。

（3）addWorker()方法内会调用Worker.thread.start()方法，这时候实际调用的是Worker对象内的run()方法。

（4）Worker中的run()方法会委托runWorker()方法执行。

（5）runWorker()方法中有while循环体，不断调用getTask()获取新任务。

getTask()方法底层通过BlockingQueue的take()方法来获取队列中的任务，如果队列为空，则一直阻塞当前线程。

因此，Java线程池通过队列的take()方法来阻塞核心线程Worker的run()方法，保证核心线程不会因执行完run()方法而被系统终止，从而实现线程复用，并使得开发者可以根据应用的需求来优化线程池的行为，既可以快速响应任务又可以有效管理系统资源。

5.1.6 线程池是如何进行任务调度的？

在5.1.3小节我们已经介绍了线程池的主要参数及其含义和作用，线程池的任务调度过程会涉及一些重要参数，比如核心线程数（corePoolSize）、最大线程数（maximumPoolSize）、工作等待队列（workQueue）等。

线程池的任务调度过程有以下几个主要步骤。

（1）提交任务。

当外部线程将一个任务提交到线程池时，任务通常会被包装成一个实现了Runnable或Callable接口的对象。

（2）核心线程数检查。

线程池会检查当前运行的线程数是否小于核心线程数。如果是，即使有空闲线程，线程池也会创建一个新线程来执行提交的任务。

（3）工作等待队列添加。

如果当前运行的线程数达到或超过核心线程数，线程池会尝试将提交的任务放入工作等待队列中。工作等待队列是一个阻塞队列，它用于存储等待执行的任务。

（4）最大线程数检查。

如果工作等待队列已满，线程池会检查当前运行的线程数是否小于最大线程数。如果小于，线程池会尝试创建一个新线程来执行任务。

（5）任务拒绝。

如果当前运行的线程数达到最大线程数，并且工作等待队列已满，此时新提交的任务将无法处理。线程池会通过其拒绝执行处理器（RejectedExecutionHandler）来执行拒绝策略，例如抛出异常、运行任务的run()方法、丢弃任务、将任务加入另一个线程池中等。

（6）任务执行。

线程从工作等待队列中取出任务后，会调用任务的run()方法。核心线程在默认情况下会一直存活，而非核心线程可能会在空闲一定时间（通过keepAliveTime参数设定）后被回收。

在了解了线程池任务调度的主要步骤后，我们看一下任务调度的流程，如图5-4所示。

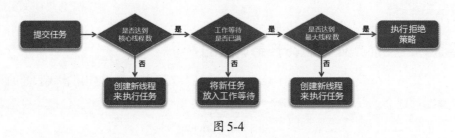

图 5-4

线程池的任务调度流程是自动化的，从设计上确保了资源的有效利用，减少了线程创建和销毁的耗时，并提供了对并发任务执行的细粒度控制。但是需要注意，在核心线程数已满，但工作等待队列未满时，不会创建线程来执行任务，而会一直等待，所以如果这3个参数设置得不合理可能导致工作等待队列一直添加元素至资源耗尽。

在线程池任务调度过程中，我们如果想插入自定义的逻辑，可以使用调度器的钩子方法。ThreadPoolExecutor类中提供了几个钩子方法，这些钩子方法会在任务执行的不同阶段被调用，允许开发者在任务执行前后以及线程池变化时插入自定义的逻辑。以下是一些主要的钩子方法及其作用。

（1）beforeExecute()方法。

```
protected void beforeExecute(Thread t, Runnable r);
```

beforeExecute()方法在每个任务执行前被调用，我们可以重写这个方法来执行初始化资源、记录日志信息、统计任务信息等操作。

（2）afterExecute()方法。

```
protected void afterExecute(Runnable r, Throwable t);
```

afterExecute()方法在每个任务执行后被调用，我们可以用它来进行资源清理、任务执行监控、异常处理等。如果任务在执行过程中抛出异常，这个异常将会作为第二个参数传递给afterExecute()方法。

（3）terminated()方法。

```
protected void terminated();
```

terminated()方法在线程池完全终止，即线程池的状态转换到TERMINATED状态时调用。我们可以用它来释放线程池持有的资源，或者发送通知告知外部监听者线程池已关闭。

这些钩子方法对于调试、监控以及增强线程池的行为都很有用。它们默认是空操作，如果需要特定的行为，可以通过继承ThreadPoolExecutor类并覆盖这些方法来实现。例如，我们如果想要记录每个任务的执行时间，可以使用如下代码。

```
public class TimingThreadPoolExecutor extends ThreadPoolExecutor {
    // ...
    @Override
    protected void beforeExecute(Thread t, Runnable r) {
        super.beforeExecute(t, r);
        // 记录任务开始时间
    }

    @Override
    protected void afterExecute(Runnable r, Throwable t) {
        try {
            // 记录任务结束时间，计算并记录任务执行时间
        } finally {
            super.afterExecute(r, t);
        }
    }

    @Override
```

```
protected void terminated() {
    try {
        // 释放资源或记录线程池关闭的信息
    } finally {
        super.terminated();
    }
}
}
```

需要注意的是，默认情况下，这些方法是没有实现任何具体操作的。在需要时，我们可以在子类中提供具体实现。同时，在重写这些方法时，为了保证ThreadPoolExecutor的正确性，应该在方法的开始或结束处调用super()方法。

在实现这些方法时，需要注意同步和线程安全的问题，避免引入新的并发问题。这些方法都是在执行任务的线程中调用的，因此，任何长时间运行的操作都可能影响线程池中其他任务的执行。

5.1.7 线程池为什么要使用阻塞队列？

在线程池中活跃线程数达到核心线程数时，线程池会将后续的任务提交到BlockingQueue中，该队列为阻塞队列。此处的设计采用阻塞队列而不是非阻塞队列，主要原因在于阻塞队列带来了线程管理和资源协调方面的便利性。下面我们详细解释一下为什么选择阻塞队列。

（1）线程协调。

阻塞队列提供了一种有效的线程协调机制，当队列为空时，试图取出元素的线程会被阻塞，直到队列中有可用元素。这就避免了线程频繁轮询队列是否有任务，从而降低了CPU资源的浪费。

（2）简化生产者-消费者模式。

线程池的设计通常遵循生产者-消费者模式，其中，任务的提交者是生产者，工作线程是消费者。阻塞队列自然地支持这种模式，生产者可以无须等待地提交任务（当队列未满时），消费者可以等待任务的到来而不占用CPU。

（3）优化资源等待。

在使用非阻塞队列时，如果队列为空，消费者线程需要通过忙等来检查队列是否有新的元素加入，这样会导致CPU的无效使用。而阻塞队列则允许线程在没有任务可执行时进入休眠状态，从而降低资源消耗。

（4）简化并发控制。

阻塞队列通常能够保证线程安全性，这样在多线程访问时不需要使用额外的同步措施。而非阻塞队列通常不保证线程安全，或者只在限定的操作上无锁，这可能导致在多线程环境下使用非阻塞队列时需要额外的并发控制机制，增加编程的复杂度。

（5）背压（Back Pressure）机制。

背压机制是一种流控制策略，主要用于分布式系统、网络通信以及响应式编程，作用是防止系统过载。这个机制可以确保当上游的生产速度超过下游的消费速度时，系统能够稳定地处理请求，不会因为负载过重而崩溃或失去响应能力。

阻塞队列可以有界限，这意味着它们能够在达到一定容量时提供背压机制，防止资源耗尽（例如内存）。当阻塞队列为满时，线程池可以根据策略拒绝新任务，或者执行其他的流量控制策略。而非阻塞队列往往要么是无界的，要么在限制达到时不能自然地提供背压机制。

（6）优雅地处理高负载。

在请求量剧增时，使用阻塞队列可以使得线程池更加优雅地处理请求。它可以在队列填满后，通过线程阻塞来限制系统的负载，避免系统过载和可能的崩溃。

总而言之，阻塞队列通过允许线程在无任务可执行时休眠，为线程池提供了一种简单而有效的方式来管理任务，同时保持资源的高效使用，并提供了流量控制机制。虽然非阻塞队列在某些情况下可能提供更高的性能，但它们需要复杂的并发控制和额外的CPU周期来处理空闲状态，因此在线程池场景中往往不如阻塞队列实用。

5.1.8 Java线程池的底层实现原理是什么？

线程池的主要作用是控制运行的线程数，在处理过程中将任务放入队列，然后在线程创建后启动这些任务，如果线程数超过了最大线程数，那么超出数量的线程将排队等候，直到其他线程执行完毕，再从队列中取出任务来执行。线程池的主要特点为线程复用、控制最大并发数、线程管理等。

Java线程池的实现主要依赖于java.util.concurrent包中的ThreadPoolExecutor类。它允许配置多个参数，包括核心线程数、最大线程数、保持活动时间、工作等待队列等。下面我们通过ThreadPoolExecutor类的一些核心源码，更深入地探讨Java线程池 ThreadPoolExecutor 的底层实现原理。

（1）线程管理。

Java 线程池是通过内部的 HashSet 集合来管理工作线程的，线程在创建时会被包装成 Worker 对象。Worker 是 ThreadPoolExecutor 的一个内部类，实现了 Runnable 接口。

```
private final HashSet<Worker> workers = new HashSet<Worker>();
```

线程池维护一组活跃的工作线程，这些线程用来执行队列中的任务。当有新任务提交时，线程池会检查当前活跃线程数是否小于核心线程数，如果是，则创建一个新的核心线程来处理任务；如果核心线程都在忙，则将任务添加到工作等待队列中。

（2）工作等待队列。

工作等待队列是一个阻塞队列，线程池使用一个阻塞队列来存放待执行的任务。常用的工作等待队列有 LinkedBlockingQueue、SynchronousQueue 和 ArrayBlockingQueue 等多种类型。ThreadPoolExecutor 可以接收不同类型的阻塞队列实例。

```
private final BlockingQueue<Runnable> workQueue;
```

当我们在程序中执行 execute(Runnable command) 方法提交任务时，线程池会判断线程数是否已达到核心线程数，如果未达到核心线程数，则优先创建线程执行任务；否则，任务会被添加到这个队列中等待执行。

（3）任务执行。

线程池中的每个工作线程都会不断地从任务队列中取任务来执行，核心代码如下。

```
public void run() {
    runWorker(this);
}
final void runWorker(Worker w) {
    Runnable task = w.firstTask;
    w.firstTask = null;
    while (task != null || (task = getTask()) != null) {
        task.run();
        task = null;
    }
}
```

在上述代码中，getTask() 方法用于从队列中取出任务。

（4）线程回收。

对于非核心线程，线程池通过设置存活时间来控制超时空闲线程的回收。当线程池中的线程数超过核心线程数时，额外的线程在空闲一段指定的时间后，如果没有被分配新的任务，将被终止并回收，这个指定的时间就是线程的保持活动时间。

```
private volatile long keepAliveTime;
```

当工作线程在等待新任务时，如果其空闲时间超过了keepAliveTime，并且线程池中的线程数超过核心线程数，则这个线程会被终止并回收。

（5）拒绝策略。

当工作等待队列已满且线程数已达到最大线程数时，线程池无法处理更多新的任务，这时它会使用拒绝策略（通过RejectedExecutionHandler执行）来处理新提交的任务。ThreadPoolExecutor提供了4种拒绝策略，分别为直接拒绝（AbortPolicy）、抛弃队列中最早的未处理的任务（DiscardOldestPolicy）、丢弃无法处理的任务（DiscardPolicy）、由提交任务的线程自己执行任务（CallerRunsPolicy）。

```
private volatile RejectedExecutionHandler handler;
```

开发者可以基于实现RejectedExecutionHandler接口的rejectedExecution(Runnable r, ThreadPoolExecutor e)方法自定义拒绝策略。

（6）ThreadFactory。

ThreadFactory用于创建新线程，通过ThreadFactory可以自定义线程工厂来设置线程的名称、优先级、守护状态等。

```
private volatile ThreadFactory threadFactory;
```

（7）ThreadPoolExecutor。

ThreadPoolExecutor提供了beforeExecute()、afterExecute()和terminated()等方法，可以在任务执行前、后以及线程池完全终止时执行一些自定义的操作。

```
protected void beforeExecute(Thread t, Runnable r) { }
protected void afterExecute(Runnable r, Throwable t) { }
protected void terminated() { }
```

通过重写上述这些方法，可以在任务执行之前和之后及线程池终止时插入自定义逻辑。

（8）内部流程控制。

ThreadPoolExecutor内部使用AtomicInteger()来维护线程池的状态和控制线程数。

```
private final AtomicInteger ctl = new AtomicInteger(ctlOf(RUNNING, 0));
```

通过位运算和原子操作来确保线程池状态的正确性。

（9）工作线程的实现。

工作线程是在调用execute()方法时创建的，这些线程会从队列中获取任务并执行。Worker包装类不仅封装了原始线程，还负责管理线程的生命周期和任务的执行状态。

```
private final class Worker extends AbstractQueuedSynchronizer implements
Runnable {
    final Thread thread;
    Runnable firstTask;
    Worker(Runnable firstTask) {
        this.firstTask = firstTask;
        this.thread = getThreadFactory().newThread(this);
    }
    public void run() {
        runWorker(this);
    }
    //  其他方法省略
}
```

实际的ThreadPoolExecutor类代码十分复杂，涵盖很多细节和错误处理逻辑，但线程池的核心实现原理不会变化。如果大家需要更深入地了解，可以认真阅读和研究java.util.concurrent.ThreadPoolExecutor源码，这样更有利于对线程池原理进行理解。

5.2 面试官：谈谈你使用Java线程池的一些经验

面试是求职者与面试官之间的一场智慧与经验的较量。当面试官提出"谈谈你使用Java线程池的一些经验"这样的问题时，他们通常是在借助这个问题考验求职者是否具备以下关键能力和职业素养。

- 基础理解能力：面试官首先想确认的是求职者是否理解线程池的基本概念，包括线程池的工作原理和核心参数（如核心线程数、最大线程数、保持活动时间、工作等待队列等）及线程池在Java中的实现。
- 实践经验能力：面试官通过这个问题了解求职者是否有真实且深入的线程池使用经验，是否具有配置线程池参数、处理任务提交和执行、监控线程池状态以及优化线程池性能的实际能力。
- 问题解决能力：对线程池的监控和优化能力的考查通常指向求职者是否能识别并解决多线程编程中的典型问题，如线程安全、死锁、资源竞争等。

面试官提出这个问题的本质是评估求职者所掌握技术的深度和广度，以及求职者解决实际开发问题的专业能力。面试官希望找到那些不仅享受编程，而且能够深入底层细节，通过实践精进其技艺的求职者。

求职者需要通过真实的经验、清晰的逻辑，来证明自己是那个合适的人选。我们可以从以下几个方面对这个问题进行解答。

（1）Java有哪些类型的线程池？它们各自适用于什么场景？

Java主要有以下几种类型的线程池。

- 容量固定（FixedThreadPool）线程池：适用于长生命周期、任务量已知，对资源使用严格限制、需要限制并发线程数等场景。
- 可缓存（CachedThreadPool）线程池：适用于执行大量短期异步任务、程序负载有大幅波动等场景。
- 单线程（SingleThreadExecutor）线程池：适用于需要保证任务按顺序执行、保证任务之间不受并发问题影响等场景。
- 定时执行（ScheduledThreadPool）线程池：适用于需要定时或周期性执行任务的场景。
- 工作窃取（WorkStealingPool）线程池：适用于有大量数据被分割成多个小任务需要并行执行的场景。
- 并行执行（ForkJoinPool）线程池：适用于大型计算密集型任务、任务需要分解和合并结果等场景。

（2）为什么不推荐使用Executors创建线程池？

使用Executors类的方法创建线程池非常方便、快捷，但是由于默认配置不一定符合实际业务需求，所以使用时可能存在内存泄漏、线程过多、性能不佳、响应延迟、难以调试和控制等潜在问题。

（3）如何合理配置Java线程池的参数？

在配置线程池之前，我们应该明确应用是CPU密集型还是I/O密集型。此外，还要考虑到任务的平均执行时间、任务的并发程度以及运行环境的硬件资源。在实际应用中，线程池参数需要根据不同的业务场景和任务特性来调整，并且需要对应用程序进行监控，根据监控反馈动态调整参数，以达到最佳的性能。

（4）Java线程池线程抛出的异常该如何处理？

当线程池中的线程抛出异常时，我们需要及时捕获和处理异常，通常情况下有以下几种处理方式。

- 自定义线程工厂：在创建新线程时为其设置一个UncaughtExceptionHandler。这个处理器可以捕获线程执行中未被捕捉的异常。
- 覆盖afterExecute()方法：如果使用ThreadPoolExecutor来创建线程池，可以通过覆盖afterExecute()方法来捕获线程执行中的异常。
- 使用Future接口：如果提交任务时使用Future接口，可以通过调用接口的get()方法来显式地检查任务是否抛出了异常。
- try-catch包装任务：对于提交给线程池的任务，可以在任务执行逻辑外层添加try-catch代码块，确保所有异常都被捕获并进行相应处理。

（5）如何优雅且安全地关闭一个线程池？

在Java中优雅地关闭线程池，需确保所有的任务都被执行，首先使用shutdown()方法发起关闭，然后通过awaitTermination()方法等待所有已提交的任务完成。awaitTermination()方法会阻塞当前线程，直到所有任务在关闭请求后完成执行，或者发生超时，或者当前线程被中断。

（6）如何监控和优化线程池的性能？

线程池的监控方法分为全量监控和定时监控两种。

- 全量监控是在执行任务前后全量统计任务排队时间和执行时间，让我们能够了解每个任务的性能。它可以通过扩展ThreadPoolExecutor类并重写beforeExecute()和afterExecute()两个方法来记录时间来实现。
- 定时监控通过定时任务，定时获取活跃线程数、队列中的任务数、核心线程数、最大线程数等，能够让我们了解线程池的整体性能和状态。它可以通过一个独立的监控线程来实现。

根据监控数据状态可以进行线程池优化。比如设置合适的线程池大小、选择合适的工作等待队列类型、设置合理的线程保持活动时间、选择合适的拒绝策略等。

为了让大家对Java线程池的应用有更深入的掌握和理解，灵活应对面试细节，接下来我们对上述解答要点逐个进行详解。

5.2.1 Java有哪些类型的线程池？它们各自适用于什么场景？

在并发编程的实践中，线程池是一种资源管理工具，用于有效地管理线程资源。如果遇到需要使用线程池的场景，应该先思考这种场景需要使用什么样的线程池，从而避免线程资源滥用。这种选择可能比较困难，不过不用担心，Java其实早就已经给我们提供了快速创建线程池的方法，并且不需要设置烦琐的参数，"开箱即用"。

以下是Java中几种常见类型的线程池及其各自的适用场景。

（1）FixedThreadPool线程池。

这是一个容量固定的线程池，它可以一次性预先创建线程，并且重用其中的线程。

该类型线程池的适用场景如下。

- 长生命周期的应用程序。
- 任务量已知，对资源的使用要严格控制的场景。
- 需要限制并发线程数的场景。

使用示例代码如下。

```
ExecutorService executorService = Executors.newFixedThreadPool(10);
executorService.execute(new Runnable() {
        public void run() {
            // 任务代码
}
});
```

在能预知最大并发线程数时适合使用FixedThreadPool，这样能避免线程频繁创建和销毁的开销，但是当所有线程都繁忙时，新任务会在队列中等待，可能导致延迟。

（2）CachedThreadPool线程池。

这是一个会根据需要创建新线程的线程池，但如果线程空闲超过60s，它会被终止并从缓存中移除。

该类型线程池的适用场景如下。

- 执行大量短期异步任务的场景。
- 程序负载有大幅波动的场景。

使用示例代码如下。

```
ExecutorService cachedThreadPool = Executors.newCachedThreadPool();
executorService.execute(new Runnable() {
    public void run() {
    // 任务代码
  }
});
executorService.shutdown();
```

CachedThreadPool 可以灵活地创建线程满足任务要求，理论上无线程数上限，适用于负载较轻的服务器。但是线程数可能会迅速膨胀，从而耗尽资源，对于长生命周期的任务，不建议使用。

（3）SingleThreadExecutor 线程池。

这是一个单线程的线程池，它创建单个工作线程来执行任务。

该类型线程池的适用场景如下。

- 需要保证任务按顺序执行的场景。
- 需要保证任务之间不受并发问题影响的场景。

使用示例代码如下。

```
ExecutorService singleThreadExecutor = Executors.newSingleThreadExecutor();
executorService.execute(new Runnable() {
    public void run() {
        // 任务代码
    }
});
executorService.shutdown();
```

SingleThreadExecutor 保证所有任务按照提交顺序执行，但是如果唯一的线程因异常终止，则会影响后续任务执行，因为它不适用于大量任务并发执行的场景。

（4）ScheduledThreadPool 线程池。

这是一个可以安排在给定时间后执行任务或定期执行的线程池。

该类型线程池的适用场景如下。

- 需要定时执行任务的场景。
- 需要周期性执行任务的场景。

使用示例代码如下。

```
ScheduledExecutorService  scheduledThreadPool  =  Executors.
newScheduledThreadPool(5);
executorService.schedule(new Runnable() {
    public void run() {
        // 任务代码
    }
}, 5, TimeUnit.SECONDS);
executorService.shutdown();
```

ScheduledThreadPool支持任务的定时执行和周期性执行，可以调整线程池大小以满足不同程度的并发需求，但是使用不当可能会导致任务堆积或线程资源紧张。

（5）WorkStealingPool线程池。

这是Java 8新增的线程池，基于Fork/Join框架，采用工作窃取算法。

该类型线程池的适用场景如下。

- 存在大量数据被分割成多个小任务并行执行的场景。

使用示例代码如下。

```
ExecutorService workStealingPool = Executors.newWorkStealingPool();
executorService.execute(new Runnable() {
    public void run() {
        // 任务代码
    }
});
```

在使用WorkStealingPool时，应确保主线程不会立即退出，因为 WorkStealing-Pool 中的线程执行的是守护线程。它可以优化任务执行时间，提高线程利用率，自动地负载均衡，但不易调试，因为任务窃取是隐蔽进行的，适合计算密集型任务，不适合 I/O 密集型任务。

（6）ForkJoinPool线程池。

这是专门为大量并发任务设计的并行执行线程池，它实现了MapReduce 算法。在Fork/Join框架中，任何任务都可以被拆分（Fork）成更小的任务执行，然后将结果合并（Join）。

该类型线程池的适用场景如下。

- 大型计算密集型任务，如大数据处理。
- 任务需要分解和合并结果的场景。

使用示例代码如下。

```java
import java.util.concurrent.*;

public class ForkJoinExample extends RecursiveTask<Integer> {
    private final int[] numbers;
    private final int start;
    private final int end;

    public ForkJoinExample(int[] numbers, int start, int end) {
        this.numbers = numbers;
        this.start = start;
        this.end = end;
    }

    @Override
    protected Integer compute() {
        int length = end - start;
        if (length <= 2) {
            return computeDirectly();
        }
        ForkJoinExample firstTask = new ForkJoinExample(numbers, start,
start + length / 2);
        ForkJoinExample secondTask = new ForkJoinExample(numbers, start +
 length / 2, end);

        firstTask.fork();
        Integer secondResult = secondTask.compute();
        Integer firstResult = firstTask.join();
        return firstResult + secondResult;
    }

    private Integer computeDirectly() {
        int sum = 0;
        for (int i = start; i < end; i++) {
            sum += numbers[i];
        }
        return sum;
    }

    public static void main(String[] args) {
        int[] numbers = {1, 2, 3, 4, 5, 6, 7, 8, 9, 10};
         ForkJoinTask<Integer> task = new ForkJoinExample(numbers, 0, numbers.
length);
        ForkJoinPool pool = new ForkJoinPool();
        Integer result = pool.invoke(task);
        System.out.println("Result is: " + result);
    }
}
```

ForkJoinPool适用于大规模并行计算，尤其是复杂的递归算法和大量数据的处理，但是如果任务拆分得不合理，可能会导致性能下降，而且它的实现相对复杂，需要理解递归和分治算法。

在选择线程池的类型时，需要基于应用场景和需求选择。记住，没有一种线程池适用于所有场景。我们应该根据应用程序的工作负载和资源限制来选择合适的线程池。同时，始终记得优雅地关闭线程池，以免造成资源泄漏。

5.2.2 为什么不推荐使用Executors创建线程池？

在阿里巴巴的Java开发手册中，有这样一条关于线程池的强制规则：线程池不允许使用Executors去创建，而要通过ThreadPoolExecutor的方式。这样做目的是让使用者更加明确线程池的运行规则，规避资源耗尽的风险。但是这一点让很多人感到困惑，因此很多企业面试官会拿该问题来考验求职者对Java线程池应用的熟悉程度。

Java的Executors类提供了多个静态工厂方法来创建不同类型的线程池。

- newFixedThreadPool(int nThreads)：创建一个容量固定的线程池。
- newCachedThreadPool()：创建一个可缓存线程的线程池。
- newSingleThreadExecutor()：创建一个单线程的线程池。
- newScheduledThreadPool(int corePoolSize)：创建一个可以延迟或定期执行任务的线程池。
- newSingleThreadScheduledExecutor()：创建一个单线程的线程池，用来调度命令在给定的延迟之后运行，或者定期执行。
- newWorkStealingPool(int parallelism)：（从Java 8开始提供）创建一个使用工作窃取算法的线程池，它基于Fork/Join框架实现。

使用Executors类的方法创建线程池非常方便、快捷，但是由于默认配置不一定符合实际业务需求，所以使用时可能存在以下潜在问题。

（1）内存泄漏。

对于newFixedThreadPool()和newSingleThreadExecutor()方法，使用无界队列可能导致在高负载情况下快速增长的任务队列，如果任务提交速度超过了处理速度，可能会消耗所有可用的堆内存，导致OutOfMemoryError。

（2）线程过多。

使用newCachedThreadPool()方法创建的线程池，在高负载下可能会创建大量线程，导致线程数超出系统能够合理管理的范围。这可能会导致系统上下文切换过多，各种资源耗尽，甚至引起系统响应变慢或崩溃。

（3）性能不佳。

如果线程池过大，可能会导致过多的线程竞争资源，增加上下文切换的成本，从而降低性能。如果线程池中的线程数过少，可能不能充分利用多CPU的优势，从而导致并发性能下降。

（4）响应延迟。

在使用无界队列时，如果长时间运行的任务不断堆积，那么新任务的响应时间可能会不可预测地增加。

（5）难以调试和控制。

默认的线程池行为可能会隐藏问题，比如线程池大小、任务队列长度和拒绝策略等关键参数的默认设置可能不明显，这使得在问题发生时进行调试和控制变得更加困难。

（6）资源无法回收。

newCachedThreadPool()方法创建的线程池允许线程在一定时间内空闲，之后才会回收线程。如果在突发流量后流量骤减，可能会有很多线程空闲却仍然占用内存。

（7）守护线程问题。

newCachedThreadPool()方法创建的线程池默认使用守护线程。这意味着如果主程序退出，守护线程也会立即退出，这可能导致正在运行的任务被中断。

（8）没有明确的拒绝策略。

Executors提供的静态工厂方法创建的线程池通常使用默认的拒绝策略AbortPolicy，在队列为满时提交任务会抛出RejectedExecutionException。如果不适当处理这种情况，可能会导致异常未被捕获。

由于存在上述潜在风险，在生产环境中，通常推荐直接使用ThreadPoolExecutor构造方法来构建线程池，这样可以提供更细粒度的控制，包括控制核心线程数、最大线程数、保持活动时间、工作等待队列、拒绝策略等，以确保线程池能够符合应用程序的性能和资源管理要求。

5.2.3 如何合理配置Java线程池的参数？

线程池是处理并发请求和任务的常用方法，使用线程池可以减少在创建和销毁线程上所花的时间以及系统资源的开销，解决系统资源利用不足的问题。创建一个线程池来处理并发的任务看起来非常简单，其实线程池的参数的配置需要遵循一定规则。

以Java为例，一个标准的线程池创建方法如下。

```
public ThreadPoolExecutor(
    int corePoolSize,               // 核心线程数
    int maximumPoolSize,            // 最大线程数
    long keepAliveTime,             // 保持活动时间
    TimeUnit unit,                  // 时间单位
    BlockingQueue<Runnable> workQueue, // 工作等待队列
    ThreadFactory threadFactory,    // 线程工厂
    RejectedExecutionHandler handler // 拒绝策略
){ ... }
```

虽然Java提供了一些默认参数，但是这些默认参数并不能完全适应各种各样的业务场景，我们需要为ThreadPoolExecutor配置更加合理的参数来使线程池达到最优，以满足应用的性能需求。"如何合理配置Java线程池的参数"这个问题是很多企业面试官十分关注并容易提起的问题。下面介绍一些合理配置参数的方法。

一般的应用程序，可以根据任务类型和CPU内核数量进行线程数设定，规则如下。

- CPU密集型任务：也叫计算密集型任务，这类任务的特点是需要进行大量的CPU运算，例如判断、循环、递归处理等。核心线程数可以设置为CPU核数+1。
- I/O密集型任务：这类任务的特点是CPU占用率比较低，大部分时间在等磁盘和内存的读写操作，例如文件读写、远程接口调用等。核心线程数可以设置为CPU核数×2。

上述方法只是一般方法，如果要配置更合理的参数，就需要更明确的系统环境和性能需求，例如每秒处理最大任务数、每个任务处理时间等信息。假设我们确定了以下任务需求。

- tasks：程序每秒需要处理的最大任务数（假设系统每秒处理任务数为100～1000）。
- tasktime：单线程处理一个任务所需要的时间（假设每个任务耗时0.1s）。
- responsetime：系统允许任务最大的响应时间（假设每个任务的响应时间不

超过 2s）。

基于上述已知条件，我们可以配置更合理的线程池参数，具体方法如下。

（1）corePoolSize。

根据上述条件，核心线程数可以按以下规则配置：

```
corePoolSize = tasks/(1/tasktime)
```

处理每个任务需要 tasktime 秒，则每个线程每秒可处理 1/tasktime 个任务。系统每秒有 tasks 个任务需要处理，则需要的线程数为 tasks/(1/tasktime)，即 tasks*tasktime。假设系统每秒处理的任务数范围为 100～1000，每个任务耗时 0.1s，则需要 100×0.1～1000×0.1，即 10～100 个线程。该参数的具体值最好根据二八原则设置，即设置为 80% 情况下系统每秒处理的任务数，若系统 80% 的情况下每秒处理的任务数小于 200，最多时为 1000，则 corePoolSize 的值可以设置为 200×0.1=20。

（2）queueCapacity。

任务队列的长度与核心线程数和系统对任务响应时间要求有关。队列长度可以按以下规则配置：

```
queueCapacity = (corePoolSize/tasktime)*responsetime
```

如果核心线程数为 20，每个任务响应时间为 0.1s，则队列长度需要为 (20/0.1)*2，即 400，可将 queueCapacity 的值设置为 400。如果队列长度设置过大，会导致任务响应时间过长，比如以下写法：

```
LinkedBlockingQueue queue = new LinkedBlockingQueue();
```

这实际上将队列长度设置为 Integer.MAX_VALUE，将会导致线程数永远为 corePoolSize，再也不会增加，当任务数陡增时，任务响应时间将随之陡增。

（3）maximumPoolSize。

该参数为最大线程数。当系统负载增加，核心线程数已无法按时处理完所有任务时，就需要增加线程。每秒有 200 个任务时需要 20 个线程，那么当每秒有 1000 个任务时，则需要 (1000-queueCapacity)*(20/200)，即 60 个线程，可将 maximumPoolSize 设置为 60。

（4）keepAliveTime。

对于不是很忙碌的系统，适当设置线程的保持活动时间可以避免频繁地创建和销毁线程，节省资源。但是线程数不能只增加不减少。当负载降低时，可减少线程数，如果一个线程的保持活动时间达到keepAliveTime，该线程就退出。默认情况下线程池最少会保持corePoolSize个线程。keepAliveTime的值可根据任务峰值持续时间来设定。

（5）threadFactory。

自定义线程工厂可以指定线程的名称、优先级，以及线程是否是守护线程等属性。

（6）handler。

根据应用场景选择合适的拒绝策略。例如，如果希望在队列满时直接抛出异常，可以使用AbortPolicy；如果希望调用者能够处理任务，可以使用CallerRunsPolicy。

上述关于线程数的计算没有考虑CPU的情况。若结合CPU的情况，比如，当线程数达到50时，CPU的使用率达到100%，则将maximumPoolSize设置为60也不合适，此时若系统负载长时间维持在每秒1000个任务，则超出线程池处理能力，因此应设法降低每个任务的处理时间tasktime。此外，还要考虑到任务的平均执行时间、任务的并发程度以及运行环境的硬件资源。在实际应用中，线程池参数需要根据不同的业务场景和任务特性来调整，并且需要对应用程序进行监控，根据监控反馈动态调整这些参数，以达到最佳的性能。

5.2.4 Java线程池线程抛出的异常该如何处理？

线程池在并发编程中经常使用，它可以有效地管理线程资源，提高程序的运行效率。在线程池应用中，可能会出现下面几种异常。

（1）运行时异常。

线程在执行任务的过程中可能出现运行时异常。这种异常可能是由于程序逻辑错误、空指针异常等导致的，通常情况下在代码调试过程中就能发现和解决。

（2）检查异常。

线程在执行任务的过程中可能出现检查异常（Checked Exception）。检查异常必须明确处理，否则无法通过编译。在线程池中，如果没有对检查异常进行处理，很容易导致线程终止，影响整个系统的稳定性。

（3）Error 异常。

线程执行任务的过程中可能出现 Error 异常。Error 是指 JVM 本身的错误，例如 OutOfMemoryError 等。这种错误通常无法从代码层面进行处理，只能在极端情况下考虑通过重启服务等措施来应对。

当线程池中的线程抛出异常时，我们需要及时捕获和处理异常，通常情况下有以下几种处理方式。

（1）自定义线程工厂。

可以通过自定义线程工厂，在创建新线程时为其设置一个 UncaughtException Handler。这个处理器可以捕获线程执行中未被捕捉的异常。

```
ThreadFactory threadFactory = new ThreadFactory() {
    public Thread newThread(Runnable r) {
        Thread t = new Thread(r);
        t.setUncaughtExceptionHandler(new Thread.UncaughtExceptionHandler() {
            public void uncaughtException(Thread t, Throwable e) {
                // 处理异常
            }
        });
        return t;
    }
};
```

（2）覆盖 afterExecute() 方法。

如果使用 ThreadPoolExecutor 来创建线程池，可以通过覆盖 afterExecute() 方法来捕获线程执行中的异常。

```
ThreadPoolExecutor executor = new ThreadPoolExecutor(...) {
    protected void afterExecute(Runnable r, Throwable t) {
        super.afterExecute(r, t);
        if (t == null && r instanceof Future<?>) {
            try {
                Future<?> future = (Future<?>) r;
                if (future.isDone()) {
                    future.get();
                }
            } catch (CancellationException ce) {
                t = ce;
            } catch (ExecutionException ee) {
                t = ee.getCause();
            } catch (InterruptedException ie) {
                Thread.currentThread().interrupt();
```

```
            }
        }
        if (t != null) {
            // 处理异常
        }
    }
};
```

（3）使用Future接口。

如果提交任务时使用了Future接口，可以通过调用接口的get()方法来显式地检查任务是否抛出了异常。

```
ExecutorService executorService = Executors.newFixedThreadPool(10);
Future<?> future = executorService.submit(new Task());

try {
    future.get();
} catch (InterruptedException e) {
    Thread.currentThread().interrupt();
} catch (ExecutionException e) {
    Throwable cause = e.getCause(); // 这里获取实际的异常
    // 处理异常
}
```

（4）try-catch包装任务。

对于提交给线程池的任务，可以在任务执行逻辑外层添加try-catch代码块，确保所有异常都被捕获并进行相应处理。

```
public class SafeRunnable implements Runnable {
    private Runnable task;

    public SafeRunnable(Runnable task) {
        this.task = task;
    }

    @Override
    public void run() {
        try {
            task.run();
        } catch (Throwable t) {
            // 处理异常
        }
    }
}

// 使用包装后的任务来代替原始任务提交给线程池
executorService.submit(new SafeRunnable(new Task()));
```

在处理异常时，可能需要记录日志、尝试恢复状态、重新执行任务或者进行一些清理工作。总之，在使用线程池的过程中，一定要注意线程的异常处理问题，无论选择哪种方式，及时捕获和处理异常，才能有效避免程序崩溃导致数据丢失等问题。

5.2.5 如何优雅且安全地关闭一个线程池？

在实际应用中，线程池的关闭是一项非常重要的工作，在程序中优雅且安全地关闭一个线程池的目的是确保以下几点。

- 所有已经提交的任务都得到执行。
- 没有新的任务被提交到线程池。
- 线程池在完成所有任务后能够正常关闭。
- 保证应用程序平滑、安全、有序地关闭。

在 Java 开发中，ThreadPoolExecutor 提供了下面两个关闭方法。

- shutdown() 方法：将启动线程池有序地关闭线程，但它允许已提交的任务继续执行，不再接收新任务。
- shutdownNow() 方法：将尝试立即停止所有正在执行的任务，暂停处理正在等待的任务，并返回等待执行的任务列表。

一般来说，shutdown() 方法的关闭方式更加温和和优雅。如果需要立即关闭线程池且不关心正在执行的任务，可以使用 shutdownNow()，但通常不推荐，因为它可能导致执行中的任务被中断。

下面的示例为我们展示了如何优雅且安全地关闭一个线程池。

```java
import java.util.concurrent.Executors;
import java.util.concurrent.ThreadPoolExecutor;
import java.util.concurrent.TimeUnit;

public class ShutDownThreadPoolExample {
    public static void main(String[] args) throws InterruptedException {
        ThreadPoolExecutor executorService = (ThreadPoolExecutor) Executors.
newFixedThreadPool(5);

        // 模拟提交10个任务到线程池
        for (int i = 0; i < 10; i++) {
            executorService.submit(() -> {
                try {
                    // 假设每个任务需要1s来执行
                    TimeUnit.SECONDS.sleep(1);
```

```
                        System.out.println(" 任务执行: " + Thread.currentThread().
getName());
                } catch (InterruptedException e) {
                    e.printStackTrace();
                }
            });
        }
        // 启动线程池有序地关闭线程, 不再接收新任务, 但已提交的任务将继续执行直到完成
        executorService.shutdown();

        // 可以无限期地等待所有任务完成
        // 将等待时间设置为最大值
        executorService.awaitTermination(Long.MAX_VALUE, TimeUnit.NANOSECONDS);

        System.out.println(" 所有任务已完成, 线程池已关闭 ");
    }
}
```

在上述代码中,我们首先使用shutdown()方法发起了关闭,然后通过awaitTermination()方法等待所有已提交的任务完成。awaitTermination()方法会阻塞当前线程,直到所有任务在关闭请求后完成执行,或者发生超时,或者当前线程被中断。我们在程序中设置的等待时间为Long.MAX_VALUE,基本上会无限期地等待,除非线程被中断。如果需要在指定的时间内关闭线程池,可以指定具体的时长参数。

5.2.6 如何监控和优化线程池的性能?

5.2.3小节我们介绍了如何合理配置Java线程池的参数,虽然给出了一些可用方法,但实际上业界并没有给出一个统一的标准。虽然有些所谓的"公式",但是实际的业务场景复杂多变,对应的配置原则也不尽相同,从实际经验来看,I/O密集型应用、CPU密集型应用在线程配置上的差异也比较大。

既然不能明确配置,那么能不能动态配置呢?答案是肯定的。在生产环境中,我们可以实时监控线程池的运行状态,随时掌握应用服务的性能状况,以便在系统资源紧张时及时告警,动态调整线程配置,并在必要时进行人工介入,排查问题,线上修复,也就是说,通过实时监控实现动态修改。

线程池的监控方法分为两种:一种是全量监控,即在执行任务前后全量统计任务排队时间和执行时间,让我们能够了解每个任务的性能;另一种是定时监控,即通过定时任务,定时获取活跃线程数、队列中的任务数、核心线程数、最大线程数

等，能够让我们了解线程池的整体性能和状态。

（1）全量监控。

为了实现全量监控，我们可以通过扩展 ThreadPoolExecutor 类并重写 before-Execute() 和 afterExecute() 两个方法来记录时间，示例实现代码如下。

```java
import java.util.concurrent.BlockingQueue;
import java.util.concurrent.ThreadPoolExecutor;
import java.util.concurrent.TimeUnit;
import java.util.concurrent.LinkedBlockingQueue;
import java.util.concurrent.atomic.AtomicLong;

public class TimingThreadPoolExecutor extends ThreadPoolExecutor {
    private final ThreadLocal<Long> startTime = new ThreadLocal<>();
    private final AtomicLong totalTime = new AtomicLong();
    private final AtomicLong numTasks = new AtomicLong();

    public TimingThreadPoolExecutor(int corePoolSize, int maximumPoolSize,
long keepAliveTime,
                        TimeUnit unit,BlockingQueue<Runnable> workQueue) {
        super(corePoolSize, maximumPoolSize, keepAliveTime, unit, workQueue);
    }

    @Override
    protected void beforeExecute(Thread t, Runnable r) {
        super.beforeExecute(t, r);
        startTime.set(System.nanoTime());
    }

    @Override
    protected void afterExecute(Runnable r, Throwable t) {
        try {
            long endTime = System.nanoTime();
            long taskTime = endTime - startTime.get();
            numTasks.incrementAndGet();
            totalTime.addAndGet(taskTime);
            System.out.printf("任务耗时：%dns\n", taskTime);
        } finally {
            super.afterExecute(r, t);
        }
    }

    public void shutdownAndReport() {
        System.out.printf("平均任务耗时：%dns\n", totalTime.get() / numTasks.
get());
        super.shutdown();
    }
}
```

下面我们利用 TimingThreadPoolExecutor 工具类监控线程池，方法如下。

```
public class TimingThreadPoolExample {
    public static void main(String[] args) {
        TimingThreadPoolExecutor executor = new TimingThreadPoolExecutor(
                1, 1, 0L, TimeUnit.MILLISECONDS, new LinkedBlockingQueue<>());
        executor.submit(() -> {
            // 模拟任务执行时间
            try {
                TimeUnit.SECONDS.sleep(1);
            } catch (InterruptedException e) {
                Thread.currentThread().interrupt();
            }
        });

        executor.shutdownAndReport();
    }
}
```

在上述示例中，beforeExecute()方法在任务开始前记录了开始时间，而 afterExecute()方法在任务结束时计算了任务耗时并将其输出。

（2）定时监控。

定时监控可以通过一个独立的监控线程来实现，该线程周期性地从线程池获取 状态信息并记录或报告这些信息。示例实现代码如下。

```
import java.util.concurrent.*;

public class ThreadPoolStatusMonitor implements Runnable {
    private final ThreadPoolExecutor executor;
    private final int monitoringPeriod;
    private boolean running = true;

     public ThreadPoolStatusMonitor(ThreadPoolExecutor executor, int monito-
ringPeriod) {
        this.executor = executor;
        this.monitoringPeriod = monitoringPeriod;
    }

    public void shutdown() {
        running = false;
    }

    @Override
    public void run() {
        while (running) {
            System.out.println(
                String.format("[监控] 活跃线程: %d, 核心线程数: %d,
                            最大线程数: %d, 队列任务数: %d, 完成任务数: %d",
                    executor.getActiveCount(),
```

```
                executor.getCorePoolSize(),
                executor.getMaximumPoolSize(),
                executor.getQueue().size(),
                executor.getCompletedTaskCount())
        );

        try {
            TimeUnit.SECONDS.sleep(monitoringPeriod);
        } catch (InterruptedException e) {
            Thread.currentThread().interrupt();
        }
    }
  }
}
```

下面我们利用ThreadPoolStatusMonitor工具类定时监控线程池，在主程序中，我们创建并启动监控线程，方法如下。

```
public class ThreadPoolMonitoringExample {
    public static void main(String[] args) {
        ThreadPoolExecutor executor = new ThreadPoolExecutor(
                5, 10, 0L, TimeUnit.MILLISECONDS, new LinkedBlockingQueue<>());

        // 启动线程池状态监控线程，每2s监控一次
        ThreadPoolStatusMonitor monitor = new ThreadPoolStatusMonitor(executo-
r, 2);
        Thread monitorThread = new Thread(monitor);
        monitorThread.start();

        // 提交一些任务给线程池
        for (int i = 0; i < 10; i++) {
            executor.submit(() -> {
                try {
                    TimeUnit.SECONDS.sleep(2);
                } catch (InterruptedException e) {
                    Thread.currentThread().interrupt();
                }
            });
        }

        // 模拟程序运行一段时间后，关闭监控线程和线程池
        try {
            TimeUnit.SECONDS.sleep(10);
        } catch (InterruptedException e) {
            e.printStackTrace();
        }

        monitor.shutdown();
        executor.shutdown();
    }
}
```

在上述示例中，我们创建了一个ThreadPoolStatusMonitor实例监控线程池。它会每隔一定时间输出一次线程池的各种状态信息。通过这种方式，我们可以监控线程池的状态，以确保它正常运行且在运行中保持性能稳定。

我们简化了上述两个监控示例的实现过程，在实际生产中，为了提升性能和实现可视化，可以利用Kafka获取监控数据，然后制作一个可视化界面来展示这些数据，这样更有利于根据监控数据状态进行线程池优化。

（3）线程池优化。

Java线程池优化涉及多个方面。要设置合适的线程池大小，需要根据应用程序的任务性质、性能要求和资源限制等多方面进行调整。以下是一些常见的线程池优化策略。

- 设置适当的线程池大小。

任务性质对线程池大小设置有很大影响。任务性质可分为CPU密集型任务、I/O密集型任务、混合型任务、任务的执行时长、任务是否有依赖、是否依赖其他系统资源（比如数据库连接）等。针对任务性质的线程池优化策略如下。

CPU密集型任务：尽量使用较小的线程池，因为CPU密集型任务使得CPU使用率很高，若线程池中的线程过多，只能增加上下文切换的次数，从而导致额外的开销。

I/O密集型任务：可以使用稍大的线程池，由于I/O操作不占用CPU，为了不让CPU空闲，应加大线程数，可以让CPU在等待I/O的时候处理别的任务，充分利用CPU时间。

混合型任务：可以将任务分成I/O密集型任务和CPU密集型任务，然后分别用不同的线程池进行处理。

依赖其他资源：如果某个任务依赖数据库连接返回的结果，这时候等待的时间越长，CPU空闲的时间越长，那么线程数可以设置得大一些，这样才能更好地利用CPU。总之，线程等待时间所占比例越高，就需要越多线程；线程CPU时间所占比例越高，就需要越少线程。

- 选择合适的工作等待队列类型。

SynchronousQueue：如果想要直接提交任务而不保存它们，可以使用这种类型的队列。

LinkedBlockingQueue：链表结构的可选有界队列，根据设置的容量限制可以防止资源耗尽。

ArrayBlockingQueue：有界队列，适用于有限的任务排队空间。

PriorityBlockingQueue：当需要根据任务的优先级顺序执行时使用。

• 设置合理的线程保持活动时间。

在 ThreadPoolExecutor 中，默认的线程保持活动时间为 60s，但这个值可能并不适合所有场景。在设置线程保持活动时间（keepAliveTime）参数时，我们需要考虑以下几个问题。

任务的性质：如果线程池主要处理短暂的、突发性的任务，设置较短的保持活动时间可以快速释放不再需要的线程，以减少资源占用。相反，如果任务执行时间较长，或者任务到来的频率较高，设置较长的保持活动时间可以避免频繁的线程创建和销毁。

系统资源：线程会消耗系统资源（如内存），如果系统资源有限，可能需要设置较短的保持活动时间，以便在空闲时迅速回收线程资源。此外，线程数的峰值还受限于操作系统和 JVM 的能力，这些限制也需要在设置保持活动时间时考虑。

响应时间要求：对于需要快速响应的应用程序，保持一定数量的线程活跃（即设置较长的保持活动时间）可能有助于提高响应能力，因为可以立即使用现有线程而无须等待新线程启动。

负载变化：如果负载具有可预测的模式，则可以根据这些模式调整保持活动时间以优化资源使用。在负载低谷时期，减少保持活动时间可以回收线程；而在负载高峰时期，增加保持活动时间可以保持更多线程活跃，以满足需求。

并发级别：多 CPU 系统可以承载更多的并发线程，保持活动时间可以相对较长；而单核或资源有限的系统可能需要更短的保持活动时间以减少资源竞争。

• 选择合适的拒绝策略。

根据不同的需求，可以选择不同的拒绝策略，例如，AbortPolicy（直接拒绝）、CallerRunsPolicy（由提交任务的线程自己执行任务）、DiscardPolicy（丢弃无法处理的任务）或 DiscardOldestPolicy（抛弃队列中最早的未处理的任务）。

根据应用需求，可以自定义拒绝策略，例如，记录或持久化无法处理的任务。

在上述线程池优化策略中，我们仅提及了线程池的几个关键核心参数，其实线程池优化是一项复杂的工作，需要对系统需求和行为进行综合分析和调整，即需要根据监控的各项指标进行分析，反复测试、调整。此外，我们可以通过一些其他方案来优化，比如，将大任务分解为多个小任务，更好地利用线程池进行并行处理，提高效率；合理安排任务的执行顺序和线程的调度，减少线程上下文切换成本等。

第**6**章

并发设计与实战

6.1 面试官：讲讲并发编程中有哪些常用的线程操作

并发编程是指允许多个线程同时运行，它与线程的创建、管理和协调密切相关。在并发编程中，我们通常会执行线程的创建与启动、线程的停止与唤醒、线程顺序和异常处理，以及线程间通信和线程dump文件的获取和分析等操作。这些操作的作用都是确保程序在多线程执行时数据的一致性，减少资源竞争并提高执行效率。

当面试官提出"讲讲并发编程中有哪些常用的线程操作"这个问题时，他们主要的考查目的包括以下几个方面。

- 线程操作理解程度：确认求职者是否理解线程操作以及是否知道如何在实际情况中应用这些操作。
- 问题解决能力：评估求职者是否能够使用线程操作解决并发问题。
- 最佳实践认识：考查求职者在并发编程中是否遵循最佳实践。
- 实战经验水平：通过求职者对线程操作的理解和使用经验来判断求职者的实战经验水平。

下面为大家讲解我们如何解答才能赢得面试官的认可，回答思路如下。

（1）如何正确处理一个线程发生的异常？

在线程发生异常后，可以通过以下几种方法对异常进行处理。

- 使用try-catch处理异常。

- 使用 UncaughtExceptionHandler 处理异常。
- 使用 ThreadGroup.uncaughtException() 处理异常。

（2）如何正确停止一个正在运行的线程？

Java 早期版本中提供了 stop() 方法来停止线程，但是这个方法现在已经被废弃了，它并不安全，不推荐使用。

推荐两种正确停止线程的方式：一种是使用 volatile 标志，另一种是使用 interrupt() 方法。

（3）如何唤醒一个阻塞的线程？

在 Java 中，当线程由于调用了某些阻塞操作（如 wait()、join()、sleep() 方法）或因等待同步资源而被阻塞时，可以使用以下方法来唤醒它。

- 使用 notify() 或 notifyAll() 方法唤醒线程。
- 使用 Condition 的 signal() 或 signalAll() 方法唤醒线程。
- 使用 interrupt() 方法中断线程。
- 利用 Semaphore 类阻塞和唤醒线程。
- 利用 LockSupport 类阻塞和唤醒线程。

（4）如何保证多个线程的执行顺序？

在并发编程中，通常情况下线程的执行顺序是不确定的，因为操作系统调度线程的顺序是不可预测的。然而，有时候我们需要保证线程按照特定的顺序执行。为了实现这一点，我们可以使用以下同步方法来控制线程的执行顺序。

- 使用 join() 方法。
- 使用 synchronized 关键字。
- 使用 ReentrantLock 和 Condition。
- 使用 Semaphore 信号量。
- 使用 SingleThreadExecutor 单线程池。

（5）如何在两个线程之间共享数据？

在线程之间共享数据通常会涉及线程之间的通信和同步技术，在 Java 中有以下几种方法可实现线程之间的数据共享。

- 使用共享对象。
- 使用 volatile 关键字。
- 使用 Atomic 原子类。

- 使用线程安全的集合类。

- 使用 Lock 接口。

- 使用 BlockingQueue。

（6）怎么检查一个线程是否持有某个对象锁？

在 Java 中，一个线程检查自己是否持有特定对象锁可以通过一些方法实现，但是目前没有直接的方法能检查其他线程是否持有某个对象锁。下面介绍两种线程查询自己是否持有某个对象锁的方法。

- Thread.holdsLock(Object obj) 方法。

- ReentrantLock.isHeldByCurrentThread() 方法。

为了让大家对并发编程中常用的线程操作有更深入的掌握和理解，灵活应对面试细节，接下来我们将对上述解答要点逐个进行详解。

6.1.1 如何正确处理一个线程发生的异常？

线程中的异常处理是一个至关重要的话题，当线程中出现异常时，如果该异常没有被捕获和处理，线程就会终止。正确处理线程中的异常是保证程序健壮性和稳定性的关键所在。处理线程中的异常通常有两种方案：一种是使用 try-catch 代码块处理异常，另一种是使用线程的未捕获异常处理器 UncaughtExceptionHandler。

在 Java 并发编程中，JVM 对线程异常的处理流程如图 6-1 所示。

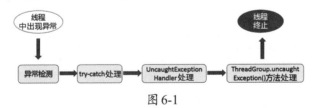

图 6-1

（1）异常检测。

当线程中出现异常后，JVM 首先会检查代码中是否有匹配异常类型的 try-catch 代码块。

（2）try-catch 处理。

如果有合适的 try-catch 代码块，异常将被捕获，控制流将转换到 catch 代码块中进行处理。如果在当前方法中没有捕获异常，异常会向上抛出到调用栈中的前一个方法，并且这个过程会不断重复，直到找到合适的 catch 代码块，或者到达了 run() 方法的顶部。

（3）UncaughtExceptionHandler 处理。

如果方法调用栈到达 run() 方法顶部，还没有找到合适的 catch 代码块，JVM 会寻找线程的 UncaughtExceptionHandler 处理。如果为线程设置了 UncaughtExceptionHandler，那么它将被调用。

（4）ThreadGroup.uncaughtException() 方法处理。

如果没有为线程设置 UncaughtExceptionHandler 处理，或者线程的异常未被捕获，那么 uncaughtException() 方法将被调用。

默认情况下，uncaughtException() 方法会将异常的堆栈痕迹信息通过 System.err 输出。

（5）线程终止。

如果所有的异常处理程序都没有处理这个异常，那么线程将终止，JVM 将清理这个线程所占用的资源，并且设置线程状态为终止。

通过上述处理流程，Java 确保了线程中的异常能够得到适当的处理，从而使得线程以及程序能够稳定、可预测地运行。

下面是几种异常处理方法的 Java 示例，具体实现如下。

（1）使用 try-catch 处理异常。

在线程的处理方法中使用 try-catch 代码块捕获并处理异常，这是最常见的异常处理方法。

```java
public class TryCatchDemo {
    public static void main(String[] args) {
        Thread thread = new Thread(() -> {
            try {
                // 可能会抛出异常的代码
                if (Math.random() > 0.5) {
                    throw new RuntimeException("抛出运行时异常");
                }
            } catch (RuntimeException e) {
                System.out.println("捕获并处理了异常: " + e.getMessage());
            }
        });
        thread.start();
    }
}
```

（2）使用UncaughtExceptionHandler处理异常。

当线程中的方法抛出了一个未捕获异常时，我们可以自定义一个Uncaught-ExceptionHandler的实现，并将其注册到线程上以处理异常。

```java
public class UncaughtExceptionHandlerDemo {
    public static void main(String[] args) {
        Thread thread = new Thread(() -> {
            throw new RuntimeException("意外异常! ");
        });

        // 设置未捕获异常处理器
        thread.setUncaughtExceptionHandler(new Thread.UncaughtExceptionHandler() {
            @Override
            public void uncaughtException(Thread t, Throwable e) {
                System.out.println("线程 " + t.getName() + " 抛出异常: " +
e.getMessage());
            }
        });

        thread.start();
    }
}
```

（3）使用ThreadGroup.uncaughtException()处理异常。

ThreadGroup类提供了uncaughtException()方法，当线程的run()方法抛出一个未捕获异常时，这个方法会被调用。uncaughtException()方法可以用于处理线程未捕获异常的默认行为，比如记录日志、通知监控系统或者进行一些清理工作。

```java
public class ThreadGroupExceptionDemo {
    public static void main(String[] args) {
        // 创建一个自定义的线程组
        ThreadGroup myThreadGroup = new ThreadGroup("MyThreadGroup") {
            @Override
            public void uncaughtException(Thread t, Throwable e) {
                // 这里可以定义当线程抛出未捕获异常时要进行的处理
                System.out.println("线程 " + t.getName()
                        + " 发生异常，异常原因: " + e.getMessage());
                // 这里可以添加更多的异常处理逻辑，比如记录日志等
            }
        };

        // 在这个线程组中创建一个新线程
        Thread myThread = new Thread(myThreadGroup, () -> {
            // 这个线程将故意抛出一个未捕获异常
```

```
        throw new RuntimeException(" 故意抛出异常 ");
    });

    // 启动线程
    myThread.start();
  }
}
```

在上述示例中，我们定义了一个名为 MyThreadGroup 的线程组，并重写了它的 uncaughtException() 方法，而且在该方法中输出了异常信息。然后，我们在这个线程组中创建并启动了一个线程，故意抛出了一个运行时异常。当异常发生时，uncaughtException() 方法被调用，并按照我们自定义的方式处理了这个异常。

如果没有为一个线程组的 uncaughtException() 方法特别指定处理策略，那么该线程组将调用其父线程组的 uncaughtException() 方法。如果最终都没有将异常处理，那么默认会将异常的堆栈跟踪信息通过 System.err 输出。

上面我们介绍了线程异常的处理流程和处理方法，但如果线程是线程池的一部分，那么线程池的行为可能稍有不同。线程池可以捕获执行中的异常，并尝试用一个新的线程来替换出现异常的线程，以保持池中线程数量的稳定。线程池中线程异常的处理方法详见 5.2.4 小节。

6.1.2 如何正确停止一个正在运行的线程？

在 Java 中停止一个正在运行的线程需要谨慎处理，因为错误停止线程可能导致程序状态不一致或资源没有被正确释放。Java 早期版本中提供了 stop() 方法来停止线程，但是这个方法现在已经被废弃了，它并不安全（因为调用 stop() 方法会强制终止线程，可能导致线程资源未被正确释放，从而导致程序出现不可预估的行为），不推荐使用。

下面我们推荐两种正确停止线程的方式。

（1）使用 volatile 标志。

可以定义一个 volatile 的 boolean 型变量来指示线程何时应该停止，线程会定期检查这个变量的值，并在变量状态指示停止时有序地终止。使用 volatile 标志停止线程的原理比较简单：在线程执行的核心逻辑中，不断地检查标志位，如果标志位被设置为停止，则线程退出执行。

```
public class StoppableRunnable implements Runnable {

    private volatile boolean isStopped = false;

    public void requestStop() {
        isStopped = true;
    }

    @Override
    public void run() {
        while (!isStopped) {
            // TODO 执行任务代码逻辑

            // 在适当的位置检查标志
            if (Thread.interrupted()) { // 响应中断请求
                break;
            }
        }

        // 清理资源和状态
        // ...
    }
}

// 使用 StoppableRunnable 类
StoppableRunnable stoppable = new StoppableRunnable();
Thread thread = new Thread(stoppable);
thread.start();

// 当需要停止线程时执行
stoppable.requestStop();
```

需要注意，在多线程环境下，使用标志位停止线程可能存在并发问题，我们可以使用synchronized关键字来同步对标志位的访问，保证线程间的可见性和互斥性。

（2）使用interrupt()方法。

Thread类提供了interrupt()方法来中断线程。使用interrupt()方法中断线程的原理：当一个线程调用另一个线程的interrupt()方法时，被调用线程会收到一个中断信号。被调用线程可以通过检查中断状态来决定是否停止执行。

被调用线程的中断状态是通过一个内部的boolean型变量来表示的，调用interrupt()方法会将这个变量设置为true。被调用线程可以通过调用isInterrupted()方法来检查中断状态，并在适当的时候停止执行。

```
public class InterruptibleRunnable implements Runnable {

    @Override
```

```
    public void run() {
        try {
            while (!Thread.currentThread().isInterrupted()) {
                // TODO 执行任务代码逻辑

                // 如果任务包含可中断的阻塞方法（如 Thread.sleep()），它将抛出 Inter-
ruptedException 异常
                Thread.sleep(1000);
            }
        } catch (InterruptedException e) {
            // 恢复中断状态以便在后续执行中继续检查
            Thread.currentThread().interrupt();
            // 清理资源和状态
            // ...
        }
    }
}

// 使用 InterruptibleRunnable 类
Thread thread = new Thread(new InterruptibleRunnable());
thread.start();

// 当需要停止线程时
thread.interrupt();
```

　　interrupt() 方法并不会直接停止线程，它只是设置了线程的中断状态。被调用线程需要自行决定如何对中断信号做出响应。如果线程处于阻塞状态（如调用 sleep()、wait()、join() 等方法），调用 interrupt() 方法会抛出 InterruptedException 异常，可以通过捕获该异常并进行相应处理来停止线程。

6.1.3 如何唤醒一个阻塞的线程？

　　在 Java 中，当线程由于调用了某些阻塞操作（如 wait()、join()、sleep() 方法）或因等待同步资源而被阻塞时，可以使用特定的方法来唤醒它。

　　下面我们详细介绍几种唤醒阻塞线程的方法和实现示例。

　　（1）使用 notify() 或 notifyAll() 方法。

　　当线程调用了对象的 wait() 方法后进入等待状态时，可以使用相同对象上的 notify() 或 notifyAll() 方法来唤醒线程。

```
public class WaitNotifyExample {
    final static Object lock = new Object();

    public static void main(String[] args) throws InterruptedException {
```

```
        Thread waitingThread = new Thread(() -> {
            synchronized (lock) {
                try {
                    System.out.println("Thread is going to wait.");
                    lock.wait();
                    System.out.println("Thread is woken up.");
                } catch (InterruptedException e) {
                    Thread.currentThread().interrupt();
                }
            }
        });

        waitingThread.start();
        Thread.sleep(1000); // 确保线程开始等待

        synchronized (lock) {
            lock.notify(); // 唤醒 lock 对象上等待的单个线程
            // lock.notifyAll(); // 唤醒 lock 对象上所有等待的线程
        }
    }
}
```

notify()方法用于唤醒lock对象上等待的单个线程。如果有多个线程在等待，则只有其中的一个线程能被唤醒，具体唤醒哪一个线程由虚拟机决定。使用notifyAll()方法可以唤醒所有等待的线程。

（2）使用Condition的signal()或signalAll()方法。

当线程在某个条件设置等待时可以使用Condition的await()方法，然后可以使用Condition的signal()或signalAll()方法来唤醒线程。

```
import java.util.concurrent.locks.Condition;
import java.util.concurrent.locks.Lock;
import java.util.concurrent.locks.ReentrantLock;

public class LockConditionExample {
    private static final Lock lock = new ReentrantLock();
    private static final Condition condition = lock.newCondition();

    public static void main(String[] args) throws InterruptedException {
        Thread waitingThread = new Thread(() -> {
            lock.lock();
            try {
                System.out.println("Thread is going to await.");
                condition.await(); // 等待在 Condition 上
                System.out.println("Thread is woken up.");
            } catch (InterruptedException e) {
                Thread.currentThread().interrupt();
```

```
        } finally {
            lock.unlock();
        }
    });

    waitingThread.start();
    Thread.sleep(1000); // 确保线程开始等待

    lock.lock();
    try {
        condition.signal(); // 唤醒一个等待在 Condition 上的线程
        // condition.signalAll(); // 唤醒所有等待在 Condition 上的线程
    } finally {
        lock.unlock();
    }
  }
}
```

如果使用 JUC 中 Condition 的 await() 方法阻塞线程，可以使用 signal() 或 singnalAll() 方法来唤醒线程。需要使用 lock 对象的 newCondition() 方法获得 Condition 对象（可获得多个），Condition 实现了公平锁，默认是非公平锁。signal() 或 signalAll() 在使用时必须用 lock() 和 unlock() 方法包裹，否则会在运行时抛出 IllegalMonitorStateException 异常。

（3）使用 interrupt() 方法。

对于因调用了 sleep()、join() 而处于阻塞状态的线程，可以使用 interrupt() 方法来中断线程，这会导致线程抛出 InterruptedException 并返回运行状态。

```
public class InterruptExample {
    public static void main(String[] args) throws InterruptedException {
        Thread sleepingThread = new Thread(() -> {
            try {
                System.out.println("Thread is going to sleep.");
                Thread.sleep(10000); // 线程将会睡眠 10s
            } catch (InterruptedException e) {
                System.out.println("Thread is interrupted while sleeping.");
                Thread.currentThread().interrupt();
            }
        });

        sleepingThread.start();
        Thread.sleep(1000); // 确保线程开始睡眠
        sleepingThread.interrupt(); // 中断睡眠线程，导致线程抛出
InterruptedException 并返回运行状态
    }
}
```

（4）利用Semaphore类。

Semaphore可以控制同时访问某个资源的线程数。线程可以通过acquire()方法获取许可，如果没有就等待，而release()方法用于释放许可。如果线程因为等待获取Semaphore上的许可而被阻塞，可以通过释放一个许可来唤醒它。

```java
import java.util.concurrent.Semaphore;

public class SemaphoreExample {
    private static final Semaphore semaphore = new Semaphore(0);

    public static void main(String[] args) {
        Thread waitingThread = new Thread(() -> {
            try {
                System.out.println("Thread is going to acquire.");
                semaphore.acquire(); // 线程会等待获取许可
                System.out.println("Thread got the permit.");
            } catch (InterruptedException e) {
                Thread.currentThread().interrupt();
            }
        });

        waitingThread.start();

        System.out.println("Main thread is going to release a permit.");
        semaphore.release(); // 释放许可
    }
}
```

（5）利用LockSupport类。

LockSupport是JUC中的一个工具类，它提供了基本的线程同步功能。使用LockSupport的park()和unpark(thread)方法可以阻塞和唤醒线程，而不需要线程拥有某个对象的锁，这使得它比Object的wait()和notify()方法更加灵活。

```java
public class LockSupportExample {
    public static void main(String[] args) throws InterruptedException {
        final Thread thread = new Thread(() -> {
            System.out.println(Thread.currentThread().getName() + ": 被阻塞");
            LockSupport.park(); // 阻塞当前线程
            if (Thread.interrupted()) { // 检查中断标志
                System.out.println(Thread.currentThread().getName() + ": 被中断");
            } else {
                System.out.println(Thread.currentThread().getName() + ": 被唤醒");
            }
        });

        thread.start();
```

```
    Thread.sleep(2000); // 确保线程已经启动并且被阻塞
    System.out.println(Thread.currentThread().getName() + ": 准备唤醒线程 ");
    LockSupport.unpark(thread); // 唤醒被阻塞的线程
    }
}
```

在上述的代码中，子线程会通过 LockSupport 的 park() 方法阻塞自己。主线程在等待 2s 后，通过调用 LockSupport 的 unpark(thread) 方法来唤醒被阻塞的线程。

上面介绍的每种方法都有各自的特点，适用于不同的场景，所以在实际应用中需要根据具体的阻塞情况来选择合适的方法。

6.1.4 如何保证多个线程的执行顺序？

在并发编程中，通常情况下线程的执行顺序是不确定的，因为操作系统调度线程的顺序是不可预测的。然而，有时候我们需要保证线程按照特定的顺序执行。

下面我们详细介绍几种同步方法来控制线程的执行顺序。

（1）使用 join() 方法。

该方法的工作原理：线程 A 在调用线程 B 的 join() 方法时会被阻塞，直到线程 B 完成执行，即线程 B 的 run() 方法执行完毕或指定的等待时间已过。该方法的使用示例如下。

```
public class JoinExample {
    public static void main(String[] args) throws InterruptedException {
        Thread t1 = new Thread(() -> System.out.println("Thread 1"));
        Thread t2 = new Thread(() -> System.out.println("Thread 2"));
        Thread t3 = new Thread(() -> System.out.println("Thread 3"));

        t1.start();
        t1.join(); // 等待 t1 执行完毕

        t2.start();
        t2.join(); // 等待 t2 执行完毕

        t3.start();
        t3.join(); // 等待 t3 执行完毕
    }
}
```

（2）使用 synchronized 关键字。

该方法的工作原理：使用 synchronized 关键字可以确保同一时刻只有一个线程

可以执行一个方法或同步代码块。利用这个特性，可以设计一个共享变量，通过逻辑控制获取锁的顺序，来实现对线程的执行顺序的控制。该方法的使用示例如下。

```java
public class SynchronizedExample extends Thread {
    private int id;
    private static int flag = 0;

    public SynchronizedExample(int id) {
        this.id = id;
    }

    @Override
    public void run() {
        while (flag != id){
        try {
                Thread.sleep(100);
        } catch (InterruptedException e) {
                e.printStackTrace();
        }
    }
         System.out.printf("%s thread run, id is %s\n", Thread.currentThread().
getName(), id);
        synchronized (SynchronizedExample.class){
            flag++;
        }
    }

    public static void main(String[] args) {
        SynchronizedExample[] threads= new SynchronizedExample[3];
        for (int i = 0; i < threads.length; i++) {
            threads[i] = new SynchronizedExample(i);
            threads[i].start();
        }
    }
}
```

在上述代码中，我们设计了一个flag共享变量，在每个线程执行结束后更新flag的值，指明下一个要执行的线程，并且唤醒所有的等待线程；在每一个线程的开始，都要使用while循环判断flag的值是否等于顺序值，如果不等于则等待，如果等于则执行本线程。

（3）使用ReentrantLock和Condition。

该方法的工作原理：ReentrantLock是一种可重入互斥锁，它具有与synchronized关键字类似的功能，但提供了更高的灵活性。Condition可以与ReentrantLock配合使用，提供的功能类似于wait()、notify()和notifyAll()方法的功能。该方法的使用示例如下。

```
import java.util.concurrent.locks.Condition;
import java.util.concurrent.locks.ReentrantLock;

public class ReentrantLockExample {
    private static final ReentrantLock lock = new ReentrantLock();
    private static final Condition condition = lock.newCondition();
    private static int count = 1;

    public static void main(String[] args) {
        Thread t1 = new Thread(() -> execute(1));
        Thread t2 = new Thread(() -> execute(2));
        Thread t3 = new Thread(() -> execute(3));

        t1.start();
        t2.start();
        t3.start();
    }

    private static void execute(int threadNumber) {
        lock.lock();
        try {
            while (threadNumber != count) {
                condition.await();
            }
            System.out.println("Thread " + threadNumber);
            count++;
            condition.signalAll(); // 唤醒所有等待线程
        } catch (InterruptedException e) {
            e.printStackTrace();
        } finally {
            lock.unlock();
        }
    }
}
```

在上述代码中，我们设定了一个计数器 count 来控制线程的执行顺序。每个线程在执行前都会检查 count 的值，只有当 count 的值与线程编号相匹配时，线程才会执行。执行完毕后，count 的值增加，然后唤醒所有等待的线程。

（4）使用 Semaphore 信号量。

该方法的工作原理：Semaphore 是信号量，它通常用于限制可以访问某些资源的线程数量。通过控制信号量的许可，我们可以控制线程的执行顺序。该方法的使用示例如下。

```
import java.util.concurrent.Semaphore;
public class SemaphoreExample {
    private static final Semaphore semaphore1 = new Semaphore(1);
```

```
private static final Semaphore semaphore2 = new Semaphore(0);
private static final Semaphore semaphore3 = new Semaphore(0);

public static void main(String[] args) {
    Thread t1 = new Thread(() -> execute(semaphore1, semaphore2));
    Thread t2 = new Thread(() -> execute(semaphore2, semaphore3));
    // 最后一个线程不需要传递下一个信号量
    Thread t3 = new Thread(() -> execute(semaphore3, null));
    t1.start();
    t2.start();
    t3.start();
}

private static void execute(Semaphore current, Semaphore next) {
    try {
        current.acquire(); // 获取许可
        System.out.println(Thread.currentThread().getName());
    } catch (InterruptedException e) {
        e.printStackTrace();
    } finally {
        if (next != null) {
            next.release(); // 释放下一个线程的信号量的许可
        }
    }
}
}
```

在上述代码中，我们定义了3个信号量来确保线程的顺序执行。每个线程在执行前必须从它的信号量获取许可，并在执行后释放下一个线程的信号量的许可。这样可以确保线程按照预定的顺序执行。

（5）使用SingleThreadExecutor单线程池。

该方法的工作原理：使用Executors的newSingleThreadExecutor()方法可以创建单线程池，单线程池内部只有一个工作线程会从队列中取出任务并执行，所以任务会按照提交的顺序依次执行。该方法的使用示例如下。

```
import java.util.concurrent.ExecutorService;
import java.util.concurrent.Executors;

public class SingleThreadPoolExample {
    public static void main(String[] args) {
        // 创建一个单线程池
        ExecutorService executorService = Executors.newSingleThreadExecutor();
        // 提交多个任务给线程池
        executorService.submit(() -> System.out.println("Task 1 executed by "
                        + Thread.currentThread().getName()));
        executorService.submit(() -> System.out.println("Task 2 executed by "
```

```
                    + Thread.currentThread().getName()));
        executorService.submit(() -> System.out.println("Task 3 executed by "
                    + Thread.currentThread().getName()));

        // 关闭线程池
        executorService.shutdown();
    }
}
```

在上述代码中，我们提交了3个任务，这些任务交由单个线程按照提交顺序依次执行。输出将会显示所有任务都是由同一个线程执行的，而且是按序执行的。单线程池特别适用于需要顺序执行任务，同时想避免创建多个线程的场景。使用它可以保证任务的执行顺序，并且由于任务是在单个线程中执行的，所以可以避免多线程并发的问题。

除了上述几种方法外，我们还可以利用一些线程同步的工具类，比如CountDownLatch和CyclicBarrier，虽然这些工具类本身并不能保证线程的执行顺序，但是它们可以让一组线程在某个点上等待，直到所有的线程都到达这个点后再继续执行，利用这种阻塞和唤醒机制也能实现控制线程执行顺序的目的。不过每种方法都有自己的适用场景，在实际的并发编程中，需要根据具体的需求来选择合适的方法。

6.1.5 如何在两个线程之间共享数据？

在线程之间共享数据允许不同的执行路径（线程）协作处理任务和管理状态。这种方式可以提高程序的效率和响应速度，特别是在执行并行计算和处理高吞吐量数据时。然而，这也引发了线程安全的挑战，因为必须确保数据在多线程访问时的一致性和完整性。

下面我们详细介绍几种可实现线程之间数据共享的方法。

（1）使用共享对象。

在线程之间共享数据最直接的方法是在线程之间访问一个共享对象，但在多线程环境中，直接访问共享对象可能会造成线程安全问题，因此需要使用同步机制来保证数据的一致性。使用共享对象的示例如下。

```
public class SharedObject {
    private int count = 0;
```

```
    // 同步方法，保证线程安全
    public synchronized void increment() {
        count++;
    }

    // 同步方法，保证线程安全
    public synchronized int getCount() {
        return count;
    }
}

public class SharedObjectExample {
    public static void main(String[] args) throws InterruptedException {
        SharedObject sharedObject = new SharedObject();

        Thread t1 = new Thread(() -> {
            for (int i = 0; i < 1000; i++) {
                sharedObject.increment();
            }
        });

        Thread t2 = new Thread(() -> {
            for (int i = 0; i < 1000; i++) {
                sharedObject.increment();
            }
        });

        t1.start();
        t2.start();
        t1.join();
        t2.join();

        System.out.println("Count is: " + sharedObject.getCount());
    }
}
```

在上面的代码中，increment()和getCount()方法都是同步的，这确保了当一个线程访问这些同步资源时，其他线程被阻塞，直到这些同步资源被释放。

（2）使用volatile关键字。

volatile关键字确保了变量的可见性。当一个变量使用volatile修饰后，就保证了每次访问变量时都是从主内存中进行读写的，而不是从线程的本地缓存中进行读写的。使用volatile关键字的示例如下。

```
public class VolatileExample {
    private volatile boolean active;
```

```
    public void setActive(boolean active) {
        this.active = active;
    }

    public void doWork() {
        while (active) {
            // 执行任务
        }
    }

    public static void main(String[] args) {
        VolatileExample example = new VolatileExample();
        example.setActive(true);

        new Thread(example::doWork).start();

        // 在主线程中改变状态
        example.setActive(false);
    }
}
```

在上面的示例中，我们定义了一个名为 active 的 volatile 变量。如果想要停止 doWork() 方法中的循环，在另一个线程中修改 active 变量的值即可。

（3）使用 Atomic 原子类。

java.util.concurrent.atomic 包提供了一套 Atomic 原子类，用于在单个操作中实现复合操作。原子类通过底层的无锁编程技术（如 CAS 操作）来保证单个操作的原子性。使用 Atomic 原子类的示例如下。

```
import java.util.concurrent.atomic.AtomicInteger;

public class AtomicExample {
    private AtomicInteger count = new AtomicInteger();

    public void increment() {
        count.incrementAndGet();
    }

    public int getCount() {
        return count.get();
    }

    public static void main(String[] args) throws InterruptedException {
        AtomicExample example = new AtomicExample();

        Thread t1 = new Thread(() -> {
            for (int i = 0; i < 1000; i++) {
```

```
            example.increment();
        }
    });

    Thread t2 = new Thread(() -> {
        for (int i = 0; i < 1000; i++) {
            example.increment();
        }
    });

    t1.start();
    t2.start();
    t1.join();
    t2.join();

    System.out.println("Count is: " + example.getCount());
    }
}
```

在上面的示例中，AtomicInteger确保了即使在多线程环境中，increment()方法也是原子性的。

（4）使用线程安全的集合类。

java.util.concurrent包还包含一些线程安全的集合类，比如ConcurrentHashMap。这些集合类的设计允许多个线程同时访问和修改集合，而不需要外部同步。使用线程安全的集合类的示例如下。

```
import java.util.concurrent.ConcurrentHashMap;
public class ConcurrentHashMapExample {
    private ConcurrentHashMap<String, String> map = new ConcurrentHashMap<>();

    public void performTask() {
        map.put("key", "value");
    }

    public String getValue(String key) {
        return map.get(key);
    }

    public static void main(String[] args) {
        ConcurrentHashMapExample example = new ConcurrentHashMapExample();

        Thread t1 = new Thread(() -> example.performTask());
        Thread t2 = new Thread(() -> example.performTask());

        t1.start();
```

```
        t2.start();
    }
}
```

在上面的示例中，ConcurrentHashMap保证了当多个线程尝试更新同一个集合时，它们的操作是线程安全的。

（5）使用Lock接口。

Java提供了显式锁机制（比如ReentrantLock），它提供了比synchronized关键字更强的控制和灵活性。Lock接口允许更加细粒度的锁控制，可以尝试获取锁，获取锁时可以被中断，还可以尝试在给定时间内获取锁。使用Lock接口的示例如下。

```java
import java.util.concurrent.locks.Lock;
import java.util.concurrent.locks.ReentrantLock;

public class LockExample {
    private final Lock lock = new ReentrantLock();
    private int count;

    public void increment() {
        lock.lock();
        try {
            count++;
        } finally {
            lock.unlock();
        }
    }

    public int getCount() {
        lock.lock();
        try {
            return count;
        } finally {
            lock.unlock();
        }
    }

    public static void main(String[] args) throws InterruptedException {
        LockExample example = new LockExample();

        Thread t1 = new Thread(() -> {
            for (int i = 0; i < 1000; i++) {
                example.increment();
            }
        });

        Thread t2 = new Thread(() -> {
```

```
        for (int i = 0; i < 1000; i++) {
            example.increment();
        }
    });

    t1.start();
    t2.start();
    t1.join();
    t2.join();

    System.out.println("Count is: " + example.getCount());
    }
}
```

在上面的示例中,我们使用ReentrantLock来确保当我们递增计数时,同一时刻只有一个线程可以修改count变量的状态。

(6)使用BlockingQueue。

BlockingQueue是一个线程安全的队列,它可以用于在线程间共享数据。BlockingQueue提供了一个方便的方式来在线程间传递数据,尤其是在生产者-消费者场景中。它处理了所有的线程同步问题,我们只需关心插入和取出数据的逻辑。使用BlockingQueue的示例如下。

```java
import java.util.concurrent.ArrayBlockingQueue;
import java.util.concurrent.BlockingQueue;

public class BlockingQueueExample {
    public static void main(String[] args) {
        BlockingQueue<Integer> queue = new ArrayBlockingQueue<>(10);

        // 生产者线程
        new Thread(() -> {
            for (int i = 0; i < 20; i++) {
                try {
                    System.out.println("Produced: " + i);
                    queue.put(i); // 如果队列为满,等待空间
                    Thread.sleep(100); // 模拟耗时的生产过程
                } catch (InterruptedException e) {
                    Thread.currentThread().interrupt();
                }
            }
        }).start();

        // 消费者线程
        new Thread(() -> {
            while (true) {
                try {
```

```
                Integer item = queue.take(); // 如果队列为空, 等待元素
                System.out.println("Consumed: " + item);
                Thread.sleep(1000); // 模拟耗时的消费过程
            } catch (InterruptedException e) {
                Thread.currentThread().interrupt();
            }
        }
    }).start();
    }
}
```

在上面的示例中，存在一个生产者线程和一个消费者线程。生产者线程向队列中插入元素，而消费者线程从中取出元素。如果队列为满，生产者线程会等待，直到消费者从队列中取走元素。同理，如果队列为空，消费者线程会等待，直到生产者向队列中放入新的元素。

在实际的并发编程中，选择合适的线程安全策略和工具至关重要。应该基于实际需求和环境选择合适的方法来实现线程间的数据共享和同步。

6.1.6 怎么检查一个线程是否持有某个对象锁?

在Java中，一个线程检查自己是否持有特定对象锁可以通过一些方法实现。需要注意的是，线程可以查询自己是否持有某个对象锁，但是目前没有直接的方法能检查其他线程是否持有某个对象锁，因为这种方法如果存在会导致线程调度和执行顺序的不确定性，没有实际的意义和用途。下面介绍两种线程查询自己是否持有某个对象锁的方法。

（1）Thread.holdsLock(Object obj)方法。

Thread.holdsLock(Object obj)是静态方法，当且仅当当前线程持有指定对象的锁时，该方法才会返回true。这是检查当前线程是否持有指定对象锁的标准方法，调用此方法不会对锁的状态造成任何影响。使用该方法的示例如下。

```
public class LockCheck {

    private final Object lockObject = new Object();

    public void performTask() {
        synchronized (lockObject) {
            // 在同步块内部, 当前线程持有 lockObject 的锁
            if (Thread.holdsLock(lockObject)) {
```

```
                System.out.println("Current thread holds the lock on lockOb-
ject.");
            } else {
                    System.out.println("Current thread does NOT hold the lock
on lockObject.");
            }
        }
    }

    public static void main(String[] args) {
        LockCheck lockCheck = new LockCheck();
        lockCheck.performTask();
    }
}
```

（2）ReentrantLock.isHeldByCurrentThread()方法。

如果我们使用的是ReentrantLock类而不是内置的synchronized关键字，则可以使用isHeldByCurrentThread()方法来检查当前线程是否确实持有某个对象锁。使用该方法的示例如下。

```
import java.util.concurrent.locks.ReentrantLock;

public class LockCheck {
    private final ReentrantLock lock = new ReentrantLock();

    public void performTask() {
        lock.lock();
        try {
            // 在锁定之后，当前线程持有 lock 的锁
            if (lock.isHeldByCurrentThread()) {
                System.out.println("Current thread holds the lock.");
            } else {
                System.out.println("Current thread does NOT hold the lock.");
            }
        } finally {
            lock.unlock();
        }
    }

    public static void main(String[] args) {
        LockCheck lockCheck = new LockCheck();
        lockCheck.performTask();
    }
}
```

上述两个示例，都是在当前线程中检查该线程是否持有某个对象锁。

6.2 面试官：谈谈并发编程中的一些设计实践和经验

当面试官提出"谈谈并发编程中的一些设计实践和经验"这个问题时，他们通常是在试探求职者是否了解以下技术点。

- 线程封装：创建线程的方式和管理线程生命周期的方法，例如使用线程池框架。
- 同步模式：使用 synchronized 关键字、ReentrantLock、ReadWriteLock 等来控制对共享资源的访问。
- 并发集合：熟悉 ConcurrentHashMap、BlockingQueue 等集合的数据结构。
- 任务分割：将大任务分割为小任务以进行并行处理，例如使用 Fork/Join 框架。
- 线程协作：使用 wait/notify 或 Condition 来协调线程间的工作。

面试官的考查目的涉及并发设计思想、实践经验、分析问题能力和编码能力等方面。"分而治之"——将大任务分割为多个小任务并发执行，以提高效率和响应速度。作为求职者，我们可以将该问题拆解成若干子问题逐步解答，不仅能展示对并发设计模式的理解，还展现出我们的逻辑思维能力和处理问题的能力。解答过程如下。

（1）如何解决单例模式的线程安全问题？

单例模式的作用是确保一个类只有一个实例，并提供一个全局访问点。下面几种方法可以解决单例模式的线程安全问题。

- 采用饿汉式模式。
- 采用懒汉式模式+同步方法。
- 采用 DCL。
- 采用静态内部类实现单例模式。
- 采用枚举实现单例模式。

在大多数情况下，推荐采用静态内部类或枚举的方式实现单例模式。

（2）如何使用阻塞队列来实现生产者-消费者模型？

Java 的阻塞队列是一个泛型接口，在 java.util.concurrent 包中有多种阻塞队列的实现，如 ArrayBlockingQueue、LinkedBlockingQueue、PriorityBlockingQueue、DelayQueue 等。它们的 put() 方法用于阻塞式的入队列，take() 方法用于阻塞式的出队列。阻塞队列特别适用于实现生产者-消费者模型，其中的线程安全是通过队列自身特性保证的，不需要使用额外的同步代码。

（3）如何使用AQS实现互斥锁？

使用AQS实现一个互斥锁，有以下几个关键点。

- 实现类继承AQS：自定义的互斥锁需要通过继承AQS并实现它的方法来管理同步状态。

- 实现tryAcquire()和tryRelease()方法：使用AQS时，至少需要重写tryAcquire()和tryRelease()方法来获取和释放锁。tryAcquire()方法在尝试获取锁时调用，而tryRelease()方法在释放锁时调用。

- 管理同步状态：AQS使用一个int型变量表示同步状态，对于互斥锁，0表示未锁定状态，而1表示锁定状态。

（4）怎样设计一个线程池？

设计一个线程池可以从以下几个方面入手。

- 线程池有哪些状态？如何维护这些状态？

- 线程池的必要参数有哪些？有什么含义？

- 线程怎么封装？用什么来存储？

- 线程如何管理？怎么进行线程创建和释放？

- 任务执行机制是什么？如何实现任务调度？

- 拒绝策略有哪些类型？有什么作用？

每一个方面都涉及复杂的设计思想和实现技术，详情参见"6.2.4 怎样设计一个线程池？"内容。

（5）设计一个并发系统，如何确保系统不会出现死锁？

设计一个避免死锁的并发系统需要综合考虑多个方面，常见的设计策略有：注意锁顺序、设置超时、利用资源分配算法、限制资源分配、使用读写锁和锁粒度优化等。

为了让大家对并发编程中的一些设计模式及思想有更深入的掌握和理解，灵活应对面试细节，下面我们对上述解答要点逐个进行详解。

6.2.1 如何解决单例模式的线程安全问题？

单例模式的作用是确保一个类只有一个实例，并提供一个全局访问点。但是在多线程环境下，如果多个线程同时尝试创建类的实例，可能会导致创建多个实例，这违反了单例模式设计的初衷。为了保证线程安全，下面几种方法可以解决单例模式的线程安全问题。

（1）采用饿汉式（Eager Initialization）模式。

采用饿汉式模式可以直接创建实例，不延迟实例化。这种方法是线程安全的，因为实例在类加载时就被创建了。使用这种方法的示例如下。

```java
public class Singleton {
    private static final Singleton INSTANCE = new Singleton();

    private Singleton() {}

    public static Singleton getInstance() {
        return INSTANCE;
    }
}
```

（2）采用懒汉式（Lazy Initialization）模式+同步方法。

如果采用懒汉式模式，可以利用同步方法保证只有一个线程执行实例创建的代码。这种方法每次调用getInstance()时都会进行同步，但是会导致不必要的性能开销。使用这种方法的示例如下。

```java
public class Singleton {
    private static Singleton instance;

    private Singleton() {}

    public static synchronized Singleton getInstance() {
        if (instance == null) {
            instance = new Singleton();
        }
        return instance;
    }
}
```

（3）采用DCL。

采用DCL可以减少同步的开销。这种方法在getInstance()中两次检查实例是否被创建，并使用同步代码块保证只有一个线程可以创建实例。使用这种方法的示例如下。

```java
public class Singleton {
    private static volatile Singleton instance;
    private Singleton() {}
    public static Singleton getInstance() {
```

```
        if (instance == null) {
            synchronized (Singleton.class) {
                if (instance == null) {
                    instance = new Singleton();
                }
            }
        }
        return instance;
    }
}
```

在上面的代码中，instance使用volatile修饰，可以保证在多线程环境下instance的初始化顺序。

（4）采用静态内部类（Static Inner Class）实现单例模式。

利用JVM类的初始化机制可以保证线程安全，采用静态内部类SingletonHolder实现单例模式，只有在显式调用getInstance()方法时才会载入SingletonHolder类，从而保证实例化单例。使用这种方法的示例如下。

```
public class Singleton {
    private static class SingletonHolder {
        private static final Singleton INSTANCE = new Singleton();
    }

    private Singleton() {}

    public static Singleton getInstance() {
        return SingletonHolder.INSTANCE;
    }
}
```

（5）采用枚举（Enum）实现单例模式。

采用枚举实现单例模式是最简单的方法，也是*Effective Java*的作者Joshua Bloch（约书亚·布洛克）推荐的方法。枚举类型本身是线程安全的，并且其构造方法只会被加载一次。使用这种方法的示例如下。

```
public enum Singleton {
    INSTANCE;
    public void someMethod() {
        // 方法实现
    }
}
```

在大多数情况下，推荐采用静态内部类或枚举实现单例模式，因为它们不仅能保证线程安全，还兼具延迟加载功能和高效性。

6.2.2 如何使用阻塞队列来实现生产者 - 消费者模型？

在数据结构中，我们知道队列有普通队列、循环队列，它们都遵循FIFO原则。阻塞队列也遵循这个原则，它是一种特殊的队列，带有阻塞功能，并且满足以下两个条件。

- 当队列已满时，如果继续向队列中插入数据，则会发生阻塞，直到有数据出队列。

- 当队列为空时，如果从队列中取数据，也会发生阻塞，直到有数据入队列。

Java的阻塞队列是一个泛型接口，在java.util.concurrent包中有多种阻塞队列的实现，如ArrayBlockingQueue、LinkedBlockingQueue、PriorityBlockingQueue、DelayQueue等。它们的put()方法用于阻塞式的入队列，take()方法用于阻塞式的出队列，基本使用代码如下。

```java
public static void main(String[] args) throws InterruptedException {
    //BlockingQueue<> 为阻塞队列的原型
    BlockingQueue<Integer> blockingQueue = new LinkedBlockingDeque<>();
    //take()、put() 为阻塞队列的两个核心方法
    blockingQueue.put(20);// 插入元素 20
    Integer result = blockingQueue.take();// 从队列中取元素
    System.out.println(result);
}
```

阻塞队列有以下特点。

- 线程安全：阻塞队列保证了在多线程的情况下，操作队列的行为都是线程安全的。

- 自动阻塞和唤醒：阻塞队列自动在尝试添加元素到满队列或从空队列取出元素时阻塞线程，并在条件变为可行时自动唤醒线程。

- 性能高效：使用阻塞队列可以有效地管理线程之间的协作，减少同步开销。

- 有界与无界：阻塞队列可以是有界的也可以是无界的。有界队列有明确的容量限制，而无界队列的容量限制取决于系统资源。

基于上述特点，阻塞队列特别适用于实现生产者-消费者模型，其中的线程安全是通过队列自身特性保证的，不需要使用额外的同步代码。

生产者-消费者模型用于解决多线程环境下生产任务和消费任务的协调问题。

在此模型中，生产者负责生成数据，并将数据放入缓冲区（通常是一个阻塞队列）；消费者从缓冲区取出数据，并进行相应的处理。这个模型的核心思想是通过一个容器来解耦生产者和消费者的工作节奏。生产者-消费者模型的作用主要有以下几点。

- 解耦：生产者和消费者通过缓冲区进行通信，从而减少了它们之间的直接交互。生产者只需要关注如何生成数据，而消费者只需要关注如何处理数据。

- 允许并发协作：该模型允许生产者和消费者并发执行。在多线程应用程序中，生产者和消费者可以是不同的线程，甚至可以分布在不同的服务器上。

- 缓冲：当生产者生成数据的速度不稳定或者快于消费者处理数据的速度时，缓冲区可以暂存数据，确保消费者可以连续地处理数据。

- 削峰填谷：当处理速度不匹配时，该模型可以平衡生产者和消费者的工作负载。在高峰时段，缓冲区可以积存更多数据，平衡生产和消费的速度差异。

- 提高吞吐量：合理的缓冲和任务分配可以提高整个系统的处理能力和效率。

- 提高弹性和可伸缩性：可以动态地增加或减少生产者或消费者的数量，以适应处理需求的变化。

下面是使用ArrayBlockingQueue实现生产者-消费者模型的一个示例。

```java
import java.util.concurrent.ArrayBlockingQueue;
import java.util.concurrent.BlockingQueue;

public class BlockingQueueExample {
    public static void main(String[] args) {
        BlockingQueue<String> queue = new ArrayBlockingQueue<>(10);
        // 生产者线程
        Thread producer = new Thread(() -> {
            try {
                queue.put("Element 1");
                System.out.println("Produced Element 1");
                Thread.sleep(1000); // 假设生产需要时间
                queue.put("Element 2");
                System.out.println("Produced Element 2");
            } catch (InterruptedException e) {
                Thread.currentThread().interrupt();
            }
        });

        // 消费者线程
        Thread consumer = new Thread(() -> {
            try {
                String element = queue.take();
                System.out.println("Consumed " + element);
```

```
            element = queue.take();
            System.out.println("Consumed " + element);
        } catch (InterruptedException e) {
            Thread.currentThread().interrupt();
        }
    });

    producer.start();
    consumer.start();
    }
}
```

在上面的示例中，我们创建了一个容量为10的 ArrayBlockingQueue。存在一个生产者线程，该线程生产元素并将它们放入队列中。存在一个消费者线程，该线程取出队列中的元素。如果队列为空，消费者线程会在 take() 方法调用时阻塞，直到生产者线程向队列中放入一个元素。同样地，如果队列为满，生产者线程会在put() 方法调用时阻塞，直到消费者线程从队列中取出一个元素。

在实际开发中，生产者-消费者模型是一种常见且有效的设计模式，尤其适用于需要对独立执行的任务进行排队的场景。

6.2.3 如何使用 AQS 实现互斥锁？

在Java中，互斥锁是一种同步机制，用于保护关键业务代码，防止多个线程同时对其进行访问。AQS 是实现锁和其他同步器的一个框架，使用 AQS 实现一个互斥锁，有以下几个关键点。

- 实现类继承 AQS：自定义的互斥锁需要通过继承 AQS 并实现它的方法来管理同步状态。
- 实现 tryAcquire() 和 tryRelease() 方法：使用 AQS 时，至少需要重写 tryAcquire() 和 tryRelease() 方法来获取和释放锁。tryAcquire() 在尝试获取锁时调用，而 tryRelease() 在释放锁时调用。
- 管理同步状态：AQS 使用一个 int 型变量表示同步状态，对于互斥锁，0表示未锁定状态，而1表示锁定状态。

下面是一个利用 AQS 实现互斥锁的示例。

```
import java.util.concurrent.locks.AbstractQueuedSynchronizer;

public class Mutex {
```

```java
    // 静态内部类，自定义同步器
    private static class Sync extends AbstractQueuedSynchronizer {
        // 检查是否处于占用状态
        protected boolean isHeldExclusively() {
            return getState() == 1;
        }

        // 当状态为 0 的时候获取锁
        public boolean tryAcquire(int acquires) {
            assert acquires == 1;
            if (compareAndSetState(0, 1)) {
                setExclusiveOwnerThread(Thread.currentThread());
                return true;
            }
            return false;
        }

        // 释放锁，将状态设置为 0
        protected boolean tryRelease(int releases) {
            assert releases == 1;
            if (getState() == 0) throw new IllegalMonitorStateException();
            setExclusiveOwnerThread(null);
            setState(0);
            return true;
        }
    }

    // 使用组合的方式，执行具体操作
    private final Sync sync = new Sync();

    // 获取锁操作，代理到 acquire() 上
    public void lock() {
        sync.acquire(1);
    }

    // 释放锁操作，代理到 release() 上
    public void unlock() {
        sync.release(1);
    }

    // 锁是否已经被占用
    public boolean isLocked() {
        return sync.isHeldExclusively();
    }
}
```

在上面的示例中，Sync 是 Mutex 的静态内部类，继承了 AbstractQueuedSynchronizer。
tryAcquire() 方法检查当前状态是否为 0，如果是，则尝试将状态设置为 1，并设
置当前线程为独占线程。tryRelease() 方法检查当前状态是否为 1（即是否被当前

线程独占），如果是，则将状态重置为0，并清除独占线程。lock()方法通过调用acquire(1)获取锁。unlock()方法通过调用release(1)释放锁。isLocked()方法返回当前锁是否被线程占用的状态。

上述实现的互斥锁是不可重入的，也就是说，如果一个线程持有锁，它再次尝试获取锁，将会导致死锁。如果需要具有可重入性，需要增加额外的逻辑来追踪持锁线程和重入次数。

6.2.4 怎样设计一个线程池？

当面试官问求职者"怎样设计一个线程池"时，正所谓"醉翁之意不在酒，在乎山水之间也。"他的真实目的是问求职者现有的Java线程池的原理，考查求职者对现有线程池底层原理的了解程度，求职者换个思路回答即可。

下面我们详细讲解线程池几个重要方面的设计思路和实现技术。

（1）线程池状态。

线程池的状态通常包括以下几种类型。

* RUNNING：线程池可以接收新任务，也可以处理阻塞队列中的任务。
* SHUTDOWN：线程池不可以接收新任务，但是可以处理阻塞队列中的任务。
* STOP：线程池不接收新任务，不处理阻塞队列中的任务，并且会中断正在处理的任务。
* TIDYING：所有任务都已终止，工作线程数为0，线程池即将进入终止状态。
* TERMINATED：线程池彻底终止，调用terminated()方法销毁线程池。

为了维护这些状态，线程池通常使用原子整数来记录状态和工作线程数。在Java的ThreadPoolExecutor类中，使用了一个int型变量来实现的，它通过位运算处理并存储两种信息：线程池的运行状态和线程池中有效线程的数量。

（2）线程池的必要参数。

线程池的必要参数通常包括以下几种。

* 核心线程数：线程池中维护的最小线程数，即使这些线程处于空闲状态，核心线程也会一直保持在池中。
* 最大线程数：线程池中允许的最大线程数量。

- 保持活动时间：线程池中线程的活动时间达到这个值时，线程会被销毁，直到只剩下核心线程为止。
- 时间单位：保持活动时间的时间单位，比如时、分、秒等。
- 工作等待队列：用于存放等待执行的任务。
- 线程工厂：用于创建线程的工厂。
- 拒绝策略：当任务无法由线程池执行时使用的拒绝执行处理程序。

在Java的ThreadPoolExecutor中，有一个最全面也最常用的构造方法，它有七大核心参数，在创建线程池对象时需要传入，这些参数的定义如下。

```
public ThreadPoolExecutor(
    int corePoolSize,               // 核心线程数
    int maximumPoolSize,            // 最大线程数
    long keepAliveTime,             // 保持活动时间
    TimeUnit unit,                  // 时间单位
    BlockingQueue<Runnable> workQueue, // 工作等待队列
    ThreadFactory threadFactory,    // 线程工厂
    RejectedExecutionHandler handler // 拒绝策略
) { ... }
```

（3）线程的封装和存储。

线程通常封装为实现了Runnable接口的对象，这些对象定义了线程执行的任务。活跃的线程可以存储在一个线程安全的集合中，比如ConcurrentHashMap或ConcurrentLinkedQueue等。

（4）线程管理。

线程通常由ThreadFactory负责创建，当新任务到来且未达到核心线程数时，可以调用ThreadFactory创建一个线程。非核心线程可以通过设置空闲时间来自动释放，如果线程在这段时间内没有任务执行，它将从池中移除并被终止。

（5）任务执行和调度机制。

任务的存储一般采用阻塞队列，在Java中可以使用LinkedBlockingQueue和ArrayBlockingQueue等，它们基于生产者-消费者模型进行任务调度。线程池的任务执行和调度机制如下。

- 当新任务提交时，线程池会首先尝试使用空闲的核心线程。
- 如果核心线程忙碌且工作等待队列未满，任务将被加入工作等待队列。
- 如果核心线程忙碌且工作等待队列已满，会创建非核心线程来执行任务，直

到达到最大线程数。

- 如果已经达到最大线程数，则使用拒绝策略处理新任务。

（6）拒绝策略。

拒绝策略的作用在于提供一种机制来处理线程池超载无法处理更多任务的情况，保护系统免于过载，并提供应对过载的策略。常见的拒绝策略包括以下几种类型。

- AbortPolicy：直接拒绝。
- CallerRunsPolicy：由提交任务的线程自己执行任务。
- DiscardPolicy：丢弃无法处理的任务。
- DiscardOldestPolicy：抛弃队列中最早的未处理的任务（即等待时间最长的任务）。

设计并实现一个线程池是一项复杂的任务，除了上述提到的几个方面，还需要考虑到并发编程中的多线程同步、资源竞争和性能优化。实际应用中，针对不同的需求和负载条件，可能还需要设计更多的优化和调整策略。考虑到设计复杂度高，Java 给我们提供了一个线程池工具，核心实现是 java.util.concurrent.ThreadPoolExecutor 类，它提供了丰富的构造函数和方法来实现上述功能。

6.2.5 设计一个并发系统，如何确保系统不会出现死锁？

设计一个避免死锁的并发系统需要综合考虑多个方面。死锁通常在以下 4 个条件同时满足时发生：互斥条件、占有和等待、非剥夺条件和循环等待。避免死锁的策略通常包括破坏这 4 个条件中的至少一个。下面是一些常见的设计策略。

（1）注意锁顺序。

通过强制所有线程以同一顺序获取锁，可以破坏死锁的循环等待，防止出现循环等待资源的情况。在实际开发中，我们可以定义全局的锁顺序规则，并在代码中强制实施该规则。在请求多个锁时，使用排序机制（比如基于锁的 ID 或内存地址排序）来确定锁的顺序。

（2）设置超时。

通过设置超时，可以防止线程永久等待锁资源，线程在等待资源一定时间后可以放弃，回退并重试或执行其他操作，减小发生死锁的概率。在实际开发中，我们可以利用带有超时功能的锁请求，例如 Java 中的 tryLock(long timeout, TimeUnit

unit)或wait(long timeout)方法。

（3）死锁检测和恢复。

通过周期性检测系统的锁分配状态，找出死锁并解除它。如果死锁发生，系统可以采取相应的措施来解除死锁，如中断线程或回滚操作。在实际开发中，我们可以使用死锁检测算法，如资源分配图检测算法，实现一个监控系统，用它来定期检查死锁并进行日志记录，为系统提供一个死锁解除机制，比如杀死线程或释放线程持有的资源。

（4）利用资源分配算法。

在分配资源前，检查此次资源分配是否会导致系统进入不安全状态。银行家算法是一种预防性策略，它可以确定所有可能的安全的资源分配序列。在实际开发中，我们可以实现一个资源跟踪管理器，用它来记录每个线程的最大资源需求和当前的资源占有情况，然后在资源请求过程中运用银行家算法来决定是否安全地分配资源。

（5）维护资源分配图。

图形化表示系统的资源分配情况，然后通过分析图中是否有循环等待来检测可能的死锁。在实际开发中，我们可以维护一个资源分配图（图中的节点表示线程和资源，边表示请求和分配），并定期运行算法来识别图中的循环。

（6）限制资源分配。

在资源有限的情况下，需要限制资源分配。在实际开发中，我们可以使用信号量来限制对特定资源的访问，为资源设置配额，超过配额的请求会被挂起或拒绝。

（7）使用读写锁。

在读取操作远多于写入操作的情况下，可以使用读写锁来提高系统的并发性能。读写锁允许多个读取操作并行执行，只在执行写入操作时限制访问。在实际开发中，我们可以使用ReentrantReadWriteLock来实现，它提供了读锁和写锁，读锁可以同时由多个线程持有，写锁则是独占的。

（8）避免内部锁和外部锁的混用。

防止由于内部锁（如synchronized关键字）和外部锁（如Lock接口的实现）混用引起不明确的锁顺序而导致的死锁。在实际开发中，我们可以规范代码，确保整个项目或模块中只使用一种锁机制，对于需要混用内部锁和外部锁的情况，需要明确文档中的锁顺序，并确保开发人员遵循这一顺序。

（9）锁粒度优化。

减少获取锁的频率，通过锁分段和锁合并可以优化锁粒度，从而降低死锁的可能性。在实际开发中，我们可以评估并重新设计数据结构和算法，以减少锁的使用和保持时间。可以使用细粒度锁来保护小的数据区域，或者使用粗粒度锁来减少锁的数量。

使用上述设计策略，可以显著降低系统出现死锁的风险。然而，设计一个完全没有死锁风险的系统在某些情况下是非常困难的，因此充分的测试和监控是确保系统稳定性的关键。